AF825760

OSTASIATISCHER VEREIN ZU HAMBURG

Verzeichniss
der
auf den Hamburger Bibliotheken vorhandenen Literatur über Ostasien

zusammengestellt von

C. GOTTSCHE UND A. REGENSBURGER

HAMBURG 1908
Vertrieb durch L. Friederichsen & Co.

Vorwort.

Als vor nunmehr fünf Jahren in dem Vorstande des Ostasiatischen Vereins die Frage erwogen wurde, ob es wohl möglich sei, den Mitgliedern eine Uebersicht der ihnen hier zugänglichen Literatur über Ostasien zu verschaffen, habe ich mich gern und aus freien Stücken erboten, die Lösung dieser mir interessant und dankbar scheinenden Aufgabe zu versuchen.

Das von mir aufgestellte Programm fand die Billigung des Vorstandes. Danach sollte Ostasien, entsprechend der Zusammensetzung des Vereins, etwas weiter gefasst werden, als insgemein zu geschehen pflegt und, wie die Titelvignette verräth, das ganze Gebiet von Batavia bis zum Amur und von Tokio bis zum Tienshan umschliessen. Ferner sollte auch die gesammte Fachliteratur berücksichtigt werden, um die Arbeit für die kaufmännischen, wie gelehrten Kreise unserer Vaterstadt gleich nutzbringend zu gestalten. Endlich sollten nur die nachstehend verzeichneten zwölf Bibliotheken für die Aufstellung des Verzeichnisses in Frage kommen:

	Wochentags geöffnet:
Bo. = Botanische Staatsinstitute, Jungiusstrasse. Director: Prof. Dr. Zacharias	10—4
Bü. = Öffentliche Bücherhalle, Kohlhöfen und Pferdemarkt. (Die Ausgabestelle in Rothenburgsort ist unberücksichtigt geblieben.) Bibliothekar: Dr. Plate	12—2, 5—9 bezw. 12—9
Cz. = Commerzbibliothek, Domstrasse 5/6. Bibliothekar: Dr. Baasch	10—4
Ge. = Geographische Gesellschaft, Domstrasse 5/6. Bibliothekar: F. Rettich	wie Cz.
Ha. = Harmonie, Gesellschaft von 1789, Grosse Bleichen 19. Bibliothekar: J. Nissen	11—3
Mu. = Museum für Kunst und Gewerbe, Steinthorplatz. Director: Prof. Dr. Brinckmann	10—4

Nh. = Naturhistorisches Museum, Steinthorwall.
Director: Prof. Dr. Kraepelin . . . . 10—4

Oa. = Ostasiatischer Verein, Grosse Bleichen 19.
Vorsitzender: A. Gültzow . . . . wie Ha.

Pt. = Hamburgische Gesellschaft zur Beförderung der Künste und nützlichen Gewerbe, Patriotisches Gebäude.
Bibliothekar: E. Wappaeus . . . . 12—3, 5—9

St. = Stadtbibliothek, Speersort.
Director: Prof. Dr. Münzel . . . . 10—4, 7—9

Sw. = Deutsche Seewarte, Stintfang.
Director: Kontre-Admiral a. D. Herz . . . . 10—3

Vk. = Museum für Völkerkunde, Steinthorwall.
Director: Prof. Dr. Thilenius . . . . 10—4

Von diesen 12 Bibliotheken besitzen Bü. Cz. Ge. Ha. Pt. und Sw. gedruckte, die übrigen, mit Ausnahme von Oa., handschriftliche Kataloge. Die Durchsicht der gedruckten Kataloge ist von mir selbst besorgt, und dabei im Allgemeinen vorausgesetzt, dass die Titel correct wiedergegeben seien; in Zweifelsfällen ist das betr. Buch natürlich verglichen worden. Auch die handschriftlichen Kataloge von St. habe ich persönlich durchgesehen während für Bo. Nh. und Vk. die Herren Prof. Voigt, Dr. Rein und Prof. Thilenius so liebenswürdig waren, mir diese Arbeit ganz oder theilweise abzunehmen. Von Oa. endlich habe ich selbst einen Katalog aufgenommen.

Schon während dieser vorbereitenden Arbeiten stellte sich indessen heraus, dass das Vorhaben umfangreicher war, als ich vorausgesetzt hatte und mehr Zeit erforderte, als ich neben meinen Berufsgeschäften erübrigen konnte.

Der Vorstand des Ostasiatischen Vereins ermächtigte mich daher, Mitarbeiter heranzuziehen, zunächst eine technische Hülfskraft, die das Verzetteln der gedruckten Kataloge besorgte, sodann Herrn Dr. Schmidt, der Mu. für mich excerpirte und endlich Herrn Bibliothekar Regensburger, der auf die Empfehlung des Herrn Prof. Münzel gewonnen wurde, um mir mit seinem fachmännischen Rath zur Seite zu stehen. Wir haben uns dann folgendermassen in die Arbeit getheilt:

Ich selbst bestimmte und besorgte die Auswahl der Bücher und überwachte die Herstellung der Auszüge, soweit es nöthig erschien. Dann ordnete Herr Regensburger die Zettel nach einem gemeinschaftlich entworfenen System und versuchte gleichzeitig denselben ein harmonisches Gewand anzulegen. Die Redaction wurde wiederum gemeinsam besorgt. Im Grossen und Ganzen werde ich für alle Mängel der Auswahl und der beiden Register verantwortlich sein, während alle Vorzüge der Anordnung und der äusseren Erscheinung das Verdienst meines Mitarbeiters sind.

Im Einzelnen habe ich noch zu bemerken, dass das einmal angenommene System (vergl. Seite VII) gleichmässig durchgeführt worden ist; doch wurde bei den kleineren Abschnitten II, III, IVE, VIII und IX darauf verzichtet, die Unterabtheilungen durch Ueberschriften kenntlich zu machen. Die Voranstellung der Anonymen und die alphabetische Anordnung aller Titel ist gleichfalls durchgeführt, mit alleiniger Ausnahme der Nr. 82—95, welche chronologisch geordnet sind. Aufsätze aus periodischen Schriften sind nur aufgenommen, falls sie als Sonderabdrücke vorhanden waren; wenn irgend möglich, ist die Angabe der betr. Zeitschrift hinzugefügt. Bei der Wiedergabe der Titel ist thunlichst auf Genauigkeit gesehen; Ungleichmässigkeiten in der Gross- oder Kleinschreibung fremdsprachiger Hauptwörter fallen daher nicht uns zur Last.

Im März 1906 war das Manuscript des Verzeichnisses fertiggestellt; die Drucklegung wurde aber vorerst noch verschoben, weil der Vorstand des Ostasiatischen Vereins angesichts der hohen Kosten Bedenken erhob. Erst im Sommer 1907 erfolgte die endgültige Genehmigung.

Nunmehr war es aber nöthig geworden, das Verzeichniss, welches den Besitzstand der oben genannten Bibliotheken am 31. December 1905 wiedergab, entsprechend zu ergänzen. Noch einmal wurden alle wichtigeren Bibliotheken durchgesehen, und ein weiterer Zuwachs von rund 180 Nummern aufgenommen.

Eine nicht geringe Arbeit erwuchs uns noch während des Druckes, da die vielen fremdsprachigen Titel eine besondere Sorgfalt bei der Correctur erforderten, welche für Bogen 1—5 nur von Herrn Regensburger, für Bogen 16—18 nur von mir, im Uebrigen aber gemeinschaftlich besorgt wurde. Für die holländischen Titel des Abschnittes VII hatten wir uns der liebenswürdigen Hülfe des Herrn Dr. Sickinghe zu erfreuen.

Das Verzeichniss umfasst, wenn die mehrfach aufgeführten Werke nur einmal gezählt werden, 2765 Nummern, von denen 2335 nur auf je einer Bibliothek vorhanden sind, nämlich auf:

Bo.	64	**Nh.**	145
Bü.	63	**Oa.**	16
Cz.	967	**Pt.**	42
Ge.	64	**St.**	492
Ha.	10	**Sw.**	177
Mu.	232	**Vk.**	63

Ein wenig werden diese Zahlen sich demnächst verschieben. Nach der Abtrennung des Mineralogisch-Geologischen Instituts wird die hier unter Nh. aufgeführte mineralogisch-geologische Literatur dort zu suchen sein, und ebenso werden einige der hier unter Pt. aufgeführten zoologischen Schriften, welche ursprünglich im Besitz des Vereins für naturwissenschaftliche Unterhaltung waren, noch im Laufe dieses Jahres an St. übergehen.

Die Herstellung des nun fertig vorliegenden Verzeichnisses hat, wie ich schon oben andeutete, fast das Doppelte des Voranschlages erfordert. Daher halte ich es für richtig, nun auch die Bilanz des erhofften Nutzens zu ziehen. Das Verzeichniss will:

1. den Mitgliedern des Ostasiatischen Vereins, sowie allen Denjenigen, welche sich in Hamburg für den fernen Osten interessiren, eine Uebersicht der einschlägigen Literatur vermitteln;
2. auch Denjenigen nützlich sein, welche sich mit der Entwickelung unserer Kolonien beschäftigen, weil es die Literatur einiger wichtiger Kolonialgebiete umschliesst;
3. den Vorständen unserer Bibliotheken die Aufgabe erleichtern, die vorhandenen Lücken zu erkennen;
4. unseren Mitbürgern den Anstoss geben, aus ihrem eigenen Besitz zur Ergänzung solcher Lücken beizutragen.

Zum Schluss erübrigt mir nur die angenehme Pflicht, allen Denjenigen, welche mich bei meiner Aufgabe so freundlich unterstützt haben, insbesondere aber den Herren Dr. Baasch, Prof. Brinckmann, Dr. Michow, Prof. Münzel, Dr. Reh, F. Rettich, Prof. Thilenius und Prof. Voigt, ferner meinem verehrten Mitarbeiter, Herrn Bibliothekar Regensburger, sowie dem trefflichen Personal der Firma Lütcke & Wulff meinen herzlichsten Dank auszusprechen. Nur ihrer Mitwirkung ist es zuzuschreiben, wenn es gelungen sein sollte, Etwas zu schaffen, das dem Ostasiatischen Verein zur Ehre gereicht.

Hamburg,
den 15. März 1908.

Prof. Dr. C. Gottsche.

Inhalt.

Seite

I. Ostasien im Allgemeinen ... 1—57

1. Bibliographie ... 1
2. Zeitschriften ... 2
3. Geographie und Reisen:
   a. Sammlungen von Reiseberichten ... 7
   b. Weltreisen und Reisen in mehreren Ländern ... 11
   c. Ortsbeschreibungen und Vermischtes ... 30
   d. Karten und Ansichten ... 34
4. Geschichte. Geschichte der Geographie ... 35
5. Staatsverträge. Konsulatswesen. Rechtsverhältnisse. Verwaltung. Soziales ... 40
6. Bewohner und natürliche Verhältnisse (Anthropologische, physikalische und naturhistorische Schriften.) ... 42
7. Natürliche und industrielle Erzeugnisse. Kunstgewerbe ... 46
8. Handel. Währung. Banken. Verkehrsmittel und -Wege 47
9. Kultur:
   a. Sprache und Literatur ... 50
   b. Kunst ... 51
   c. Religion ... 53
   d. Mission ... 55

II. Amur-Gebiet. Russisches Küstengebiet. Sachalin 58—60

III. Korea ... 61—63

IV. China ... 64—124

A. Eigentliches China (China ohne Tibet und die europäischen Kolonien):

1. Bibliographie ... 64
2. Zeitschriften ... 64
3. Geographie und Reisen:
   a. Reisen. Ortsbeschreibungen. Vermischtes ... 65
   b. Karten ... 81

Seite

4. Geschichte:
a. Im Allgemeinen ... 82
b. Im Einzelnen ... 83
c. Zur Geschichte der Berührungen Chinas mit Europa und West-Asien. Erschließung Chinas in unserer Zeit 90
5. Staatsverträge. Staatswesen ... 92
6. Bewohner und natürliche Verhältnisse (Anthropologische, physikalische und naturhistorische Schriften.):
a. Bewohner ... 93
b. Auswanderung ... 94
c. Meteorologie. Klimatologie. Pathologie ... 95
d. Geologie. Flora. Fauna ... 96
7. Natürliche und industrielle Erzeugnisse. Kunstgewerbe ... 98
8. Handel und Verkehr:
a. Handel und Handelsstatistik ... 100
b. Währung. Verkehrsmittel und -Wege ... 104
9. Kultur:
a. Kultur im Allgemeinen und Vermischtes ... 105
b. Philosophie. Encyklopädie ... 106
c. Fachwissenschaften ... 107
d. Sprache ... 108
e. Literatur ... 110
f. Kunst ... 113
g. Religion ... 114
h. Mission ... 115

B. Macao ... 119
C. Hongkong ... 120
D. Kiautschou ... 120
E. Tibet und Nachbargebiete ... 122

V. Japan ... 125—168
1. Bibliographie ... 125
2. Zeitschriften ... 125
3. Geographie und Reisen:
a. Reisen. Ortsbeschreibungen. Vermischtes ... 126
b. Karten und Ansichten ... 133
4. Geschichte:
a. Im Allgemeinen ... 133
b. Im Einzelnen ... 134
c. Zur Geschichte der Berührungen Japans mit europäischen Mächten ... 139

Seite

5. Staatsverträge. Staatswesen ... 140
6. Bewohner und natürliche Verhältnisse (Anthropologische, physikalische und naturhistorische Schriften.):
a. Bewohner ... 142
b. Meteorologie. Klimatologie. Pathologie ... 144
c. Geologie. Mineralogie ... 145
d. Flora ... 146
e. Fauna ... 147
7. Natürliche und industrielle Erzeugnisse. Handwerk. Kunstgewerbe ... 149
8. Handel und Verkehr ... 153
9. Kultur:
a. Kultur im Allgemeinen. Unterrichtswesen. Wissenschaft 155
b. Sprache ... 157
c. Literatur ... 158
d. Kunst ... 160
e. Religion. Mission ... 166

VI. Philippinen ... 169—180
1. Bibliographie ... 169
2. Zeitschriften ... 169
3. Geographie und Reisen:
a. Reisen. Ortsbeschreibungen. Vermischtes ... 169
b. Karten ... 171
4. Geschichte ... 171
5. Bewohner und natürliche Verhältnisse (Anthropologische, physikalische und naturhistorische Schriften.):
a. Bewohner ... 172
b. Meteorologie ... 173
c. Geologie ... 174
d. Flora. Fauna ... 174
6. Produktion ... 177
7. Handel und Verkehr ... 178
8. Sprache ... 179
9. Mission ... 179

VII. Indischer Archipel ... 181—222
1. Bibliographie ... 181
2. Zeitschriften ... 181
3. Geographie und Reisen:
a. Reisen. Ortsbeschreibungen. Vermischtes ... 182
b. Karten ... 194
4. Geschichte ... 195
5. Staatswesen. Verwaltung. Rechtsverhältnisse ... 199

Seite

6. Bewohner und natürliche Verhältnisse (Anthropologische, physikalische und naturhistorische Schriften.):
   a. Bewohner ... 201
   b. Natürliche Verhältnisse im Allgemeinen und Vermischtes 203
   c. Meteorologie. Klimatologie. Pathologie ... 204
   d. Geologie. Mineralogie. Palaeontologie ... 205
   e. Flora ... 206
   f. Fauna ... 207
7. Produktion ... 213
8. Handel. Währung. Verkehr ... 216
9. Kultur:
   a. Kultur im Allgemeinen. Unterricht. Vermischtes ... 218
   b. Sprache ... 218
   c. Kunst ... 220
   d. Religion. Magie ... 221
   e. Mission ... 221

VIII. Straits Settlements, Malacca und benachbarte Inseln 223—226

IX. Siam ... 227—230

X. Indo-China (Annam, Cambodja, Cochinchina und Tonkin) 231—239

1. Zeitschriften ... 231
2. Geographie und Reisen:
   a. Reisen, Ortsbeschreibungen und Vermischtes ... 231
   b. Karten ... 233
3. Geschichte ... 234
4. Organisation. Verwaltung. Rechtsverhältnisse. Militär ... 235
5. Geologie. Flora. Fauna ... 236
6. Produktion. Handel. Währung ... 237
7. Kultur im Allgemeinen. Sprache. Literatur. Kunst. Religion. Mission ... 237

XI. Die ostasiatischen Gewässer ... 240—250

1. Allgemeines. Tiefen. Gezeiten. Winde und Strömungen. Taifune. Magnetische Beobachtungen ... 240
2. Segelanweisungen und Verzeichnisse derselben (mit Anhang über die nordöstliche Durchfahrt) ... 243
3. Seekarten. Küstenansichten ... 248
4. Leuchtfeuer und Seezeichen ... 250

Nachträge und Berichtigungen ... 251

Anonymen-Register ... 252—263

Autoren-Register ... 264—281

I. Ostasien im Allgemeinen.

1. Bibliographie.

1 **Bibliotheca geographica.** Herausgegeben von der Ges. f. Erdkunde in Berlin. Bearb. von O. Baschin. Bd. 1—12. Berlin seit 1895. (Wird fortgesetzt.) **Cz. Sw.**

2 — **orientalis.** Herausgegeben von C. Friederici. Bd. 1—8. Leipzig 1876—1883. (Vergl. Nr. 10 und 11.) **St.**

3 **Catalogue** of the library of the N.-Chinabranch of the R. Asiatic Society. 3[d] ed. Shanghai 1894. **Ge.**

4 — of the library of the Royal Geograph. Society, containing the titles of all works up to Dec. 1893. Compiled by H. R. Mill. London 1895. **Ge.**

5 — of scientific papers. Compiled and published by the Royal Society of London, vol. 1—12 (1800—1883). London 1867 ff. **St.**

6 **Katalog** der Bibliothek der Gesellschaft f. Erdkunde zu Berlin. Versuch einer Systematik der geographischen Literatur, bearb. von Dr. P. Dinse. Berlin 1903. **Ge. Nh. Sw.**

7 — der Büchersammlung der Nautischen Abteilung des Reichs-Marineamtes. Berlin 1905. **Sw.**

8 — der Commerzbibliothek in Hamburg. Hamburg 1864. 1.—8. Fortsetzung. Hamburg 1868—1905. **Cz. Nh. St.**

9 — der Hauptbibliothek der Kaiserl. Marineakademie und Schule nebst Nachtr. 1—12. Kiel 1890—1905. **Sw.**

10 **Literaturblatt** für orientalische Bibliographie. Herausgeg. von J. Klatt u. E. Kuhn. Bd. 1—4. Berlin 1883—1886. (Fortsetzung von Nr. 2.) **St.**

11 **Orientalische Bibliographie.** Herausgeg. von A. Müller. Jahrg. 1—19. Berlin seit 1887. (Wird fortgesetzt.) (Fortsetzung von Nr. 10.) **St.**

12 **Assemannus, J. G.** Bibliotheca orientalis Clementino-Vaticana. 4 Bde. Rom 1714—1728. **St.**

13 **Engelmann, W.** Bibliotheca geographica. Verzeichnis der seit der Mitte des vorigen Jahrhunderts bis Ende 1856 in Deutschland erschienenen Werke über Geographie und Reisen mit Einschluß der Landkarten, Pläne und Ansichten. Leipzig 1858. **Cz.**

14 **Zenker, J. Th.** Bibliotheca orientalis. Manuel de bibliographie orientale. 2 Bde. Leipzig 1846 u. 1861. Bd. 2: Indo-China, China, Japan etc. **St.**

2. Zeitschriften.

15 **Berlin, Admiralität.**
Annalen der Hydrographie und maritimen Meteorologie (früher Hydrograph. Mittheilungen, her. v. d. Hydrograph. Bureau der Kais. Admiralität). Jg. 1—34. Berlin 1873—1906. (Wird fortgesetzt.) **Cz. Ge. Pt.** (nur 4—19) **Sw.**

16 — **Deutsch-Asiatische Gesellschaft.**
Asien, Organ d. D.-As. Ges., hrsg. v. Dr. Vossberg-Rekow, Jg. 1. 2. Berlin 1902—1903. **Ge.**

17 — **Gesellschaft für Anthropologie, Ethnologie und Urgeschichte.**
Zeitschrift für Ethnologie. Bd. 1—37. Berlin 1869—1905. (Wird fortgesetzt.) **Cz. St. Vk.**

18 — **Gesellschaft für Erdkunde.**
Monatsberichte. Jg. 1—14. Berlin 1840—1853. **Cz.**
Zeitschrift für allgem. Erdkunde. Bd. 1—6 und N. F. Bd. 1—19. Berlin 1853—1865. **St. Sw. Cz.** (N. F. 15—19), **Pt.** (N. F. 7—19.)
Zeitschrift der Gesellschaft für Erdkunde zu Berlin. Bd. 1—40. Berlin 1866—1905. (Wird fortgesetzt.) **Ge. Pt. Sw. Cz.** (nur 1—24.)
Verhandlungen der Gesellschaft für Erdkunde zu Berlin. Bd. 1—32. Berlin 1873—1905. **Ge. Pt. Sw. Cz.** (nur 1—19.)

19 — **Handelsamt (Reichsamt des Innern).**
Deutsches Handelsarchiv (früher „Preuss. Handelsarchiv“), Wochenschrift f. Handel u. Gewerbe. Jg. 1847—1905. Berlin 1847—1905. (Wird fortgesetzt.) **Cz. Sw.** (seit 1880.)

20 **Berlin, Museum für Völkerkunde.**
Veröffentlichungen. Bd. 1—7. Berlin 1889—1901. **St. Vk.**

21 — **Orientalistische Litteraturzeitung,** hrsg. von F. E. Peiser. Jg. 1—8. Berlin 1898—1905. (Wird fortgesetzt.) **St.**

22 — **Ostasien.** Die erste Monatsschrift eines Japaners in Europa. Monatsschrift für Handel, Industrie, Politik, Wissenschaft, Kunst etc. Herausg. v. Kisak Tamai. Jg. 1—7. Berlin 1898—1905. (Wird fortgesetzt.) **Cz. Mu. Oa.** (unvollständig.)

23 — **Seminar für Orientalische Sprachen.**
Mitteilungen, hrsg. v. Sachau (Abt. I: Ostasiat. Studien). Jg. 1—9. Berlin 1898—1906. (Wird fortgesetzt.) **St. Vk.** (1—5).

24 — **Der Tropenpflanzer.** Zeitschrift für tropische Landwirtschaft. Herausg. v. O. Warburg u. F. Wohltmann. Jg. 1—9. Berlin 1897—1905. (Wird fortgesetzt.) **Cz.**

25 **Braunschweig, Deutsche Gesellschaft für Anthropologie, Ethnologie und Urgeschichte.**
Archiv für Anthropologie. Bd. 1—28, N. F. 1—3. Braunschweig 1866—1905. (Wird fortgesetzt.) **St. Vk.**

26 — **Globus.** Illustrirte Zeitschr. f. Länder- und Völkerkunde. Bd. 1—89. Braunschweig 1862—1906. (Wird fortgesetzt.) **Vk. Pt.** (fehlt Bd. 1—3.) **Sw.** (seit 1892.) **Ge.** (seit 1891.)

27 **Breslau. Zentralblatt für Anthropologie,** herausg. v. G. Buschau. Bd. 1—10. Breslau 1896—1905. (Wird fortgesetzt.) **St. Vk.**

28 **Calcutta, Asiatic Society of Bengal.**
Asiatic Researches, vol. 1—20. London u. Calcutta 1801—1836. **Cz. St.** (nur 1—8. 12.)
Journal pt. I, vol. 65—73. Calcutta 1897—1904. **St.**
II (Nat. Sc.), vol. 53—73. Calcutta 1884—1904. **Nh. St.** (fehlt 53—55.)
III (Anthrop.), vol. 53—73. Calcutta 1884—1904. **Vk. St.** (fehlt 53—62.)
Proceedings. Jg. 1884—1904. Calcutta 1885—1904. **Nh.**
Journal and Proceedings (Fortsetzung der beiden vorigen). Jg. 1, 1905. (Wird fortgesetzt.) Calcutta 1905—1906. **Nh. St.**
Centenary Review. 1784—1883. Calcutta 1885. **Nh.**
Annual Address. 1891, 1894, 1896. Calcutta 1891—96. **Nh.**

29 **Florenz, Società Asiatica Italiana.**
Giornale. Vol. 1—17. Florenz, 1887—1904. (Wird fortgesetzt.) **St.**

30 **Göttingen. Zeitschrift für die Kunde des Morgenlandes.** Bd. 1—3. Göttingen 1837—40. **St.**

31 **Gotha. Geographisches Jahrbuch,** begr. durch E. Behm, fortges. durch H. Wagner. Bd. 1—28. Gotha 1867—1906. (Wird fortgesetzt.) **Cz. Sw. St.** (fehlt 11—15).

32 — **A. Petermann's Mittheilungen** aus J. Perthes' Geogr. Anstalt. Bd. 1—51. Gotha 1855—1905 (wird fortges.), vollständig **Cz. Nh. Pt. Sw.**, unvollständig **Bü.** (1—39. 41), **Ge.** (1—38), **St.** (1—23), **Vk.** (1—34).

Ergänzungshefte zu Petermann's Mittheilungen. Heft 1—152. Gotha 1860—1905 (wird fortges.), vollständig **Cz. Nh. Pt. Sw.**, unvollständig **Bü.** (1—22), **Ge.** (1—12), **St.** (1—52), **Vk.** (1—18).

Inhaltsverzeichniß zu Petermann's Mitth., Bd. 1—10, 11—20, 21—30, 31—40. Gotha 1865, 1877, 1886, 1897. **Cz. Nh. Pt. Sw.**, unvollständig in **Ge. St. Vk.**

33 **Hamburg, Deutsche Seewarte.**
Aus dem Archiv der Deutschen Seewarte. Jg. 1—28. Hamburg 1880—1906. (Wird fortgesetzt.) **Cz. Ge. Pt. St. Sw.**

Monatsbericht der Deutschen Seewarte. Jg. 1—16. Hamburg 1877—1892. (Nicht weiter erschienen.) **Pt. St. Sw.**

34 — **Geographische Gesellschaft.**
Mitteilungen, im Auftrage des Vorstandes herausgegeben von Dr. L. Friederichsen. Bd. 1—22, n. Suppl. zu 20. Hamburg 1877—1906. (Wird fortgesetzt.) **Cz. Ge. Nh. St. Sw.**

35 — **Museum für Kunst und Gewerbe.**
Jahresberichte für 1877—1905. Hamburg seit 1877. **Mu.**

36 **Leiden. Internationales Archiv für Ethnographie.** Bd. 1—18. Leiden 1888—1905. (Wird fortgesetzt.) **Vk.**

37 — **T'oung pao.** Archives pour servir à l'étude de l'histoire, des langues, de la géographie et de l'ethnographie de l'Asie orientale, herausgegeb. von G. Schlegel, H. Cordier und E. Chavannes. Serie I, Bd. 1—10; Serie II, Band 1—6. Leiden 1890—1905. **Vk.**

38 **Leipzig, Deutsche Morgenländische Gesellschaft.**
Abhandlungen für die Kunde des Morgenlandes. Leipzig seit 1859. (Wird fortgesetzt.) **St.**
Zeitschrift d. D. M. Ges. Bd. 1—60. Leipzig 1847—1906. (Wird fortgesetzt.) **St.**

39 — **Illustrirtes Jahrbuch der Weltreisen** und geogr. Forschungen. Herausgeg. v. W. Berdrow. Jg. 1—4. Leipzig, Teschen, Wien 1902—1905. (Wird fortgesetzt.) **Bü. Sw.**

40 **London, Anthropological Institute of Gr. Britain and Ireland.**
Journal. Vol. 1—6. London 1873—1878. **Vk.** Vol. 7—19. London 1879—1891. **Ge.**

41 — **Asiatic Journal and Monthly Register** for British India and its Dependencies. 1. series vol. 1—28 (vol. 2 fehlt); 2. series vol. 1—6. London 1816—31. **St.**

42 — **Japan Society.**
Transactions and Proceedings, vol. 1—7. London 1893—1907. **Mu.** (Wird fortgesetzt.) **St.** (nur 4, 5).
Booklet Nr. 7, 1900 **Oa.**; Nr. 8, 1901 **St.**; Nr. 10, 1903 **Oa.**

43 — **The London and China Telegraph.** Vol. 44. London 1902. **Oa.** (Wird von **Ha.** gehalten, aber nicht aufbewahrt.)

44 — **Parliamentary papers,** vollständig seit 1844, vergl. das Verzeichnis im Katalog der Commerzbibliothek in Hamburg, 1864 S. 265—276. **Cz.**

45 — **Royal Asiatic Society of Gr. Britain and Ireland.**
Journal, vol. 1—7. London 1834—43. **Cz.**
Transactions, 3 vols. London 1824, 30, 35. **Cz.**

46 — **Royal Geographical Society.**
Journal, vol. 1—50. London 1832—1880. **Cz.** (1—46). **Ge.** (29—50). General-Index 1—10, 11—20. **Cz.** 39—40 **Ge.**
Proceedings, vol. 1—22 und New monthly series, vol. 1—14. London 1855—1892. **Cz. Ge. Sw.**
Geographical Journal including the Proceedings (Fortsetzung der beiden vorigen), vol. 1—28. London 1893—1906. **Ge. Sw.**

47 **Newhaven. Journal of the American Oriental Society,** vol. 1—13. New-York und Newhaven 1850—1889. **Cz.**

48 **Paris. Annales des voyages,** de la géographie et de l'histoire ou collection de voyages nouveaux les plus estimés . . . publiées par C. Malte-Brun. T. 1—24. Paris 1808—1814. **Cz.**

Fortgesetzt als:

Nouvelles annales des voyages . . . . . ou recueil de relations originales inédites, publ. par Vivien de St. Martin et V. A. Malte-Brun. 4.—6. Série. Paris 1840—1871. **Cz.**

49 — **Journal Asiatique** ou recueil de mémoires, d'extraits et de notices relatifs à l'histoire, à la philosophie, aux sciences, à la littérature et aux langues des peuples orientaux (später Nouveau Journ. As.). Série 1—10, T. 8. Paris 1826—1906. (Wird fortgesetzt.) **St. Cz.** (Sér. 1—4, T. 6.)

50 — **Revue d'Anthropologie.** T. 1—18. Paris 1872—89.

Fortgesetzt als:

L'Anthropologie. T. 1—16. Paris 1890—1905. (Wird fortgesetzt.) **Vk.**

51 — **Revue d'Ethnographie.** T. 1—8. Paris 1882—1889. (Mehr ist nicht erschienen.) **St. Vk.**

52 — **Revue des deux mondes,** journal des voyages, de l'administration, des moeurs chez les differents peuples du globe, vollständig seit 1830. (Wird fortgesetzt.) **Cz. St.** (seit 1867 vollständig, bis dahin unvollständig.)

53 — **Societé Académique Indo-Chinoise de France.**

Annales de l'extrême Orient (et de l'Afrique). T. 1—15. Paris 1878—1892. **Cz.**

Bulletin, II. Serie, T. 1—3. Paris 1882—1890. **Ge. St.**

Mémoires. T. 1. 2. Paris 1879. **Ge. St.** (nur 1.)

54 **Rom. Oriens Christianus.** Römische Halbjahrsschrift f. d. Kunde des christl. Orients, herausgegeben namens des Priesterkollegiums d. deutschen Campo Santo, von Dr. Anton Baumstark. Jg. 1. Rom 1901. **St.**

55 **Stuttgart. Das Ausland.** Jg. 1—66. Stuttgart u. München 1828—93. **Vk. Cz.** (fehlt 1—3, 55—57), unvollständig in **St. Sw. Pt.**

56 **Washington. The American Anthropologist.** Bd. 1—11 und N. F. Bd. 1—7. Washington 1888—1905. (Wird fortgesetzt.) **Vk.**

57 — **U. S. Consular Reports.** Vol. 44, 45, 53—66. Washington seit 1894. (Wird fortgesetzt.) **Cz.**

Washington. Special Consular Reports. Vol. 14—29. Washington seit 1897. (Wird fortgesetzt.) **Cz.**

58 **Wien. Zeitschrift für die Kunde des Morgenlandes.** Bd. 1—19. Wien 1887—1906. (Wird fortgesetzt.) **St.**

---

3. Geographie und Reisen.

a. Sammlungen von Reiseberichten.

59 An **account of several voyages** and discoveries to the south and north. London 1694. **Cz.**

Darin:

Wood, J. Attempt to discover a north-east passage to China.

— Dasselbe, 2. ed. London 1711. **Cz.**

60 **Allgem. Historie der Reisen** zu Wasser und zu Lande oder Sammlung aller Reisebeschreibungen, welche bis itzo in verschiedenen Sprachen von allen Völkern herausgegeben worden, durch eine Gesellschaft gelehrter Männer im Englischen zusammengetragen und aus demselben ins Deutsche übersetzt. 21 Bde. Leipzig 1748—74. **Cz. Pt. Sw.**

61 **Bibliothek der neuesten und wichtigsten Reisebeschreibungen,** zur Erweiterung der Erdkunde gesammelt, bearbeitet und herausgegeben von M. C. Sprengel, T. F. Ehrmann, F. J. Bertuch u. a. I. Serie Bd. 1—50, II. Serie Bd. 1—65. Weimar 1800—1835. **Cz.**

Hierin:

Barrow, B. J. Reise durch China von Peking nach Canton. 1793. I. 14, 15.

Barrow, B. J. Reise nach Cochinchina. 1792. I. 38.

Bissachère, B. de la. Gegenwärtiger Zustand von Tunkin, Cochinchina, Camboja etc. I. 47.

Broughton, W. R. Entdeckungsreisen in das Stille Meer und vorzüglich nach der Ostküste von Asien. 1795—1798. I. 19.

Crawfurd, J. Tagebuch der Gesandtschaft nach Siam und Cochinchina. II. 56.

Finlayson, G. Gesandtschaftsreise nach Siam und Hué, 1820—21, herausgeg. von T. G. Raffles. II. 44.

Hall, B. B. Entdeckungsreise nach d. Westküste von Corea und der großen Lutschu-Insel. II. 19.

Holmes, S. Tagebuch einer Reise nach Sina und in die Tartarei. 1792—93. I. 28.

Olivier, B. J. Land- und Seereisen in niederländ. Indien und einigen britischen Niederlassungen. 1817—1826. II. 53, 63.

Tagebuch einer Landreise durch die Küstenprovinzen Chinas von Manchao an der Südküste von Hainan nach Canton. 1819—20. II. 31.

Woodard, B. D. Geschichte seiner Schicksale auf der Insel Celebes nebst Nachrichten von derselben und ihren Bewohnern. I. 24.

62 **Journael van de Reyse** der Hollandtsche Schepen, ghedaen in Oost-Indien. Middelburgh 1598. **St.**

Mit:

Cornelis Gerritsz. van Zuydtland. Appendix, inhoudende de Opdoeninghen van de Cap de bona Esperança etc., ook een seker Vocabulaer van veel Javaensche woorden. Rotterdam 1598.

63 **Naaukeurige versameling** der gedenkwaardigste zee- en land-reysen na Oost- en West-Indien van 1246—1696. 28 Theile. Leyden 1707. **Cz.**

64 **Recueil de voyages** et de mémoires, publié par la soc. de géographie. 6 Bde. Paris 1824—1841.

Hierin:

t. 1, Voyages de Marco Polo. t. 4, Jordan et Catalani, Description des merveilles d'une partie de l'Asie. **Cz.**

65 **Works issued by the Hakluyt Society.** 126 Bde. London seit 1850. **Cz.**

Hierin:

8. Memorials of the Empire of Japon in the XVI and XVII centuries, with a commentary by T. Rundall. 1850.

14. 15. Gonzalez de Mendoza. The history of the great and mighty Kingdom of China and the situation thereof, transl. by R. Parke, ed. by Sir G. T. Staunton with an introduction by R. H. Major. 2 vols. 1853—54.

17. Orléans, P. J. d'. History of the two Tartar conquerors who subdued China 1688, transl. and ed. by the Earl of Ellesmere, with an introd. by R. H. Major. 1854.

19. The Voyage of Sir H. Middleton to Bantam and the Maluco islands from the ed. of 1606, annot. and ed. by B. Corney. 1855.

36. 37. Cathay and the way thither being a Collection of all minor notices on China previous to the 16th century, transl. and ed. by H. Yule. 2 vols. 1866.

39. Morga, A. de. The Philippine islands, Moluccas, Siam, Cambodja, Japan and China at the close of the 16th cent., transl. and ed. by H. E. J. Stanley. 1868.

66. 67. Cocks, R. Diary in Japan 1615—1622, ed. by E. M. Thompson. 1883.
70. 71. Linschoten, J. H. van. Voyage to the East Indies, from the transl. of 1598, ed. by A. C. Burnell and P. A. Tiele. 1885.
76. 77. 80. Pyrard, F. Voyage to the East Indies, the Maldives, the Moluccas and Brazil, transl. and ed. by A. Gray and C. P. Bell. 1887—90.
82. 83. Léguat, F. Voyage to Rodriguez, Mauritius, Java and the Cape of good Hope, ed. and annot. by P. Oliver. 1891.
II. Ser. 1. 2. The embassy of Sir Thomas Roe to the court of the Great Mogul 1615—1619 as narrated in his journal and correspondence, ed. from contemporary records by W. Foster. 1899.
II. Ser. 5. The voyage of Capt. J. Saris to Japan 1613, ed. by E. M. Satow. 1900.
II. Ser. 4. The journeys of W. of Rubruck and J. de Carpine to Tartary in the 13th century, transl. and ed. by W. W. Rockhill. 1900.

66 **Asher, A.** Biographical essay on the collection of voyages and travels edited and published by Levinus Hulsius and his successors at Nuremberg and Frankfort from 1598—1660. London u. Berlin 1839. **Cz.**

67 **Bergeron, P.** Voyages faits principalement en Asie dans les 12—15 siècles par B. de Tudèle, J. du Plan-Carpin, N. Ascelin, G. de Rubruquis, Marc Paul, Haiton, J. de Mandeville et A. Contarini. Accompagnés de l'histoire des Sarasins et des Tartares et précédez d'une introduction concernant les voyages et les nouvelles découvertes des principaux voyageurs. 2 Bde. La Haye 1735. **Cz.**

68 **Böhme, M.** Die großen Reisesammlungen des 16. Jahrhunderts. Straßburg 1904. **Cz.**

69 **Bry, Th. de.** Sammlung von Reisen nach Ostindien, herausgegeben von Th. de Bry, und seinen Söhnen J. Th. u. J. J. de Bry. 10 Bde. Frankfurt a. M. 1597—1613.

Hierin u. a.:

Eine kurtze Beschreibung der neuwen Schiffart gegen Nordt Osten über die Amerischen Inseln in Chinam und Japponiam durch G. Arthus von Dantzick (Bd. 10). **Cz.**

Dieselbe Sammlung, neue Ausgabe in 13 Bdn. Frankfurt a. M. 1609—1628. **St.**

Dieselbe Sammlung, lateinische Ausgabe (collectiones peregrinationum in Indiam orientalem). Bd. 1—3. Frf. 1598—1601. **Cz.** — 4. 5. Frf. 1601. **St.** — 11. Oppenh. 1619. **Cz.**

70 **Camus, A. G.** Mémoire sur la collection des grands et petits voyages (de de Bry) et sur la collection des voyages de M. Thevenot. Paris An XI (1802). **Cz.**

71 **Constantin, de.** Recueil des voyages qui ont servi à l'établissement et aux progrèz de la Compagnie des Indes Orientales formée dans les Prov. Unies des Pais Bas. Nouv. éd. revue par l'auteur. 10 vols. Rouen 1725. **St.** 2e éd. Amsterd. 1725. 7 vols. **Cz.**

72 **Crawford and Balcarres, L. Earl of.** Bibliotheca Lindesiana. Nr. 3. Grands et petits voyages of de Bry. London 1884. **Cz.**

73 **Falkenhorst, C.** Bibliothek denkwürdiger Forschungsreisen. Bd. 1—12. Stuttgart, Berlin, Leipzig, 1890—91. **Bü.**

74 **Gerstäcker, F.** Reisen um die Welt. Leipzig 1871. (s. Nr. 148.) **Ha.**

75 **Hakluyt, R.** The principal navigations, voyages and discoveries of the english nation made by sea or over land. 3 vols. London 1589. **Cz.**
— Dasselbe, New ed. London 1599—1600. **Cz.**

76 **Hulsius, L.** 26 Schiffahrten. Frankfurt 1598—1650. (Nr. 10. Malacca; 15. Cambodja; 25. Formosa u. Japan.) Genaueres Verzeichnis bei Asher (Nr. 66). **St.**

77 **Prior, S.** Sämmtliche Reisen um die Welt. Bd. 3. Jena 1823. **Bü.**

78 **Purchas, S.** Hakluytus posthumus or Purchas his pilgrimes. Contayning a history of the world in sea-voyages and lande-trauells by englishmen and others. 4 pts. London 1625. **Cz.**

79 **Stöcklein, J.** Der neue Welt-Bott mit allerhand Nachrichten dern missionariorium soc. Jesu. Allerhand so lehr- als geist-reiche Brieff, Schrifften u. Reisbeschreibungen, welche von denen Missionariis der Gesellschaft Jesu aus beyden Indien u. andern über Meer gelegenen Ländern seit 1642—1726 in Europa angelangt seynd. 32 Theile in 4 Bänden. Augsburg, Grätz u. Wien 1728—1755. **Cz.**

80 **Thevenot, M.** Relations de divers voyages curieux, qui n'ont point esté publiées ou qui ont esté traduites d'Hacluyt, de Purchas et d'autres voyageurs anglois, hollandois, portugais, persans, arabes et autres autheurs orientaux. 4 Theile. Paris 1663—1672. **Cz.**
— Dasselbe. Nouv. éd. Paris 1696. **Cz.**

81 **Tiele, P. A.** Mémoire bibliographique sur les journaux des navigateurs Néerlandais réimprimés dans les collections de de Bry et de Hulsius et dans les collections hollandaises du 17. siècle et sur les anciennes éditions hollandaises des journaux des navigateurs étrangers, la plupart en possession de F. Muller à Amsterdam. Amsterdam 1867. **Cz.**

b. Weltreisen und Reisen in mehreren Ländern.

82 **Kort Verhael** van d'Avontuerlicke Voyagien en Reysen van Paulus Olofsz. Rotman, zeylende van Batavia naer het Eylant Tywan etc. (auch China). Amsterdam 1657. **St.**

83 Een kort **Beskriffning uppå trenne Reesor** och Peregrinationer, sampt KonungarijketJapan. (I.: Nils Matson Kiöping, Africa, Asia etc. (1647—1656). II. III.: Oloff Erickson Willmann, Reesa till Ostindien, China och Japan (1644—1654). Kort Berättelse om Konungarijket Japan. IV.: Reesa från Mußcow till China. Wijsingsborg 1674. (Angebunden sind noch andere Reisebeschreibungen.) **St.**

84 The **travels of several learned missionaries** of the society of Jesus into diverse parts of the Archipelago, India, China and America, translated from the French. London 1714. **St.**

85 **J. H. H.** Kurze Beschreibung über des Schiffs, Cronprinz Christian, glücklich gethane Reise nach u. von China 1730—32. Kopenhagen u. Leipzig 1750. **Cz.**

86 **Sechs Reisen um die Erde** der königl. preußischen Seehandlungs-Schiffe Mentor u. Prinzess Louise, innerhalb der Jahre 1822—42. Auszug aus den Schiffsjournalen, herausgeg. v. H. Berghaus. Breslau 1842. **Cz.**

87 **Voyage autour du monde** par les mers de l'Inde et de la Chine, exécuté sur la corvette la Favorite, pendant les années 1830—32 sous le commandement de Laplace, publié p. ordre du ministre de la marine et des colonies. 4 tms. Paris 1833—35. **Cz.**

88 **Campagne dans les mers** de l'Inde et de la Chine, à bord de la frégate l'Érigone, commandée en 1841, 42, 43 p. Cécile, et en 1843, 44 p. Roy. Publié p. ordre du ministre de la marine et des colonies. T. 1. Paris 1847. **Cz.**

89 **Beitrag zu den Instructionen** für die wissenschaftliche Abtheilung der Weltumsegelungs-Expedition der K. K. Fregatte Novara. Aus Mitth. Geogr. Ges. I, 1. Wien 1857. **Cz.**

90 **Reise der österreichischen Fregatte Novara** um die Erde, in den Jahren 1857—59 unter den Befehlen des Commodore B. von Wüllerstorf-Urbair.
Beschreibender Theil, 3 Bde. Wien 1864—66. **Cz. Ha. Pt. St. Sw.**
Nautisch-Physikal. Theil, 3 Abth. Wien 1862—65. **Cz. Ge. St. Sw.**
Statistisch-Commercieller Theil, 2 Bde. Wien 1864—65. **Bü. Cz. Sw.**
Geologischer Theil, 2 Bde. Wien 1864—66. **Cz.**
Anthropologischer Theil, 3 Abth. Wien 1867—75. **Cz. Nh.** (nur Abth. 1).
Linguistischer Theil, 1 Bd. Wien 1867. **Cz.**
Medizinischer „ 1 „ „ 1861. **Cz.**
Zoologischer Theil, Bd. II, 1. 3. Wien 1865—68. **Nh.**

91 **Die preußische Expedition** nach Ostasien 1859—1862. Nach amtlichen Quellen (von A. Berg). 4 Bde. Berlin 1864—73. **Cz. Sw. Vk.**

92 — Zoologischer Theil. 1. 2. Berlin 1867—76. **St.**
Botanischer Theil. Berlin 1866. **Bo. St.**

93 **Rough notes of journeys** made in the years 1868—73 in Syria, down the Tigris, India, Kashmir, Ceylon, Japan, Mongolia, Siberia, the United States, the Sandwich islands and Australasia. London 1875. **Cz.**

94 **Voyage of H. M. S. Challenger** 1873—1876. Report on the scientific results. 41 Bde. London 1882—95.
Narrative, 2 Bde. 1882—85. — Physics and Chemistry, 2 Bde. 1885—89. — Deepsea Deposits, 1 Bd. 1891. — Botany, 2 Bde. 1885—86. — Zoology, 32 Bde. 1880—89. — Summary of the Results, 2 Bde. 1895. **Nh. St. Sw.** (excl. Bot. Zool.).

95 **Deutsche Tiefsee-Expedition** auf dem Dampfer „Valdivia" 1898/99. Wissenschaftliche Ergebnisse, herausg. von C. Chun. Jena seit 1902. **Cz. Nh. St. Sw.**

96 **Adams, A.** Travels of a naturalist in Japan and Manchuria. London 1870. **Cz.**

97 **Andersson, N. J.** Eine Weltumsegelung mit der schwedischen Kriegsfregatte Eugenie (1851—53). A. d. Schwed. v. C. L. Kannegiesser. Leipzig 1854. **Bü. Cz.**

98 **Andrasy, Graf E.** Reise in Ostindien, Ceylon, Java, China und Bengalen. Aus dem Ungarischen übersetzt. Pest 1859. **Cz.**

99 **Arago, J.** Voyage autour du monde. Bruxelles 1840. **St.**

100 **Barrow, J.** Voyage à la Cochinchine, par les îles de Madère, de Ténériffe et du cap Verd, le Brésil et l'île de Java. Trad. de l'angl., av. des notes et additions p. (C.) Malte-Brun. 2 tms. Paris 1807. (Vgl. Nr. 61.) **Cz.**

101 **Bastian, A.** Die Völker des östlichen Asiens. Studien und Reisen. — Bd. 1. Die Geschichte der Indochinesen. Aus einheimischen Quellen. — Bd. 2. Reisen in Birma in den Jahren 1861—1862. — Bd. 3. Reisen in Siam im Jahre 1863. — Bd. 4. Reise durch Kambodja nach Cochinchina. — Bd. 5. Reisen im indischen Archipel: Singapore, Batavia, Manila und Japan. — Bd. 6. Reisen in China, von Peking zur mongolischen Grenze und Rückkehr nach Europa. Leipzig 1866, Jena 1867—1871. **Cz. Ha. Pt.**

102 — Lose Blätter aus Indien. 1—7. Batavia 1897, Berlin 1898, 99. **Cz. Sw.**

103 **Bax, B. W.** The eastern seas, being a narrative of the voyage of H. M. S. „Dwarf“ in China, Japan and Formosa. Whit a description of the coast of Russian Tartary and eastern Siberia from the Corea to the river Amur. London 1875. **Cz.**

104 **Beauvoir, de.** Pékin, Yeddo, San Francisco. Voyage autour du monde. Paris 1872. **Cz.**

105 **Behr, J. von der.** Diarium oder Tagebuch — einer neunjährigen Reise zu Wasser und zu Lande — im Dienste der Niederländischen Ost-Indianischen Compagnie. Jena 1668. **Cz.**

106 **Belcher, E.** Narrative of a voyage round the world, performed in her majesty's ship Sulphur, during the years 1836—42, including details of the naval operations in China, from dec. 1840 to nov. 1841. Published under the authority of the lords commissioners of the admiralty. 2 vols. London 1843. **Cz.**

107 **Belcher, E.** Narrative of the voyage of H. M. S. Samarang, during the years 1843—46, employed surveying the islands of the eastern archipelago; accompanied by a brief vocabulary of the principal languages. With notes on the natural history of the islands, by A. Adams. 2 vols. London. **Cz.**

108 **Benko, J. Freih. v.** Die Schiffs-Station der K. und K. Kriegs-Marine in Ost-Asien. Reisen S. M. Schiffe „Nautilus" und „Aurora" 1884—1888. Wien 1892. **Cz.**

109 — Reise S. M. Schiffes „Zrinyi" nach Ostasien 1890/91. Wien 1894. **Ge. Sw.**

110 **Bennett, G.** Wanderings in New South Wales, Batavia, Pedir coast, Singapore and China, being the journal of a naturalist in those countries during 1832—34. 2 vols. London 1834. **Cz.**

111 **Berg-Sagnitz, Graf F.** Vom Baltischen Meer zum Stillen Ocean. Riga 1904. **Cz.**

112 **Berncastle, J.** A voyage to China; including a visit to the Bombay presidency, the Mahratta country, the cave temples of western India, Singapore, the straits of Malacca and Sunda, and the Cape of Good Hope. 2 vols. London 1850. **Cz.**

113 **Biervillas, J. de.** Voyage à la côte de Malabar, Goa, Batavia et autres lieux des Indes orientales. (Rédigé p. Saunier de Beaumont). 2 pts. Paris 1736. **Cz.**

114 **Bille, S.** Beretning om Corvetten Galathea's Reise omkring Jorden 1845, 46 og 47. 1.—3. Deel. Kopenhagen 1849—51. **Cz.**

115 **Bourges, J. de.** Relation du voyage de l'évêque de Beryte par la Turquie, la Perse, les Indes etc. jusqu'au royaume de Siam et autres lieux. 2. éd. Paris 1668. **Cz.**

116 **Bradshaw, W. S.** Voyages to India, China, and America, with an account of the Swan river settlement. London 1857. **Cz. Ge.**

117 **Brassey,** Mrs. **A.** Eine Segelfahrt um die Welt. Leipzig 1879. **Bü. Ha.**

118 **Caddy,** Mrs. **F.** To Siam and Malaya in the Yacht „Sans Peur". London 1889. **Ge.**

119 **Campbell, A.** A voyage round the world from 1806—12, in which Japan, Kamschatka, the Aleutian islands, and the Sandwich islands were visited. Edinb. 1816. **Cz.**

120 **Careri, G.** und **F., Gemelli.** Giro del mondo. 6 Bde. Nap. 1721—1726. **Cz.**
Bd. 4: Cina; Bd. 5: Isole Filippine.
— Dasselbe, 2. ed. Venezia 1728. **St.**
— Dasselbe, französisch (Voyage autour du monde). Nouv. éd. Paris 1727. **Cz.**

121 **Carné, L. de.** Travels in Indo-China and the Chinese empire. Transl. from the French. London 1872. **Cz.**

122 **Collins, P. M.** A voyage down the Amoor. With a land journey through Siberia, and incidental notices of Manchooria, Kamschatka, and Japan. New-York 1860. **Cz.**

123 **Colquhoun, A. R.** Across Chryse, being the narrative of a journey of exploration through the South China borderlands from Canton to Mandalay. 2 vols. London 1883. **Cz. Ge.**

124 — Quer durch Chryse, Forschungsreise durch die süd-chinesischen Grenzländer und Birma von Canton nach Mandalay. A. d. Engl. v. H. v. Wobeser. 2 Bde. Leipzig 1884. **Bü. Pt. Vk.**

125 **Cossigny, J. F. de.** Voyage à Canton etc., suivi d'observations sur le voyage de lord Macartney et de Van Braam, et d'une esquisse des arts des Indiens et des Chinois. Paris an VI (1798). **Cz.**

126 **Crawfurd, J.** Journal of an embassy from the governor-general of India to the courts of Siam and Cochin China, exhibiting a view of the actual state of those kingdoms. London 1828. (Vgl. Nr. 61.) **Cz.**

127 **Dampier, W.** A new voyage round the world. 2 vols. London 1699. **St.**
— Dasselbe, franz. (Nouveau voyage autour du monde). 2. éd. révue, augm. d'un volume. 3 tms. Amsterdam 1701. **Cz. St.**

128 **Davidson, G. F.** Trade and travel in the far East; or recollections of twenty-one years passed in Java, Singapore, Australia and China. London 1846. **Cz.**

129 **Delessert, E.** Voyages dans les deux océans Atlantique et Pacifique 1844—47. Brésil, États-Unis, Cap de Bonne-Espérance, Nouvelle-Hollande, Nouvelle-Zélande, Taiti, Philippines, Chine, Java, Indes orientales, Égypte. Paris 1848. **Cz.**

130 **Doblhoff, J. von.** Von den Pyramiden zum Niagara. Eine Reise um die Erde. Tagebuchnotizen und Schilderungen aus Aegypten, Indien, China, Cochinchina, Japan und Nordamerika. Wien 1881. **Cz.**

131 **Döhner, S.** Aus der alten und neuen Welt. Hamburg 1901. **Cz.**

132 — Weltreise einer Hamburgerin 1893—1894. Aus dem Reisetagebuch. Hamburg 1895. **Bü. Cz.**

133 **Doflein, F.** Ostasienfahrt. Erlebnisse und Beobachtungen eines Naturforschers in China, Japan und Ceylon. Leipzig u. Berlin 1906. **Bü. Cz. Nh.**

134 **Duret, Th.** Voyage en Asie. — Le Japon; la Chine; la Mongolie; Java; Ceylan; l'Inde. Paris 1874. **Cz. Mu.**

135 **Earl, G. W.** The Eastern Seas, or voyages and adventures in the Indian Archipelago in 1832—34, comprising a tour of the island of Java, visits to Borneo, to Malay Peninsula, Siam etc. Also an account of the present state of Singapore, with observations on the commercial resources of the Archipelago. London 1837. **Cz.**

136 **Ehlers, O. E.** Im Osten Asiens. 2. Aufl. Berlin 1896. **Cz. Ha. Pt.** — 4. Aufl. 1900. **Bü.** — 5. Aufl. 1902. **Bü.**

137 **Eisenstein, R., Frhr. v. u. z.** Reise über Indien und China nach Japan. Tagebuch mit Erörterungen, um zu überseeischen Reisen und Unternehmungen anzuregen. Wien 1899. **Cz. Sw.**

138 — Reise nach Siam, Java etc. Wien 1904. **Cz.**

139 **Ekeberg, C. G.** Ostindiska Resa, Åren 1770, 71. Beskreven uti Bref til kongl. svenska Vet. Academiens Secreterare. Stockholm 1773. **Cz.**

140 — Ostindische Reise in den Jahren 1770, 71. A. d. Schwed.; nebst einem Anhang geographischer, naturhistorischer u. wissenswerther Nachrichten, Schina u. die schinesische Tartarey betreffend; a. d. Franz. (v. J. Bernoulli). Dresden u. Leipzig. 1785.

141 **Erman, E.** Nordenskiöld's Vegafahrt um Asien und Europa. 2. Auflage. Leipzig 1890. **Bü.**

142 **Eulenburg, Graf F. zu.** Ost-Asien 1860—1862, in Briefen des Grafen F. zu Eulenburg. Herausg. von Graf Ph. zu Eulenburg-Hertefeld. Berlin 1900. **Bü. Cz. Sw.**

143 **Finlayson, G.** The mission to Siam and Hué, the capital of Cochin China, in the years 1821, 22, from the journal of late G. Finlayson, w. a. memoir of the author by T. Stamford Raffles. London 1826. **Cz.**

144 **Fonblanque, E. B. de.** Niphon and Pe-che-li; or, two years in Japan and northern China. London 1862. **Cz.**

145 **Fortune, R.** Yedo and Peking. A narrative of a journey to the capitals of Japan and China. W. notices of the natural productions, agriculture, horticulture, and trade of those countries, and other things met with by the way. London 1863. **Cz.**

146 **Franz Ferdinand von Österreich-Este,** Erzherzog. Tagebuch meiner Reise um die Erde. 1892—1893. 2 Bde. Wien 1895, 96. **Cz.**

147 **Futterer, K.** Durch Asien. Erfahrungen, Forschungen und Sammlungen während der von Dr. Holderer unternommenen Reise. (Soweit erschienen.) Berlin seit 1901. **Cz. Pt. Sw.**

148 **Gerstäcker, F.** Reisen um die Welt. Bd. 1—6. 3. Aufl. Leipzig 1871. **Ha.**

149 **Giglioli, E. H.** Viaggio intorno al globo della pirocorvetta italiana „Magenta" negli anni 1865—68 sotto il comando di V. F. Arminjon. Relazione descrittiva e scientifica. Con una introduzione etnologica di P. Mantegazza. Milano 1875. **Cz.**

150 **Görtz, C. Graf v.** Reise um die Welt in den Jahren 1844—47. 1. Bd.: Reise in Nordamerika. 2. 3. Bd.: Reisen in Westindien und Südamerika, China, Java, Indien u. Heimkehr. Stuttgart u. Tübingen 1852. 53. **Cz.**

151 **Graaf, N. de.** Voyages aux Indes orientales et en d'autres lieux de l'Asie (1639—87). Av. une relation de la ville de Batavia etc. Amsterdam 1719. **Cz.**

152 **Grube, E., geb. Diez.** Friedrich Wilhelm Grube und seine Reise nach China und Indien. 2. Ausg. Elberfeld 1856. **Cz.**

153 **Gützlaff, C.** Journal of 3 voyages along the coast of China in 1831—33, w. notices of Siam, Corea and the Loo-Choo islands. To which is prefixed an introductory essay on the policy, religion etc. of China by W. Ellis. London 1834. **Cz.**

154 **Guignes, (C. L. J.) de.** Voyages à Péking, Manille et l'Ile de France, faits dans l'intervalle des années 1784—1801. 3 tms. Paris 1808. **Cz. St.**

155 **Habersham, A. W.** The North Pacific surveying and exploring expedition; or, my last cruise. Where we went and what we saw: being an account of visits to the Malay and Loo-choo islands, the coasts of China, Formosa, Japan, Kamschatka, Siberia and the mouth of the Amoor river. Philadelphia u. London 1857. **Cz.**

156 **Hackmann, H.** Vom Omi bis Bhamo. Wanderungen an den Grenzen von China, Tibet und Birma. Halle 1905. **Bü. Cz.**

157 **Hall, B.** Account of a voyage of discovery to the west-coast of Corea and the great Loo-Choo island; with an appendix, containing charts and various hydrographical and scientific notices; and a vocabulary of the Loo-Choo language by H. J. Clifford. London 1818. **Cz.**

158 **Haussmann, A.** Voyage en Chine, Cochinchine, Inde et Malaisie. P. I. Voyage. Du cap au nord de la Chine. t. 1. 2. P. II. Commerce de la Chine. t. 3. Paris 1847, 48. **Cz.**

159 **Hawes, C. H.** Im äußersten Osten. Von Korea über Wladiwostok nach der Insel Sachalin. Reisen und Forschungen unter den Eingeborenen und russischen Verbrechern. A. d. Englischen. Berlin 1905. **Cz. Ha.**

160 **Hawks, F. L.** Narrative of the expedition of an american squadron to the China Seas and Japan, performed in the years 1852, 53 and 54, under the command of Commodore M. C. Perry, United States Navy; by order of the government of the United States. New York 1856. **Cz. Mu.**

161 **Heims, P. G.** Unter der Kriegsflagge des Deutschen Reiches. Bilder und Skizzen von der Weltreise S. M. S. Elisabeth. Leipzig 1885. — 2. Reihe: Kreuzerfahrten in Ost und West. Bilder und Skizzen von der Reise S. M. Kreuzer-Korvette Nymphe. Leipzig 1886. **Bü. Ha.**

162 **Heine, W.** Reise um die Erde nach Japan an Bord der Expeditions-Escadre unter Commodore M. C. Perry in den Jahren 1853, 54 u. 55, unternommen im Auftrage der Regierung der Vereinigten Staaten. 2 Bde. Leipzig und New-York 1856. **Cz. Vk.**

163 **Heine, W.** Die Expedition in die Seen von China, Japan u. Ochotsk unter Commando von C. Ringgold u. J. Rodgers, im Auftrage der Regierung der Vereinigten Staaten unternommen in den Jahren 1853—56. Deutsche Original-Ausgabe. Bd. 1. 2. Zugleich Fortsetzung der Reise um die Erde nach Japan. Leipzig 1858. 59. — Bd. 3 od. Suppl.-Bd. Leipzig 1859. **Bü. Cz. Ha.**

164 — Eine Weltreise um die nördliche Hemisphäre in Verbindung mit der ostasiatischen Expedition in den Jahren 1860 und 1861. 2 Thle. Leipzig 1864. **Cz. Ha.**

165 **Hengstenberg, E.** Weltreisen. Berlin 1903. **Bü.**

166 **Hesse-Wartegg, E. v.** China und Japan. Erlebnisse, Studien, Beobachtungen auf einer Reise um die Welt. Leipzig 1897. **Pt.** — 2. Aufl. 1900. **Bü. Cz. Sw.**

167 **Hildebrandt, E.** Reise um die Erde. Nach seinen Tagebüchern und mündl. Berichten erzählt v. Ed. Kossak. 3 Bde. Berlin 1867. **Cz. Pt.** — 1872. **Bü.**

168 **Hirschberg, J.** Um die Erde, eine Reisebeschreibung. Leipzig 1894. **Ha.**

169 **Hochstetter, F. von.** Gesammelte Reise-Berichte von der Erdumsegelung der Fregatte „Novara" 1857—1859. Mit einem Vorworte von V. Hardt, einem Portrait und einer Übersichtskarte der Reise-Route. Wien 1885. **Cz.**

170 **Hovgaard, A.** Nordenskjölds Rejse omkring Asien og Europa, populairt fremstillet efter mine Dagbøger. Kjøbenh. 1881. **Cz.**

171 **Hübner, Baron (A.) de.** Promenade autour du monde 1871. 2 vols. Paris 1873. **Ha. Cz. Mu.**

172 **Hübner, Baron A. v.** Ein Spaziergang um die Welt. (In versch. Auflagen). Leipzig 1874, 1875, 1887. **Bü. Ha. Pt.**

173 **Hutton, R. N.** Five years in the East. 2 vols. London 1847. **Cz.**

174 **Jagor, F.** Singapore — Malacca — Java. Reise-Skizzen. Berlin 1866. **Cz. Ha. Pt. St.**

175 **Jancigny, D. de.** Japon, Indo-Chine, Empire Birman (ou Ava), Siam, Annam (ou Cochinchine), peninsule Malaise etc., Ceylon. Paris 1850. **Cz.**

176 **Jedina, L. v.** An Asiens Küsten und Fürstenhöfen. Tagebuchblätter von der Reise S. M. Schiffes „Fasana“ und über den Aufenthalt an asiatischen Höfen in den Jahren 1887, 1888 und 1889. Wien und Olmütz 1891. **Cz.**

177 **Joest, W.** Aus Japan nach Deutschland durch Sibirien. Köln 1882. **Cz. Ha.** — 2. Aufl. Köln 1887. **Pt.**

178 **Jukes, J. B.** Narrative of the surveying voyage of H. M. S. Fly in Torres Strait, New Guinea and other islands of the eastern archipelago 1842—1846, together with an excursion into the interior of the eastern part of Java. 2 vols. London 1847. **Cz.**

179 **Junghuhn, F.** Terugreis van Java naar Europa met de zoogenaamte engelsche overlandpost, 1848. Zalt Bommel 1851. **Cz.**

180 **Keyserling, R., Graf.** Vom Japanischen Meer zum Ural. Eine Wanderung durch Sibirien. Breslau 1898. **Cz. Pt.**

181 **Killough, H. R.** Seize mille lieues à travers l'Asie et l'Océanie. Voyage exécuté pendant les années 1858—61. — Sibérie, Desert de Gobi, Péking, fleuve Amour, Japon, Australie, Nouvelle Zélande, Inde, Himalaya. 2 vols. Paris 1864. **Cz.**

182 **Knox, T. W.** Overland through Asia. Pictures of Siberian, Chinese and Tartar life. Travels and adventures in Kamchatka, Siberia, China, Mongolia, Chinese Tartary and European Russia, with full accounts of the Siberian exiles, their treatment, condition, and mode of life, a description of the Amoor river and the Siberian shores of the frozen ocean. London 1871. **Cz.**

183 **Korff's** Weltreise. Bd. 2. Japan und China. Berlin 1896. **Bü.**

184 **Kreitner, G.** Im fernen Osten. Reisen des Grafen B. Széchenyi in Indien, Japan, China, Tibet und Birma in den Jahren 1877—1880. Wien 1881. **Bü. Cz. Pt.**

185 **Kreyher, J.** Die preussische Expedition nach Ostasien in den Jahren 1859—1862. Reisebilder aus Japan, China und Siam. Hamburg 1864. **Bü. Cz. St.**

186 **Krusenstern, A. J. von.** Reise um die Welt in den Jahren 1803—1806. 2 Tle. St. Petersburg 1810—12. **Cz.** — Dasselbe, 2. Ausg. Berlin 1811. 12. **Nh.**

187 **Kunhardt, E.** Wanderjahre eines jungen Hamburger Kaufmannes. Eine Reise um die Erde in 777 Tagen. Berlin 1898. **Bü. Cz. Mu. Pt.**

188 **Kunhardt, O.** Wanderjahre eines jungen Hamburger Kaufmannes. Eine Reise um die Erde in tausend Tagen. Berlin 1897. **Bü. Cz. Ha. Mu. Pt.**

189 **Langsdorff, G. H. v.** Bemerkungen auf einer Reise um die Welt in den Jahren 1803—07. 2 Bde. Frankfurt a. M. 1812. **Cz. St.**

190 **Laval, F. P. de.** Voyage, contenant la navigation aux Indes orientales, Maldives, Moluques et au Brésil. Av. des observations géographiques etc. p. Duval. Paris 1679. **Cz.**

191 **Lavollée, C.** Voyage en Chine. — Ténériffe. Rio de Janeiro. Le Cap. Ile Bourbon. Malacca. Sincapore. Manille. Macao. Ports chinois. Cochinchine. Java. Paris 1852. **Cz.**

192 **Le Gentil.** Nouveau Voyage autour du monde avec une description de l'empire de Chine. Amsterdam 1731. **St.**

193 **Lehnert, J.** Um die Erde. Reisebilder von der Erdumsegelung mit S. M. Corvette „Erzherzog Friedrich" in den Jahren 1874, 1875, 1876. 2 Bde. Wien 1877. 1878. **Cz. Bü.**

194 **Lemke, H.** Wissenschaftliche Ergebnisse einer Seereise von Cardiff nach Hongkong. Hamburg 1903. **Sw.**

195 **Lenz, O.** Nach Ostasien. Erlebtes von meinen Reisen. Berlin 1893. **Cz.**

196 **Mc. Leod, J.** Narrative of a voyage in the Alceste to the Yellow Sea, along the coast of Corea etc. London 1817. **Cz.**

197 **Lindenberg, P.** Um die Erde in Wort und Bild. 2 Bde. Berlin 1899, 1900. **Cz.**

198 **Loreiro, A.** No Oriente. De Napoles á China. 2 vols. Lissabon 1896—97. **Ge.**

199 **Lutké, F.** Voyage autour du monde exécuté par ordre de sa majesté l'empereur Nicolaus I. sur la corvette le Séniavine dans les années 1826—29. — Partie historique. Trad. du russe par F. Boyé. 2 vols. u. Atlas 9. Paris 1835. **Cz.**

200 **Malcolm, H.** Travels in South-Eastern Asia, embracing Hindostan, Malaya, Siam and China; with notices of numerous missionary stations and a full account of the burman empire. 2 vols. London 1839. **Cz.**

201 **Mandavilla, J. de** (= Mandeville). Qual tratta delle piu maravegliose cose e piu notabile che si trovino: e come presentialmente ha cercato tutte le parte habitabile del mondo: & ha notato alcune degne cose che ha vedute in esse parte. Venetia 1534. **St.**

— Dasselbe, deutsch, in kürzerer Form, u. d. Tit.: Deß vortrefflichen Joh. de Montevilla curieuse Reiß-Beschreibung ins gelobte Land —, Indien, Chinam etc. Ehmals gedruckt zu Cölln. o. O. 1692. **St.**

— Dasselbe, gammeldansk oversättelse udgiven af M. Lorenzen. Kopenhagen 1882. **St.**

202 **Maron, H.** Japan und China. Reiseskizzen, entworfen während der preussischen Expedition nach Ost-Asien. 2 Bde. Berlin 1863. **Bü. Cz. St.**

203 **Meyen, F. J. F.** Reise um die Erde, ausgeführt auf dem Kgl. Preuss. Seehandlungs-Schiffe „Prinzess Louise", commandirt von Capitain W. Wendt, 1830—32. 3 Thle. Berlin, Breslau und Bonn 1834—35. **Cz. Sw.**

204 **Meyer, H.** Eine Weltreise. Plaudereien aus einer zweijährigen Erdumsegelung. Leipzig 1885. **Cz.**

205 **Michelena y Rojas, F.** Viajes scientificos en todo el mundo, desde 1822 hasta 1842; durante los cuales fueron visitadas la Oceania en sus tres nuevas divisiones geograficas: Malesia, Polynesia y Australia; el Asia etc. Madrid 1843. **Cz.**

206 **Minturn, jr., R. B.** From New York to Delhi, by way of Rio de Janeiro, Australia and China. New York 1858. **Cz.**

207 **Moges, M. de.** Souvenirs d'une ambassade en Chine et au Japon en 1857 et 1858. Paris 1860. **Cz.**

208 **Mouhot, H.** Travels in the central parts of Indo-China (Siam), Cambodia and Laos during the years 1858, 1859 and 1860. 2 vols. London 1864. **Cz.**

209 **Müller, F. W. K.** Reise nach Ostasien. S. A. aus Verh. der Berliner Anthrop. Gesellsch. 1902. **Vk.**

210 **Nahhuis.** Brieven over Bencoolen, Padang, het rijk v. Menang-Kabau, Rhiouw, Sincapoera en Poelo Pinang. 2. verm. druk. Breda 1827. **Cz.**

211 **Nordenskjöld, A. E. v.** Die Umsegelung Asiens und Europas auf der Vega. Mit einem histor. Rückblick auf frühere Reisen längs der Nordküste der Alten Welt. Autorisirte deutsche Ausgabe. 2 Bde. Leipzig 1882. **Bü. Cz. Ha. Pt. Sw.**

212 **Nordenskjöld, A. E. v.** Vega Expeditionens Vetenskapliga Jakttagelser. 5 Bde. Stockholm 1882—87. **Nh.**

213 — Die wissenschaftlichen Ergebnisse der Vega-Expedition. Von Mitgliedern der Expedition und anderen Forschern bearbeitet. Herausg. v. A. E. Nordenskjöld. Bd. 1. Leipzig 1883. **Cz.**

214 — Studien und Forschungen, veranlasst durch meine Reisen im hohen Norden. Ein populär-wissenschaftliches Supplement zu: „Die Umsegelung Asiens und Europas auf der Vega". Deutsche Ausg. Leipzig 1885. **Pt.**

215 **Oesterreicher, F. L. v.** Aus fernem Osten und Westen. Skizzen aus Ostasien, Nord- und Süd-Amerika. Wien, Pest, Leipzig 1878. **Cz.**

216 **Olearius, A.** Orientalische Reisebeschreibungen. Jürgen Andersen aus Schleswig (1644—50) und Volquard Iversen aus Holstein (1655—68) durch Ostindien, Sina, Tartarien etc. Schleswig 1669. **St.**

— Dasselbe, enthalten in Adam Olearius, Colligirte und viel vermehrte Reisebeschreibungen. Hamburg 1696. **Cz.**

— Dasselbe, Holländisch. Amsterdam 1670. **St.**

217 **Oliphant, L.** Narrative of the Earl of Elgin's mission to China and Japan in the years 1857, 58, 59. 2. ed. 2 vols. Edinburgh, London 1860. **Cz.**

218 **Oppert, E.** Ostasiatische Wanderungen. Skizzen und Erinnerungen aus Indien, China, Japan und Korea. Stuttgart 1898. **Bü. Cz.**

219 **Osbeck, P.** Reise nach Ostindien und China. Nebst O. Toreen's Reise nach Suratte, und C. G. Eckeberg's Nachricht von der Landwirthschaft der Chinesen. A. d. Schwed. v. J. G. Georgi. Rostock 1765. **Cz. St.**

220 **Parker, P.** Journal of an expedition from Sincapore to Japan, with a visit to Loo-Choo. Revised by A. Reed. London 1838. **Cz.**

221 **Pfeiffer, Ida.** Eine Frauenfahrt um die Welt. 3 Bde. Wien 1850. **St.**

222 — Meine zweite Weltreise. 1. u. 2. T.: London. Das Cap der guten Hoffnung. Singapore. Borneo. Java. Sumatra. Java. Celebes. Die Molukken. 3. u. 4. T.: Kalifornien. Peru. Ecuador. Vereinigte Staaten von Nordamerika. Wien 1856. **Cz.**

223 **Pinto, F. Mendez.** Peregrinacam. Em que da conta de muytas e muyto estranhas cousas que vio et ouuio no reyno da China, no da Tartaria, no do Sornau, no do Calaminhan etc. Lissabon 1614. **Cz.**

224 — Wonderlyke reizen die hy in de tijt van 21 jaren in Europa, Asia en Africa etc. gedaan heeft. Nieuwelijks d. J. H. Glazemaker vertaalt. Amsterdam 1652. **Cz.**

225 — Wünderliche Reisen, so er in 21 Jahren durch Europa, Asia u. Africa gethan u. auf denselben 13 mall gefangen u. 17 mall verkaufft worden. Amsterdam 1671. **Cz.**

226 — Abenteuerliche Reise durch China, die Tartarei, Siam, Pegu u. andere Länder des östlichen Asiens. Neu bearb. von P. H. Külb. Jena 1868. **Ha.**

227 **Pistor, E.** Durch Sibirien nach der Südsee. Wien 1903. **Cz.**

228 **Plate, F.** Berichte während einer Reise um die Erde 1877—78. Hamburg 1880. **Bü.**

229 **Polo, Marco.** Chorographia Tartariae. (Dtsch. v. Hieron. Megiserus.) Leipzig 1611. **St.**

230 — De regionibus orientalibus libri III, c. codice manuscripto bibliothecae electoralis brandenburgicae collati etc. (ed. A. Mullero). Accedit Haithoni Armeni historia orientalis, quae et de Tartaris inscribitur, itemque A. Mulleri de Chataja disquisitio. Colon. Brandenburg 1671. **Cz. St.**

231 — Reise in den Orient während der Jahre 1272—95. Nach den vorzüglichsten Original-Ausgaben verdeutscht und mit einem Kommentar begleitet von Felix Peregrin. Ronneburg u. Leipzig 1802. **Cz. St.**

232 —'s Reisen im 13. Jahrhundert v. A. Bürck. Nebst Zusätzen u. Verbesserungen v. K. F. Neumann. Leipzig 1845. **St.**
— Dasselbe, 2. Ausg. Leipzig 1855. **Cz.**

233 — Le livre de Marco Polo, citoyen de Venise, conseiller privé et commissaire impérial de Khoubilai-Khaân; redigé en français sous sa dictée en 1298 par Rusticien de Pise, publié pour la première fois d'après trois manuscrits inédits de la Bibliothèque impériale de Paris. Avec une carte générale de l'Asie, par G. Pauthier. 2 vols. Paris 1865. **Cz.**

234 — The book of Ser Marco Polo the Venetian, concerning the kingdoms and marvels of the East. Newly translated and edited with notes by H. Yule. 2 vols. London 1871. **Cz.** — 3. ed. by H. Cordier. London 1903. **Cz.**

235 **Polo, Marco.** Die Reisen des Venezianers Marco Polo im 13. Jahrhundert. Bearbeitet u. hrsg. von H. Lemke. (Biblioth. wertvoller Memoiren, hrsg. v. E. Schultze, Bd. 1.) Hamburg 1907. **Bü. Cz. Sw.**

236 **Preyer, A.** Indo-Malayische Streifzüge. Beobachtungen und Bilder aus Natur und Wirtschaftsleben im tropischen Südasien. Leipzig 1903. **Bü. Cz.**

237 **Pumpelly, R.** Across America and Asia. Notes of a five years' journey around the world and of residence in Arizona, Japan and China. 3. ed. London 1870. **Cz.**

238 **Reinaud, J. T.** Relation des voyages faits par les Arabes et les Persans dans l'Inde et à la Chine dans le 9. siècle. Texte arabe imprimé en 1811 p. les soins de Langlès. 2 tms. Paris 1845. **Cz.**

239 **Rémusat, A.** Foë kouë ki, ou relation des royaumes bouddhiques: voyage dans la Tartarie, dans l'Afghanistan et dans l'Inde, exécuté à la fin du 4. siècle, par Chy Fă Hian. Revu, complété et augmenté d'éclaircissements nouveaux p. Klaproth et Landresse. Paris 1836. **Cz.**

240 **Renaudot, E.** Ancient accounts of India and China, by two mohammedan travellers, who went to those parts in the 9. century. Transl. from the arabic. London 1733. **Cz.**

241 **Renouard de Sainte-Croix, Marq. C. L. F.** Voyage commercial et politique aux Indes orientales, aux îles Philippines, à la Chine, avec des notions sur la Cochinchine et le Tonquin pendant les années 1803—7. 3 tms. Paris 1810. **Cz.**

242 **Rhodes, A. de.** Divers voyages en la Chine et autres roiaumes de l'Orient, avec son retour en Europe, par la Persie et l'Arménie. 2. éd. Paris 1666. **Cz.**

243 **Röttger, E. H.** Briefe über Hinter-Indien während eines zehnjährigen Aufenthalts daselbst. Berlin 1844. **Cz.**

244 **Rose, H.** Meine Erlebnisse auf der preussischen Expedition nach Ostasien 1860, 1861 und 1862. Kiel 1895. **Cz.**

245 **Rotman, P. Olofsz.** Kort Verhael van d'Avontuerlicke Voyagien etc. (Batavia, Eylant Tywan, China). Amsterdam 1657. (S. Nr. 82, Kort Verhael.) **St.**

246 **Rupprecht, Prinz von Bayern.** Reiseerinnerungen aus Ost-Asien. München 1906. **Bü.**

247 **Ruschenberger, W. S. W.** Narrative of a voyage round the world during the years 1835—37, including a narrative of an embassy to the sultan of Muscat and the king of Siam. 2 vols. London 1838. **Cz.**

248 **Schanz, M.** Ein Zug nach Osten. Reisebilder aus Indien, Birma, Ceylon, Straits Settlements, Java, Siam, China, Korea, Ostsibirien, Japan, Alaska und Canada. 2 Bde. Hamburg 1897. **Bü. Cz. Ha. Pt. St. Sw.**

249 **Schmarda, L. K.** Reise um die Erde (1853—57). 3 Bde. Braunschweig 1861. **Nh.**

250 **Schmid, H. D.** Von Californien bis zur chinesischen Mauer. A. d. Reisetagebuche eines Wieners. Wien 1883. **Pt.**

251 **Schober, G.** Erinnerungen an Preussens ostasiatische Expedition in den Jahren 1859, 60, 61 u. 62 mit besonderer Berücksichtigung Sr. Majestät Segelfregatte „Thetis". Eine Reisebeschreibung in Reimen. M. Zeichnungen von v. Wittkowski. Danzig 1863. **Cz. St.**

252 **Schröder, J. H.** Der Seefahrer. Oder: J. H. Schröder's merkwürdige Reisen nach Ostindien u. verschiedenen orientalischen Inseln, m. der Erzählung des Aufstandes in Batavia 1740 etc. Aus dessen Journal erzählt u. zum Druck befördert v. J. J. R. Leipzig u. Gotha 1749. **Cz.**

253 **Schröder, O.** u. **Pflanz, E.** Eine Reise nach Ostasien. Leipzig 1905. **Bü. Pt.**

254 **Schweitzer, C.** Journal und Tagebuch seiner sechsjährigen Ost-Indianischen Reise. 1675—1682. Tübingen 1688. **Cz.**

255 **Selenka, E. u. L.** Sonnige Welten. Ostasiatische Reise-Skizzen. Borneo, Japan, Java, Sumatra, Vorderindien, Ceylon. Wiesbaden 1896. **Bü. Cz. St. Vk.**

256 **Simpson, W.** Meeting the sun. A journey all round the world, throug Egypt, China, Japan and California, including an account of the marriage ceremonies of the emperor of China. London 1874. **Cz.**

257 **Skogman, C.** Fregatten Eugenies resa omkring Jorden åren 1851—1853, under befäl af C. A. Virgin. 2 delen. Stockholm 1854. 55. **Cz.**

258 **Skogman, C.** Dasselbe, dtsch. u. d. T: Erdumsegelung der königl. schwedischen Fregatte Eugenie. In den Jahren 1851—1853 ausgeführt unter dem Befehl des Commandeur-Capitains C. A. Virgin, behufs Anknüpfung politischer und commercieller Beziehung und wissenschaftlicher Beobachtungen und Entdeckungen. Nach der amtlichen v. G. Skogman redigirten Ausgabe übers. v. A. v. Etzel. 2 Bde. Berlin 1856. **Cz. Ha. Sw.**

259 **Sonnerat, P.** Voyage aux Indes orientales et à la Chine, fait par ordre du roi 1774—81. 2 vols. Paris 1782. — Dasselbe, nouv. éd., revue et rétablie d'aprè le manuscript autographe de l'auteur, augm. d'un précis historique sur l'Inde depuis 1778 jusqu'à nos jours, de notes et de plusieurs mémoires inédits par (C. N. S.) Sonnini (de Manoncour). 4 tms. Paris 1806. **Cz.**

260 — Reise nach Ostindien u. China etc. (A. d. Franz v. J. Pezzl.) Zürich 1782, 83. **Cz. St.**

261 **Spalding, J, W.** The Japan Expedition. Japan and around the world. London 1856. **Cz.**

262 **Spiess, G.** Die preussische Expedition nach Ost-Asien während der Jahre 1860—1862. Reise-Skizzen aus Japan, China, Siam u. der indischen Inselwelt. Berlin, Leipzig 1864. **Cz.**

263 **Spry, W. J. J.** The cruise of H. M. S. „Challenger". Voyages over many seas, scenes in many lands. London 1876. **Cz. Sw.**

264 **Stevens, Th.** Um die Erde auf dem Zweirad. Nach dem Englischen von F. M. Schröder. 2 Bde. Leipzig 1888. (Bd. 2 von Teheran nach Yokohama.) **Bü. Ha.**

265 **Strauss, J. J. v.** Sehr schwere, wiederwertige und denckwürdige Reysen. (u. a. Tartarei, Ostindien, Japan). Aus dem Holländischen von A. M. Amsterdam 1678. **St.**

266 **Struys, J. J.** Die aanmerkelyke voyagien door Italien, Grickenland, Lyfland, Moscovien, Tartarien, Meden, Persien, Indien, Japan etc. Laaste druk. Amsterdam 1746. **Cz.**

267 **(Széchenyi, Graf B.)** Die wissenschaftlichen Ergebnisse der Reise des Grafen B. Széchenyi in Ostasien 1877 bis 1880. Bd. 1—3. Mit: Atlas zur Reiseroute etc. Geograph. Theil 17 Bll. von G. Kreitner; Geolog. Karte von L. v. Loczy. 15 Bll. 1 : 1,000,000. Wien 1893, 98, 99. **Cz.**

268 **Tamai, K.** Karawanen-Reise in Sibirien. Mit Anhang: Weltreise mehrerer Japaner über Sibirien vor 100 Jahren. Berlin 1898. **Cz.**

269 **Tanera, C.** Eine Weltreise. Reisebriefe. Berlin 1903. **Bü. Ha.**

270 **Taylor, B.** A visit to India, China and Japan in the year 1853. London 1855. **Cz.**

271 **Thomson, J.** The straits of Malacca, Indo-China and China or ten years' travels and residence abroad. London 1875. **Cz.**

272 **Thunberg, C. P.** Voyages au Japon par le Cap de Bonne Espérance, les îles de la Sonde etc. Trad., rédigés (sur la version anglaise) et augmentés de notes considérables etc. par L. (M.) Langlès et revus, quant à l'histoire naturelle par J. B. (P. A. de Monnet de) Lamarck. 2 tms. Paris an IV (1796). **Cz.**

273 **Tilley, H. A.** Japan, the Amoor and the Pacific; with notices of other places comprised in a voyage of circumnavigation in the imperial russian corvette „Rynda", in 1858—60. London 1861. **Cz.**

274 **Toselowski, F.** Eine Reise um die Erde mit zweijährigem Aufenthalt in Japan. Berlin 1875. **Cz.**

275 **Train, G. F.** An American merchant in Europe, Asia, and Australia: a series of letters from Java, Singapore, China, Bengal, Egypt, the Holy Land, the Crimea and its battle grounds, England, Melbourne, Sydney, etc. etc. With an introduction by Freeman Hunt. New York 1857. **Cz.**

276 **Tronson, J. M.** Personal narrative of a voyage to Japan, Kamschatka, Siberia, Tartary and various parts of coast of China in H. M. S. „Barracouta". London 1859. **Cz.**

277 **Uchtomskij, Fürst E.** Orientreise S. M. des Kaisers von Russland Nikolaus II, als Grossfürst Thronfolger 1890—1891. 2 Bde. A. d. Russ. von H. Brunnhofer. Leipzig 1894. 99. **Cz.**

278 **Valentia, viscount G.** Voyages and travels to India, Ceylon, the Red Sea, Abyssinia and Egypt, in the years 1802—1806. 2 vols. London 1809. **Cz.**

279 **Vay de Vaya, Graf.** Erinnerungen an die ostasiatischen Kaiserreiche und Kayser. — Rußland. China. Korea. Japan. Berlin 1906. **Cz.**

280 **Vincent, F.** The land of the white elephant. Sights and scenes in south-eastern Asia. A personal narrative of travel and adventure in farther India, embracing the countries of Burma, Siam, Cambodia and Cochin-China (1871—72). London 1873. **Cz.**

281 **Vries, S. de.** Curieuse aenmerckingen der bysonderste oost- en west-indische verwonderens-waerdige dingen. Nevens die van China, Africa etc. 4 deelen. Utrecht 1682. **Cz. St.**

282 **Walter, M. R.** Des Herrn Admirals, Lord Ansons Reise um die Welt 1740—1744. A. d. Engl. Leipzig u. Göttingen 1749. **St.**

— Dasselbe, französisch. Amsterdam u. Leipzig 1749. **St.**

283 **Wartensleben, J. C. Graf von.** Veränderte Zeiten. Eindrücke von Weltreisen und Reflexionen. Berlin 1904. **Cz.**

284 **Wathen, J.** Journal of a voyage in 1811, 12 to Madras and China, returning by the Cape of Good Hope and St. Helena. London 1814. **Cz.**

285 **Werner, R.** Die preussische Expedition nach China, Japan und Siam in den Jahren 1860, 61 u. 62. Reisebriefe. 2 Thle. Leipzig 1863. **Cz. Ha. Pt. Vk.**

— Dasselbe, 2. Aufl. Leipzig 1873. **Sw.**

286 **Whittingham, B.** Notes on the late expedition against the russian settlements in Eastern Siberia; and of a visit to Japan and to the shores of Tartary, and of the Sea of Okhotsk. London 1855. **Cz.**

287 **Wichura, M.** Aus vier Welttheilen. Ein Reisetagebuch in Briefen. Breslau 1868. **Cz. Pt.**

288 **Wilda, J.** Von Hongkong nach Moskau. Ostasiatische Reisen. Altenburg 1902. **Cz. Ha.**

289 — Reise auf S. M. S. „Möwe". Streifzüge in Südseekolonien und Ostasien. Berlin 1903. **Bü. Cz.**

290 **Wingfield, L.** Wanderings of a Globetrotter in the far East. 2 vols. London 1889. **Ge.**

291 **Woeikof, A.** Skizzen von einer Reise in Indien und Japan. St. Petersburg 1878. **Sw.**

292 **Wood, W. M.** Fankwei; or the „San Jacinto" in the seas of India, China and Japan. London 1859. **Cz.**

293 **Zabel, E.** Auf der sibirischen Bahn nach China. Berlin 1904. **Bü. Ha. Oa. Pt.**

294 **Zichy, Graf E.** Dritte asiatische Forschungsreise des Grafen E. Zichy. Bd. 1—3,1; 4,2; 6. Budapest-Leipzig 1900—1905. **Cz.**

295 **Zöller, H.** Rund um die Erde. — Niederländisch-Indien. Die Südsee. Australien. Hinter-Indien. — Sitten und Culturschilderungen aus den hervorragendsten Colonialländern nach ihrem heutigen Standpunkt. 2 Bände. Köln 1881. **Cz. Ha. Pt.**

c. Ortsbeschreibungen und Vermischtes.

296 **Beiträge zur Kenntniß des Russischen Reiches** und der angrenzenden Länder Asiens. Auf Kosten der Kaiserl. Akad. d. Wissensch. herausgegeben von C. E. von Baer, G. von Helmersen, L. von Schrenck, C. J. Maximowicz und F. Schmidt. 44 Bde. St. Petersburg 1839—1896. **Cz.**

Hierin u. a.:

Helmersen, G. von: Nachrichten über Chiwa, Buchara, Chokand und den NW.-Theil des chinesischen Staates. (Bd. 2. 1839).

Schmidt, F., P. von Glehn u. A. D. Brylkin: Reisen im Gebiete des Armurstroms und auf der Insel Sachalin. (Bd. 24. 1868).

297 **Wahrhaftige Beschreibungen zweier mächtigen Königreiche** Jappan (von F. Caron) u. Siam (von J. Schouten). A. d. Niederländischen. Denen noch beigefüget J. J. Mercklein's ostindianische Reise von 1644—53. Nürnberg 1663. **Cz.**

298 **Wahrhaftige Beschreibungen dreier Königreiche** (Japan, Siam und Korea) nebst Joh. Jac. Mercklein's Ostindianischer Reise (1644—53), mit Anm. v. Christoph Arnold. Nürnberg 1672. **Cz. St.**

299 **The Chronicle and Directory** for China, Japan, Corea, Indo-China, Straits-Settlements, Malay States, Siam, Netherlands India, Borneo, the Philippines etc. for the year 1888. 1899. Hongkong 1888. 1899. **Cz. OA.**

— Dasselbe 1900. 1905. Hongkong 1900. 1905. **Oa.** (Wird fortgesetzt.)

300 **Handbook of information for travellers** proceeding from New York, England, Holland and the North of Germany to the Levant, India, China, Japan, Australia and vice versa. Collected from official sources by a retired indian officer. Hamburg 1872. **Cz.**

301 **Handbuch der Geographie und Statistik** für die gebildeten Stände, begründet durch C. G. D. Stein u. F. Hörschelmann. Neu bearb. unter Mitwirkung mehrerer Gelehrten v. J. E. Wappäus. 7. Aufl. Leipzig 1855—67. **Cz.**

Bd. 2, Abth. 3:

Asien. Allgem. Uebersicht u. chinesisches Reich I—IV v. J. H. Plath. Chinesisches Reich V—VII; Korea u. Japan; der indische Archipel, Hinter- und Vorderindien etc. v. J. H. Brauer, nebst Nachtr. 1 u. 2.

302 **Hong-Kong to London** or our new road home from China. By P. G. L. London 1872. **Cz.**

303 **Peninsular & Oriental Steam Navigation Company's Guidebook for passengers.** (London 1893.) **Cz.**

304 **Brinkley, F.** Japan and China. 12 vols. Vol. 1—8: Japan. Its History, Arts and Literature. — Vol. 9—12: China. Its History, Arts and Literature. London 1903—04. **Mu.**

305 **Büsching, A. F.** Erdbeschreibung. Hamburg 1787—1807. **Cz.**

— Dasselbe. Hamburg 1787—1816. **Pt.**

306 **Clotten, M.** China und Japan. Leipzig 1898. **Bü.**

307 **Dapper, O.** Asia, oder ausführliche Beschreibung des Reichs des großen Mogols und eines großen Theils von Indien etc. A. d. Niederl. übers. von J. C. Beer. Nürnberg 1681. **Cz.**

308 **Franciscus, E.** Ost- und west-indischer wie auch sinesischer Lust- und Staats-Garten. 2 Bde. Nürnberg 1668. **Cz. St.**

1. Theil. Die edelsten Blumen, Kräuter, Bäume, Meel-, Wasser-, Wein-, Artzney- und Gift-gebende Wurzeln, Früchte, Gewürtze und Specereyen in Ost-Indien, Sina und Amerika. 2. Theil. Das Temperament der Lufft und Landschaften daselbst, die Beschaffenheit der Felder, Wälder, Wüsteneyen, Berge, Thäler, Hölen, Schätze der Erden und Gewässer, Mineralien u. s. w. 3. Theil. Das Staats-Wesen, Policey-Ordnungen, Hofstätte, Paläste, denkwürdige Kriege u. s. f.

309 **Franciscus, E.** Neupolirter Geschicht-, Kunst- und Sitten-Spiegel ausländischer Völker, fürnehmlich der Sineser, Japaner, Indostaner, Javaner, Malabaren, Peguaner, Siammer, Peruaner, Mexicaner, Brasilianer, Abyssinier, Guineer, Congianer, Asiatischer Tartern etc. Nürnberg 1670. **Cz. St.**

310 **Fritsche, H.** Über die Bestimmung der geograph. Länge und Breite und der drei Elemente des Erdmagnetismus an mehr als 1000 verschiedenen Orten in Asien und Europa. St. Petersburg 1893. **Ge. Sw.**

311 **Frout de Fontpertuis, A.** Chine, Japon, Siam and Cambodge. (Bibliothèque de Vulgarisation.) Paris 1882. **Mu.**

312 **Heiderich, F.** Länderkunde der aussereuropäischen Erdtheile. (Sammlung Göschen 62.) Leipzig 1897. **Bü. St.**

313 **Hellwald, Frdr. v.** Hinterindische Länder und Völker. 2. Auflage. Leipzig 1880. **Bü.**

314 **Heydt, J. W.** Allerneuester geographischer u. topographischer Schauplatz von Africa u. Ostindien, oder Vorstellung, Beschreibung von den wichtigsten der holländisch-ostindischen Compagnie in Africa u. Asia zugehörigen Ländern etc., nebst Beschreibung der Reise des Verfassers von Holland nach Ostindien etc. In 115 sauber u. nach dem Leben gezeichneten Prospecten (Planen u. Karten). Willhermsdorff und Nürnberg 1744. **Cz. St.**

315 **Himly, K.** Thien-hia sue lulu tshöng sin pien. „Die Halteplätze bei Waßer- und Landreisen durch die ganze Welt. Neues Werk.“ 2 Hefte. Lahr 1880. **Sw.**

316 **Hochstetter, F. v.** Asien, seine Zukunftsbahnen und seine Kohlenschätze. Eine geographische Studie. Wien 1876. **Cz.**

317 **Klaproth, H. J. de.** Mémoires relatifs à l'Asie, contenant des recherches historiques, géographiques et philologiques sur les peuples de l'Orient. 2 tms. Paris 1824—28. **Cz. St.**

318 **Klöden, G. A. von.** Handbuch der Länder- und Staatenkunde von Asien, Australien, Afrika u. Amerika. 2. Aufl. Berlin 1869. **Sw.**

319 **Martin, R. M.** The british colonial library, comprising a popular and authentic description of all the colonies of the british empire, their history, physical geography, geology, climate, animal, vegetable and mineral kingdoms, government, finance etc. 10 vols. London 1836—44. **Cz.**

320 **Martin, R. M.** Statistics of the colonies of the British Empire in the West-Indies, South-America, North-America, Asia, Austral-Asia, Africa and Europe, comprising the area, agriculture, commerce, manufactures, shipping, customduties, population etc. of each colony; w. the charters and the engraved seals. From the official records of the colonial office. London 1839. **Cz.**

321 **Mayers, W. F., N. B. Dennys** and **C. King.** The treaty ports of China and Japan. A complete guide to the open ports of those countries, together with Peking, Yedo, Hongkong and Macao, forming a guidebook and vademecum for travellers, merchants and residents in general. London, Hongkong 1867. **Cz.**

322 **Noël, F.** Observationes mathematicae et physicae in India et China factae. Prag 1710. **St.**

323 **Réclus, E.** Nouvelle géographie universelle. La terre et les hommes. T. 1—19. Paris 1881—94. **Cz.**

Hierin:

T. 6. l'Asie Russe 1881. T. 7. l'Asie Orientale 1882. T. 8. l'Inde et l'Indo-Chine 1883.

324 **Ritter, C.** Die Erdkunde v. Asien. Bd. 1—9. Berlin 1832—58. **Cz. St.**

Bd. 1. Der Norden u. Nord-Osten von Hoch-Asien. Bd. 2. Der Nord-Osten u. der Süden von Hoch-Asien. Bd. 3. Der Süd-Osten v. Hoch-Asien, dessen Wasser-Systeme u. Gliederungen gegen Osten u. Süden. Bd. 4, 1. 2. Abthlg. Die indische Welt. Bd. 5. West-Asien. Uebergang v. Ost- nach West-Asien.

325 — Namenregister zu C. Ritter's Erdkunde v. Asien, bearbeitet von J. L. Ideler. Bd. 1. Ost-Asien (zu Bd. 1—5). Ebd. 1841. **Cz. St.**

326 — Namen- und Sach-Verzeichniss zu C. Ritter's Erdkunde v. Asien. Bd. 2. West-Asien, bearb. von G. F. H. Müller. Berlin 1849. **Cz.**

327 **Salmon, Th.** Die heutige Historie oder der gegenwärtige Staat von allen Nationen. Aus dem engl. Original des Hrn. Capt. Salmon übers. und mit Zugaben des Hrn. M. van Goch aus der holl. Edition vermehret. I, 1—5. Altona u. Flensburg 1732—36. **St.**

I, 1. China, Tonquin und Cochinchina. 2. Japan. 3. Orientalische (Philippinische etc.) Inseln. 4. Sundaische Inseln. 5. Siam, Pegu u. Arracan.

328 **Sievers, W.** Asien. Eine allgemeine Landeskunde. Leipzig u. Wien 1892. — 2. Aufl. 1904.
Bü. Cz. Ge. Nh. Pt. Sw.

329 **Varenius, B.** Descriptio regni Japoniae et Siam. Item de Japoniorum religione et Siamensium. De diversis omnium gentium religionibus etc. Cantabrigiae 1673.
Cz. St.

d. Karten und Ansichten.

330 **Arrowsmith, A.** Asia. London 1801. (4 Blätter.) **Cz.**

331 **Berghaus, H. C. W.** Atlas v. Asia. — Asia. Sammlung v. Denkschriften in Beziehung auf die Geo- u. Hydrographie dieses Erdtheils, zur Erklärung und Erläuterung seines Karten-Atlas zusammengetragen von H. (C. W.) Berghaus. 1.—4. Lieferung. Gotha 1832—37. **Cz.**
Nr. 11. Karte v. der Insel Sumatra. 1837. — Nr. 13. Reducirte Karte v. den Philippinen u. Sulu-Inseln. — Geo-hydrographisches Memoir etc. 1832. — Nr. 14. 15. Reducirte Karte vom chinesischen Meere. 2 Blätter. 1835. — Nr. 16. Die chinesische Küste der Provinz Kuangtunk zu beiden Seiten des Meridians v. Macao etc. Nach den Aufnahmen von D. Ross, Horsburgh, Maughan, Newel, Auber, Blakeley etc. 1834. — Nr. 17. Reducirte Karte vom Sunda- oder Borneo-Meere etc., zugleich als Karte v. Djava, den kleinen Sunda-Inseln, Celebes etc. 1835.

332 **B(erghaus), H. (C. W.).** Karte v. China u. Japan. Gotha 1843. **Cz.**

333 **Herrich, A.** Neue Spezialkarte von Korea, Nordost-China und Süd-Japan. 1 : 4 500 000. Glogau 1894. **Pt.**

334 **Kiepert, H.** Atlas zu Ritter's Erdkunde von Asien. 8 Bl. Berlin 1842—54. **Ge.**

335 **Langhans, P.** Politisch-militärische Karte von Ost-Asien zur Veranschaulichung der Kämpfe in China, Korea und Japan bis zur Gegenwart. Mit statistischen Begleitworten: Ostasien vom politisch-militärischen Standpunkte. Gotha 1900. **Cz.**

336 — Karte von Ostasien. Gotha 1900. **Sw.**

337 **Stahlschmidt, J. E.** Ansichten von Ostindien, China u. den Ufern des Rothen Meeres. 2 Bde. London 1835.
Bü.

4. Geschichte. Geschichte der Geographie.

338 **Colección de documentos** inéditos relativos al descubrimiento, conquista y organización de las antiguas posesiones españolas de América y Oceanía sacados de los archivos del Reino, y muy especialmente del de Indias. Ser. I, T. 1—42. Ser. II, T. 1—13. Madrid. 1864—1900. Cz.

339 **Histoire moderne** des Chinois, des Japonnois, des Indiens etc. (pour servir de suite à l'histoire ancienne de Rollin). 14 vols. Paris 1755—67. St.

340 **Japanisch-Chinesischer Krieg 1895.** Sammelband, enthaltend 124 Photographien vom jap.-chin. Krieg 1895, mit engl. u. japan. Text. o. O. 1895. Mu.

341 **Adelung, J. C.** Geschichte der Schifffahrten u. Versuche, welche zur Entdeckung des nordöstlichen Weges nach Japan u. China von verschiedenen Nationen unternommen worden. Halle 1768. Cz. St.

342 **Amrein, K. C.** Marco Polo. Zürich 1879. Ge.

343 **Ariga, N.** La guerre sino-japonaise au point de vue du droit international. Av. préface p. P. Fauchille. Paris 1896. Cz.

344 **Arthus, G.** Historia Indiae orientalis, ex variis auctoribus collecta. Köln 1608. Cz.

345 **Bazancourt, de.** Les expéditions de Chine et de Cochinchine d'après les documens officiels. Partie 1. 2. Paris 1861—62. Cz.

346 **Bennet, R. G.,** en **J. van Wijk.** Verhandeling over de nederlandsche ontdekkingen in Amerika, Australië, de Indiën en de Poollanden, en de namen welke weleer aan dezelve door Neederlanders zijn gegeven. Uitgegeven d. het provinciaal utrechtsche genootshap. Utrecht 1827. Cz.

347 **Brandt, M. v.** Die Zukunft Ostasiens. Ein Beitrag zur Geschichte und zum Verständniss der ostasiatischen Frage. Stuttgart 1895. Bü. Cz. Oa. Pt.

348 — Ostasiatische Fragen. China, Japan, Korea. Altes und Neues. Berlin 1897. Cz. Pt.

349 — Drei Jahre ostasiatischer Politik 1894—1897. Beiträge zur Geschichte des chinesisch-japanischen Krieges und seiner Folgen. Stuttgart 1897. Bü. Cz.

350 **Brandt, M. v.** Dreiunddreissig Jahre in Ostasien. Erinnerungen eines deutschen Diplomaten. 3 Bde. Wien 1901—03. **Bü. Cz. Ha. Mu.**
Bd. 1: Die preussische Expedition nach Ostasien, Japan, China, Siam. 1860—1862. Zurück nach Japan. 1862. Bd. 2: Japan. 1863—1875. 1866. In und durch Amerika. 1871. 1872. Bd. 3: China. 1875—1893.

351 **Callahan, J. M.** American relations in the Pacific and the far East 1784—1900. (J. Hopkins University studies in historical and political science, vol. 19, 1—3.) Baltimore 1901. **Cz.**

352 **Chirol, V.** Die Lage in Ostasien. A. d. Franz. u. eingeleitet von J. v. Bojanowski. 2. Aufl. Berlin 1897. **Cz.**

353 **Colquhoun, A.** The mastery of the Pacific. London 1902. **Cz.**

354 **Cooke-Taylor, W.** A popular history of British India, commercial intercourse with China and the insular possessions of England in the Eastern Seas. London. 1842. **Cz.**

355 **Cordier, H.** Les débuts de la compagnie royale de Suède en extrême Orient au XVIIIe siècle. Extr. du Recueil de textes et de traductions publié par les professeurs de l'École des langues orientales vivantes. Paris 1889. **Cz.**

356 **Coucheron-Aamot, W.** Die Geschichte Ostasiens nach dem Frieden von Shimonoseki. Leipzig 1899. **Bü. Sw.**

357 **Curzon, G. N.** Problems of the far East. — Japan, Korea, China. London 1894. **Cz.**

358 **Dehn, P.** Weltpolitische Neubildungen. Mit Einleitung von A. v. Peez. 2. Aufl. Berlin 1905. **Cz.**

359 — Weltwirtschaftliche Neubildungen. Berlin 1904. **Ha.**

360 **Douglas, R. K.** Europe and the far East. Cambridge 1904. **Cz.**

361 **Falkenegg, von.** Russland als Vormacht gegen das Mongolentum. Berlin 1904. **Cz.**

362 **Friedel, E.** Die Gründung preussisch-deutscher Colonien im Indischen und Grossen Ocean mit besonderer Rücksicht auf das östliche Asien. Eine Studie im Gebiete der Handels- und Wirtschafts-Politik. Berlin 1867. **Cz. Pt.**

363 **Globetrott.** An 19. Jahrhunderts Neige in Japan, China und Java. Bd. 1. 2. Braunschweig 1902. **Mu.**

364 **Günther, S.** Geschichte der Erdkunde. Leipzig und Wien 1904. **Sw.**

365 **Guignes, J. de.** Histoire générale des Huns, des Turcs, des Mogols et des autres Tartares occidentaux etc. avant et depuis Jésus-Christ jusqu'à présent. T. 1—4. Paris 1756—58. **Cz.**

— Dasselbe, deutsch. 4 Bde. Greifswald 1768—71. **St.**

366 **Guyon, C. M.** Histoire des Indes orientales, anciennes et modernes. 3 tms. Paris 1744. **Cz.**

367 **Haytho Armenus.** Historia orientalis, et huic subjectum Marci Pauli Veneti itinerarium; item fragmentum e speculo historiali Vincentii Beluacensis ejusdem argumenti. (C. praefatione R. Reineccii.) Helmstedt 1585. **Cz.**

368 **Hirth, F.** Sinologische Beiträge zur Geschichte der Türkenvölker. (Aus Bull. Ac. Imp. Ser. V, 13.) St. Petersburg 1900. **Mu.**

369 **Jarric, P. du.** L'histoire des choses plus mémorables advenues tant éz Indes orientales, qu'autres paï̈s de la descouverte des Portugais. Valencienne 1611. **Cz.**

370 **Käuffer, J. E. R.** Geschichte von Ost-Asien. Für Freunde der Geschichte der Menschheit dargestellt. 2 Bde. Leipzig 1858—60. **Cz.**

371 — Ueberblick der Geschichte Ost-Asiens in sechs Vorlesungen. Leipzig 1864. **Cz. Pt.**

372 **Krahmer. G.** Russland in Ost-Asien. Mit besonderer Berücksichtigung der Mandschurei. (Russland in Asien, Bd. 4.) Leipzig 1899. **Cz.**

373 **Lassen, C.** Indische Altertumskunde. Bd. 3. 4. Leipzig 1858—62. **Cz.**

4. Bd. Geschichte des Dekhans, Hinterindiens u. des indischen Archipels von 319 n. Chr. Geb. bis auf die Muhammedaner u. die Portugiesen. Nebst Umriss der Kulturgeschichte u. der Handelsgeschichte dieses Zeitraums. Leipzig u. Berlin 1861.

Anhang zum 3. u. 4. Bd. Geschichte des chinesischen u. des arabischen Wissens von Indien. Leipzig, London 1862.

374 **Lehault, Ph.** La France et l'Angleterre en Asie. T. I. Paris-Nancy 1892. **Cz.**

375 **Mahan, A. T.** The problem of Asia and its effect upon international politics. London 1900. Cz.

376 **Marini, A.** Degli errori di G. T. Raynal, autore della storia filosofica e politica degli stabilimenti e del commercio degli Europei nelle due Indie, confutati. 2 tmi. Brescia 1788—89. (Vgl. Raynal, Nr. 381. 382.) Cz.

377 **Müller, v.** Der Krieg zwischen China und Japan. 1894—95. 3 Tle. Berlin 1895. Pt.

378 **Neumann, K. F.** Ostasiatische Geschichte vom ersten chinesischen Kriege bis zu den Verträgen in Peking. 1840—60. Leipzig 1861. Cz. Ha. Pt.

379 **Pallas, P. S.** Sammlungen historischer Nachrichten über die mongolischen Völkerschaften. 1. T. St. Petersburg 1776. Cz.

— Dasselbe. 2. T. St. Petersburg 1801. Pt.

380 **Puente, J. Martinez de la.** Compendio de las historias de los descubrimientos, conquistas y guerras de la India oriental y sus islas, desde los tiempos del infante D. Enrique de Portugal, su inventor, hasta los del rey D. Felipe II. de Portugal y III. de Castilla, y la introducción del comercio portugues en las Malucas etc. Madrid 1681. Cz.

381 **Raynal, G. T. (F.).** Histoire philosophique et politique des établissemens et du commerce des Européens dans les deux Indes. 4 vols. (Nouv. éd. augmentée.) Genève 1780. Cz.

— Dasselbe. 10 vols. Genève 1781. Pt.

382 — Philosophische u. politische Geschichte der Besitzungen u. des Handels der Europäer in beiden Indien. A. d. Franz., m. einigen Verbesserungen u. Anmerkungen von J. Mauvillon. 7 Thle. Hannover 1774—78. Cz.

— Dasselbe Werk. (A. d. Franz., m. Anmerkungen versehen von J. M. v. Abele u. J. Zorn.) 10 Thle. u. Register. Kempten 1783—88. Cz.

383 **Rennie, D. F.** The British arms in North-China and Japan: Peking 1860; Kagosima 1862. London 1864. Cz.

384 **Ribadeneyra, M. de.** Historia de los reynos de la gran China, Tartaria, Cuchinchina, Malaca, Sian, Camboxa y Japon. 2ter Abdruck. Barcelona 1613. Cz.

385 **Richthofen, W. von.** Chrysanthemum und Drache. Vor und während der Kriegszeit in Ostasien. Berlin 1902. **Cz.**

386 **Ritchie, L.** The British world in the east: a guide historical, moral, and commercial, to India, China, Australia, South Africa, and the other possessions or connexions of Great Britain in the eastern and southern seas. 2 vols. London 1847. **Cz.**

387 **Ruge, S.** Geschichte des Zeitalters der Entdeckungen. (Allg. Gesch. in Einzeldarstellungen. II, 9.) Berlin 1881. **Bü. St.**

388 **Samson-Himmelstjerna, H. von.** Die gelbe Gefahr als Moralproblem. Berlin 1902. **Cz.**

389 **San Roman, A.** Historia general de la Yndia oriental, los descubrimientos y conquistas, que han hecho las armas de Portugal en el Brasil y en otras partes de Africa y de la Asia; y de la dilataccion del santo evangelio por aquellos grandes provincias desde sus principios hasta el año de 1557. Valladolid 1603. **Cz.**

390 **Senkowski, J.** Supplément à l'histoire générale des Huns, des Turks et des Mogols, contenant un abrégé de l'histoire et de la domination des Uzbéks dans la grande Bukharie jusqu'à l'an 1709, et une continuation de l'histoire de Kharézm, depuis la mort d'Aboul-Ghazi-Khan jusqu'à la même époque. (M. 24 Seiten persischem Texte.) St. Pétersburg 1824. (Vgl. de Guignes, Nr. 365.) **Cz.**

391 **Soltau, D. W.** Geschichte der Entdeckungen u. Eroberungen der Portugiesen im Orient v. Jahre 1415—1539 nach Anleitung der Asia des J. de Barros. 5 Thle. Braunschweig 1821. **Cz.**

392 **(Souchu de Rennefort.)** Histoire des Indes orientales. Paris 1688. **Cz.**

— Dasselbe Werk. Suivant la copie de Paris. Leide 1688. **Cz.**

393 **Spielmann, C.** Der neue Mongolensturm. Caveant Europae populi. Stimme eines Predigers in der Wüste über die Vorgänge in Ostasien. Braunschweig 1895. **Cz.**

394 **Vambéry, H.** Die gelbe Gefahr. Eine Kulturstudie. Budapest 1904. **Cz.**

395 **Verne, J.** Histoire des grands voyages et des grands voyageurs. Paris, o. J. **Ha.**

396 **Weber, H.** La compagnie française des Indes. (1604 bis 1875.) Avec préface de E. Levasseur. Paris 1904. **Cz.**

397 **Wilamowitz-Moellendorff, Graf von.** Besteht eine gelbe Gefahr? Potsdam (1905). **Cz.**

398 **Wirth, A.** Die Entwickelung Asiens von den ältesten Zeiten bis zur Gegenwart. Frankfurt a. M. 1901. **Bü.**

399 **Yorck v. Wartenburg, M.** Das Vordringen der russischen Macht in Asien. Berlin 1900. **Bü.**

400 **Zurla, P.** Di Marco Polo e degli altri viaggiatori veneziani più illustri dissertazioni. Con appendice sulle antiche mappe lavorate in Venezia e c. 4 carte geografiche. 2 tmi. Venezia 1818—19. **Cz.**

---

5. Staatsverträge. Konsulatswesen. Rechtsverhältnisse. Verwaltung. Soziales.

401 **Die Handels- und Schiffahrts-Verträge** Deutschlands mit dem Auslande 1872—1897. 2 Bde. Berlin 1897. **Cz.**

402 **Die Handelsverträge des Deutschen Reiches.** Eine Zusammenstellung der geltenden Handels-, Zoll-, Schiffahrts- und Konsular-Verträge des Reichs und einzelner Bundesstaaten mit dem Auslande. Hrsg. im Reichsamte des Innern. Berlin 1906. **Cz.**

403 **Deutsche Konsular-Verträge.** Abdruck der vom Deutschen Reich, vom früheren Norddeutschen Bunde, vom früheren deutschen Zoll- und Handelsverein und von einzelnen deutschen Bundesstaaten mit auswärtigen Staaten über die Befugnisse der Konsuln abgeschlossenen, z. Zt. in Kraft bestehenden Vereinbarungen. Unter Benutzung amtlicher Quellen. Berlin 1878. **Cz.**

404 **Biker, J. F. J.** Collecção de tratados e concertos de paces que o Estado da India Portugueza fez com os Reis e Senhores . . . desde o principio da conquista até om fin do seculo XVIII. T. 1—14. Lisboa 1881—87. **St.**

405 **Hertslet, L.** A complete collection of the treaties and conventions at present subsisting between Great Britain and foreign powers so far as they relate to commerce and navigation etc. (fortgesetzt von E. Hertslet, A. H. Oakes und F. H. T. Streatfeild). Vols. 1—21. London 1820—1901. **Cz.**

406 **Macgregor, J.** Commercial statistics. Including all British commercial treaties with foreign states. Vols. 1—5. London 1843—50. **Cz.**

407 **(Martens, G. F. de).** Recueil des principaux traités d'alliance, de paix, de trêve, de neutralité, de commerce etc. conclus par les puissances d'Europe tant entre elles qu'avec les puissances dans d'autres parties du monde. Fortgesetzt als Nouveau Recueil général de traités etc. par F. Murhard, J. Pinhas, C. Samwer, J. Hopf et F. Stoerk. 79 Bde. Göttingen (u. Leipzig) 1791—1905 (wird fortgesetzt). **Cz. St.**

408 **Mayers, W. F.** Treaties between the Empire of China and foreign powers together with regulations for the conduct of foreign trade, conventions, agreements, regulations etc. 5. édit. Shanghai 1906. **Cz.**

409 **Poschinger, H. von.** Die wirthschaftlichen Verträge Deutschlands. Bd. 1. Die deutschen Konsular-Verträge. Bd. 2. Die deutschen Handels- und Schiffahrts-Verträge. Bd. 3. Die Verträge über das geistige Eigenthum. Berlin 1892—93. **Cz.**

---

410 **Verzeichnis** der kaiserl. deutschen Consulate. 1872—1904. Auswärtiges Amt des Deutschen Reiches. Berlin 1872—1904. **Cz.**

411 **Tarring, O. J.** British consular jurisdiction in the East, with topical indices of cases on appeal from and relating to consular courts and consuls, also a collection of statutes concerning consuls. London 1887. **Cz.**

---

412 **Hoechster, E. G.** et **A. Sacré.** Manuel de droit commercial français et étranger. Droit maritime, contenant la législation des pays suivants: France, Belgique, . . . Chine etc. 2 vols. Paris 1876. **Cz.**

413 **Ireland, A.** The far eastern tropics. Studies in the administration of tropical dependencies. Hong Kong, Brit. North Borneo, Sarawak, Burma, the Federated Malay States, the Straits Settlements, French Indo-China, Java, the Philippine Islands. Westminster 1905. **Cz.**

414 **Singer, J.** Ueber sociale Verhältnisse in Ostasien. (Vortrag im k. k. Handels-Museum zu Wien.) Leipzig und Wien 1888. **Cz.**

---

6. Bewohner und natürliche Verhältnisse.

(Anthropologische, physikalische und naturhistorische Schriften.)

415 **Anecdotes chinoises, japonaises, siamoises, tonquinoises** etc. dans lesquelles on s'est attaché principalement aux mœurs usages coutumes et religions de ces peuples. Paris 1774. **St.**

416 **Finsch, O.** Anthropologische Ergebnisse einer Reise in der Südsee und dem malayischen Archipel in den Jahren 1879—1882. Mit einem Vorwort von R. Virchow. (Zeitschrift f. Ethnologie, Bd. 15, Suppl.) Berlin 1884. **Cz. St.**

417 — Gesichtsmasken von Völkertypen der Südsee und des Malayischen Archipels nach Lebenden abgegossen. 1879—82. Bremen 1887. **Ge.**

418 **Morse, E. S.** Was Middle America peopled from Asia? (Aus Appleton's Popular Science Monthly.) New York 1898. **Mu.**

419 **Okakura-Kakuzo.** The book of tea. London 1906. **Mu.**

420 **Ratzel, F.** Völkerkunde. 3 Bde. Leipzig 1885—88. **Cz. St.**

421 **Serrurier, L.** Catalogus der ethnographische afdeeling van de internationale koloniale en uitvoerhandel tentoonstelling te Amsterdam. Leiden 1883. **Cz.**

422 **Schmeltz, J. D. E.** Schnecken und Muscheln im Leben der Völker Indonesiens und Oceaniens. Ein Beitrag zur Ethnoconchologie. Leiden 1894. **Cz.**

423 **Zuckerkandl, E.** Die Cranien der Novara-Sammlung (Novara-Reise, Anthrop. Thl., Abth. 1). Wien 1875. **Nh.**

---

424 **Friedel, C.** Beiträge zur Kenntniss des Klimas u. der Krankheiten Ost-Asiens, gesammelt auf der Preuss. Expedition in den Jahren 1860, 61 u. 62. Berlin 1863. **Cz.**

425 **Fritsche, H.** Über das Klima Ostasiens, insbesondere des Amur-Landes, Chinas und Japans. St. Petersburg, 1877. **Sw.**

426 **Hann, J.** Über die Wärme-Abnahme mit der Höhe im asiatischen Monsun-Gebiet. (S.-A.) Wien 1873. **Sw.**

427 **Tsudsioka, S.** and **J. Murai.** Catalogue of the collection of Japanese and Chinese drugs. Tokio 1883. **Bo.**

428 **Wernich, A.** Geographisch-medicinische Studien nach den Erlebnissen einer Reise um die Erde. Berlin 1878. **Cz.**

429 **Woeikof, A.** Klima des Monsungebietes von Ostasien. (S.-A.). Petersburg 1880. **Sw.**

---

430 **Froc, A.** Atlas of the mean isobars in the Far East. Part. I. Zikawei 1900. **Sw.**

431 — Atlas of the mean isobars and mean directions of the wind in the Far East. Part. II. The six warm month. Zikawei 1901. **Sw.**

432 — The atmosphere in the Far East during the six warm month, its normal state, its perturbations. Hints to navigators. Zikawei 1901. **Sw.**

433 **Kiessling, J.** Die Dämmerungserscheinungen im Jahre 1883 und ihre physikalische Erklärung. Hamburg und Leipzig 1885. **Pt. St.**

434 — Untersuchungen über Dämmerungserscheinungen zur Erklärung der nach dem Krakatau-Ausbruch beobachteten atmosphärisch-optischen Störung. Mit Farbendrucktafeln nach Aquarellen von Pechuël-Loesche, Karten und Holzschnitten. Hamburg und Leipzig 1888. **Cz. Pt. St. Sw.**

435 **Wüllerstorf-Urbair, B. v.** Zur Vertheilung der Winde auf der Oberfläche der Erde; die Monsune, insbesondere jene des chinesischen Meeres. (S.-A. a. Wien. Sitzber., math.-nat. Cl. Bd. 21, p. 143.) Wien 1859. **Cz.**

---

436 **Föhre, C.** Die Isogonen in Asien. Hamburg 1888. **Sw.**

437 **Fritsche, H.** Observations magnétiques sur 509 lieux faites en Asie et en Europe pendant la période de 1867—1894. St. Petersburg 1897. **Ge. Sw.**

---

438 **Bickmore, A. S.** Some remarks on the recent geological changes in China and Japan. (S.-A. a. Am. Journ. of Sc.) New-Haven 1868. **Sw.**

439 **Buschmann, J. O. Frhr. von.** Das Salz, dessen Vorkommen und Verwertung in sämtl. Staaten der Erde. 2 Bde. Leipzig 1906. **Cz. Nh.**
Bd. 2, p. 1—204: Asien.

440 **Humboldt, A. von.** Fragmens de géologie et de climatologie asiatiques. Paris 1831. St.
— Dasselbe, deutsch. Berlin 1832. St.

441 **Pumpelly, R.** Geological researches in China, Mongolia and Japan (1862—65). Washington 1867. Ge.

442 **Richthofen, Ferd. Freiherr von.** Geomorphologische Studien in Ostasien. (S.-A. a. Sitzungsber. d. preuss. Akad. d. Wiss., Berlin 1900. 01. 02.) Ge.
I. Über Gestalt und Gliederung einer Grundlinie in der Morphol. Ostasiens. 1900. II. Gliederung d. ostas. Küstenbogen. 1901. III. Die morphol. Stellung von Formosa und den Riu-Kiu-Inseln. 1902.

---

443 **Collingwood, C.** Rambles of a naturalist on the shores and waters of the China Sea; being observations in natural history during a voyage to China, Formosa, Borneo, Singapore etc. made in H. M.'s vessels in 1866 and 1867. London 1868. Cz.

---

444 **Die Vegetation der Erde.** Sammlung pflanzengeographischer Monographien. Hrsg. v. A. Engler und O. Drude. 1—7. Leipzig 1896—1906. (W. fortges.) St.

445 **Askenasy, E.** (Forschungsreise S. M. S. „Gazelle". T. 4, Botanik.) Algen. Berlin 1888. Bo.

446 **Haberlandt, G.** Eine botanische Tropenreise. Indo-malayische Vegetationsbilder und Reiseskizzen. Leipzig 1893. Cz. St.

447 **Jack, W.** Description of Malayan plants. (S.-A.) Calcutta 1843. St.

448 **Karsten, G., u. H. Schenk.** Vegetationsbilder. Reihe I—V, 5. Jena 1903—1907. (W. fortgesetzt.) St.

449 **King, G.** The Species of Ficus of the Indo-Malayan and Chinese Countries. 2 Bde. Calcutta, London 1887. 1888. Bo.

450 **Martens, G. von.** Die Tange. (Preussische Expedition nach Ost-Asien. Botanischer Teil.) Berlin 1866. Bo. St.

451 **Meister, G.** Der orientalisch-indianische Kunst- und Lustgärtner. Dresden 1692 u. 1710. Leipzig 1731. Pt. St.

452 **Schimper, A. F. W.** Indo-Malayische Strandflora. Jena 1891. Bo. St.

453 **Warburg, O.** Monsunia. Beiträge zur Kenntniß der Vegetation des süd- und ostasiatischen Monsungebietes. I. Leipzig 1900. **St.**

---

454 **Adams, A.** Zoology of the voyage of H. M. S. Samarang under Capt. Belcher. 1843—46. London 1850. **Nh.**

455 **Andreae, A.** Land- u. Süßwasserschnecken aus Zentral- u. Ostasien. (Sonderabdr. a. K. Futterer, Durch Asien, Bd. 3. Berlin 1902.) **Nh.**

456 **Beechey.** The Zoology of Capt. B . . .'s Voyage to the Pacific and Behrings Straits performed in H. M. S. Blossom. 1825—28 (by J. Richardson, N. A. Vigors, G. T. Lay etc.). London 1839. **Nh.**

457 **Boheman, Virgin u. A.** Kgl. Svenska fregattens Eugeniens Resa omkring jorden 1851—53. Zoologi. Stockholm 1858—68. **Nh.**

458 **Brass, E.** Nutzbare Tiere Ostasiens. Neudamm 1904. **Cz.**

459 **Brunner von Wattenwyl, K.** Über die von der Fregatte „Novara" mitgebrachten Orthopteren. (A. Verhandl. d. zool.-bot. Ges. in Wien. Jg. 1862.) **St.**

460 **Chun, C.** Aus den Tiefen des Weltmeers. Jena 1900. **Cz. Nh. St. Sw.**

461 **Doflein, F.** Ostasiatische Dekapoden. (A. Abh. bayr. Akad. Wiss. math. nat. Cl. 3 Abt. Bd. 21. München 1902.) **Nh.**

462 **Eschholtz, J. F.** Bericht über die zoolog. Arbeiten während der Reise von Kronstadt nach St. Peter u. Paul. (Isis 1825, Heft 6.) **Nh.**

463 **Felder, C.** Verzeichnis der von den Naturforschern der k. k. Fregatte „Novara" gesammelten Macrolepidopteren. (A. Verh. d. zool. bot. Ges. Wien. Bd. 12. 1862.) **Pt.**

464 **Felder, C. und R.** Observationes de Lepidopteris nonnullis Chinae centralis et Japoniae communicatae. Wien o. J. **Pt.**

465 **Frauenfeld, G. v.** Diagnosen einiger neuen Insekten und Untersuchung einiger Sandproben verschiedener Küstenpunkte, gesammelt während der Reise der Fregatte „Novara". (A. Wien. Akad. Bd. 40. Wien 1860.) **Nh.**

466 **Gould, J.** The birds of Asia. Vols. 1—7. London 1850—1883. **St.**

467 **Heller, C.** Neue Crustaceen, gesammelt während der Weltumsegelung d. k. k. Fregatte „Novara". Zweiter vorläuf. Bericht. (Verh. d. Zool. Bot. Ges. i. Wien. Wien 1862.) **St.**

468 **Martens, E. von.** Die Landschnecken der Preussischen Expedition nach Ostasien. Berlin 1867. **Nh. St.**

469 **Meyer, A. B.** Säugetiere von Celebes und dem Philippinen-Archipel. 1. 2. (A. Abh. u. Ber. d. zool.-anthropol.-ethnogr. Mus. z. Dresden, Nr. 6, 1896. 97; Nr. 7, 1898. 99.) **Nh.**

470 **Schrenck, L. v.** Vorläufige Diagnosen einiger neuer Molluskenarten aus der Meerenge der Tartarei und dem Nordjapanischen Meere. (A. Mél. biol., Bull. Acad. Imp. Sc. St. Pétersbourg, IV. St. Petersburg 1861). **Nh.**

471 **Stimpson, W.** Descriptions on some marine Invertebrates from the Chinese and Japanese seas. Philadelphia 1855. **Nh.**

---

7. Natürliche und industrielle Erzeugnisse. Kunstgewerbe.*)

472 **Clugnet, L.** Géographie de la soie. Étude géographique et statistique sur la production et le commerce de la soie en cocon. Lyon 1877. **Ge.**

473 **Ferguson, A. M. u. J.** All about spices: pepper, cubebs, nutmegs, cloves, ginger, vanilla, pimento, cinnamon; including practical instructions for planting, cultivation and preparation for market, with practical information from a variety of sources, referring to the spice industry in Ceylon, India, Eastern Archipelago and West Indies. Colombo (1889). **Cz.**

---

474 **Berichte** der nach Ostasien entsandten Kommission gewerblicher Sachverständiger. Herausg. von H. A. Bueck. 4. Lief. — Mit Katalog der Mustersammlung der nach Ostasien entsandten Kommission gewerblicher Sachverständiger. (Berlin) 1898. **Cz.**

---

*) Kataloge von umfassenden Sammlungen für Kunst und Gewerbe stehen unter 9b.

475 **Katalog der Orientalisch-Keramischen Ausstellung** im Orientalischen Museum 1884. Wien 1884. **Mu.**

476 **Burton, W.** Porcelain. A sketch of its nature, art and manufacture. London, etc. 1906. **Mu.**

477 **Bushell, S. W.** Oriental ceramic art. Illustrated by examples from the collection of W. T. Walters. 10 Bde. New York 1897. **Mu.**

478 **Franks, A. W.** Catalogue of a collection of oriental porcelain and pottery. London 1876. **Mu.**
— Dasselbe, 2. ed. London 1878. **Mu.**

479 **Graesse, J. G. Th.** Guide de l'amateur de porcelaines et de poteries ou collection complète des marques de fabrique de porcelaines et de poteries de l'Europe et de l'Asie. 2. éd. Dresden 1868. **Pt.**

480 **Heger, F.** Alte Metalltrommeln aus Südostasien. 2 Bde. Leipzig 1902. **Vk.**

481 **Münsterberg, O.** Ostasiatisches Kunstgewerbe in seinen Beziehungen zu Europa. — Bayern und Asien im XVI., XVII. und XVIII. Jahrhundert. (S. A. aus der Zeitschrift des Münchener Alterthums-Vereins. N. F. 6. 1894.) Leipzig 1895. **Cz. Mu.**

---

8. Handel. Währung. Banken. Verkehrsmittel und -Wege.

482 **Accounts** relating to imports and exports. East India, China, the British colonies and Great Britain; together with correspondence concerning the duties of customs and the cultivation of cotton in India. (Parl. pap.) London 1840. **Cz.**

483 **Fachmännische Berichte** über die österreichisch-ungarische Expedition nach Siam, China und Japan (1868 bis 1871). Im Auftrage des k. k. Handelsministeriums redigirt und herausgegeben von K. von Scherzer. Stuttgart 1872. **Cz. Ha. Pt.**

484 **Documens** sur le commerce extérieur. — Pièces et documens relatifs au commerce avec la Chine et l'Inde. Paris 1846. 47. **Cz.**

485 **Handelsberichte** der kaufmännischen Begleiter der ostasiatischen Expedition. (Als Manuscript gedruckt.) Berlin (1863). **Cz.**

486 **Reglamento** y aranceles reales para el comercio libre de España a Indias de 12. X. 1778 Madrid. **Cz.**

487 **Stand und Aufgabe** der deutschen Industrie in Ostasien. Ein Weck- und Mahnruf an dieselbe. M. Vorwort von M. v. Brandt. Hildesheim (1905). **Cz.**

488 (**Accarias de Sérionne, J.**) Die Handlung von Holland, oder Abriss von der holländischen Handlung in den vier Theilen der Welt, durch den Verfasser der Vortheile der Völker durch die Handlung. (A. d. Franz. v. C. F. Jünger.) Nebst G. W. Bar. v. Imhoff's Betrachtungen über den gegenwärtigen Zustand der ostindischen Gesellschaft etc. u. dem holländ. Tarif von 1725. Frankfurt und Leipzig 1770. **Cz.**

489 **Baasch, E.** Die Anfänge des modernen Verkehrs Hamburgs mit Vorderindien und Ostasien. (S.-A. a. d. Mittheil. der Geogr. Gesellschaft in Hamburg, 13. Hamburg 1897.) **Cz.**

490 **Busley, C.** Der Kampf um den ostasiatischen Handel. Berlin 1897. — 2. Aufl. Berlin 1898. **Bü. Cz. Pt. Sw.**

491 **Chapman, S. J.** The cotton industry and trade. London (1905). **Cz.**

492 **Christlieb, Th.** Der indobritische Opiumhandel und seine Wirkungen. Eine Ferienstudie. Gütersloh 1878. **Cz.**

493 **Clugnet, L.** Géographie de la Soie. Étude géographique et statistique sur la production et le commerce de la soie en cocon. Lyon 1877. **Ge.**

494 **Daniell, C. J.** The industrial competition of Asia. An inquiry into the influence of currency on the commerce of the Empire in the East. London 1890. **Cz.**

495 **Erichsen, P.** Die ostindische Mission der Triester Börse. Summarischer Bericht. Triest 1846. **Cz.**

496 (**Henrici**). Einige Worte über China, die Philippinen u. den malayischen Archipel in ihren Handelsbeziehungen zu Deutschland. (Als MS. gedruckt.) Hamburg 1845. **Cz. Pt. St.**

497 **Milburn, W.** Oriental commerce, containing a geographical description of the principal places in the East Indies, China and Japan, w. their produce, manufacture and trade; also the rise and progress of trade etc. 2 vols. London 1813. **Cz.**

498 **Müller-Beeck, F. G.** Die Handelsbeziehungen Hinter-Indiens. (Aus den Verhandlungen der Gesellschaft für Erdkunde zu Berlin 1884.) **Cz.**

499 **Nopitsch, W. H.** Kaufmännische Berichte, gesammelt auf einer Reise um die Welt mit der Kriegs-Corvette Galathea, in den Jahren 1845—47. Ein Handbuch für Handels- u. Gewerbs-Statistik, u. für den praktischen deutschen Kaufmann, Fabrikanten u. Schiffsrheder. Hamburg 1849. **Cz.**

500 **Pacher, P.** Die ostasiatische Expedition, im Auftrage des Vereins der österreichischen Industriellen kritisch beleuchtet. Wien 1868. **Pt.**

501 **Palmer, A. H.** Memoir, geographical, political, and commercial, on the present state, productive resources, and capabilities for commerce, of Siberia, Manchuria, and the Asiatic islands of the northern Pacific Ocean; and on the importance of opening commercial intercourse with those countries. New York 1848. **Cz.**

502 **Raynal, G. T. F.** Europens Handel mit beiden Indien. Ein Auszug aus Raynal's Geschichte v. F. C. L. Karsten. Rostock und Leipzig 1780. (Vgl. Raynal, Nr. 381. 382.) **Cz.**

503 **Rondot, N.** Étude pratique des tissus de laine convenables pour la Chine, le Japon, la Cochinchine et l'Archipel Indien. Paris 1847. **Cz.**

504 **Scherzer, K. von.** Statistisch-commercielle Ergebnisse einer Reise um die Erde, unternommen an Bord der österreichischen Fregatte Novara in d. Jahren 1857—59. 2. Aufl. Leipzig und Wien 1867. **Bü. Cz. Sw.**

505 **Sturz, J. D.** Denkschrift, betreffend den von Deutschland einzuleitenden Verkehr mit dem neu eröffneten Weltmarkt in China u. Japan, nebenbei mit Siam u. Singapore. Berlin (1859). **Cz.**

506 — Erläuternde Bemerkungen zu dem Vorschlage einer Deutsch-Ostasiatischen Handelsgesellschaft. Berlin (1859). **Cz.**

---

507 **A history of banking** in all the leading nations; comprising the United States; Great Britain; Germany; . . . . China; Japan. Compiled by 13 authors; edited by the editor of the Journal of commerce and Commercial bulletin. 4 vols. New York 1896. **Cz.**

508 **Eggers, A.** Die Deutsch-Asiatische Bank und ihre Aufgaben. Berlin 1890. **Cz.**

---

509 **Chaudoir, Baron S. de.** Recueil de monnaies de la Chine, du Japon, de la Corée, d'Annam et de Java au nombre de plus de mille, précédé d'une introduction historique sur ces monnaies. St. Petersburg 1842. **St.**

510 **Endlicher, St.** Verzeichniß der chinesischen u. japanischen Münzen des K. K. Münz- und Antiken-Cabinets in Wien, nebst einer Übersicht der chinesischen u. japanischen Bücher der K. K. Hofbibliothek. Wien 1837. **St.**

511 **Schneider, O.** Muschelgeld-Studien. Bearb. von C. Ribbe. Hrsg. v. Ver. f. Erdkde. zu Dresden. Dresden 1905. **Cz. Sw.**

---

512 **Berlin, Reichs-Marine-Amt.** Liste der Funkentelegraphenstationen auf der Erde. Berlin 1906. **Sw.**

513 **Det Store Nordiske Telegraf-Selskab.** 1869—1894. Beretning om Selskabets tilblivelse og de første 25 aar af dets virksomhed, udgivet ved foranstaltning af Selskabets bestyrelse. Kjøbenhavn 1894. **Cz.**

514 **Wegweiser** auf der grossen sibirischen Eisenbahn. Herausg. vom Ministerium der Wegekommunikationen unter Redaction von A. J. Dmitrijew-Mamonow u. A. F. Zdziarski. A. d. Russ. von A. Lütschg. St. Petersburg 1901. **Cz.**

515 **Brandenburger, C.** Russisch-asiatische Verkehrsprobleme. Studien zur russischen Kolonisationsarbeit. (Angewandte Geographie, 2. Serie, H. 7.) Halle a. S. 1905. **Cz. Sw.**

516 **Colquhoun, A. R.** The Overland to China. London and New York 1900. **Cz. Oa.**

---

9. Kultur.

a. Sprache und Literatur.

517 **Morgenländische Anthologie.** Klassische Dichtungen aus der sinesischen, indischen, persischen und hebräischen Litteratur. Uebers. v. Ernst Meier. (Bibliothek ausländ. Klassiker in dtsch. Übertragung, Bd. 104.) Leipzig 1870. **Bü.**

518 **Lehrbücher** des Seminars für orientalische Sprachen. (Soweit erschienen.) Stuttgart und Berlin seit 1890.
1. Lange, Lehrb. d. japan. Umgangssprache. 1890. 4. Plaut, Japanisches Lesebuch. 1891. 7. Arendt, Handb. der nordchines. Umgangssprache. 1891. 12. Arendt, Einführung in die nordchines. Umgangssprache. 1894. 15. Lange, Einführung in d. japan. Schrift. 1896. 19. Lange, Übungs- und Lesebuch zum Studium der japan. Schrift. 1904. **St.**

519 **Lexilogus** of English, Malay and Chinese languages comprehending the vernacular idioms of the last in the Hok-keen and Canton dialects. Malacca 1841. **St.**

520 **Die Literaturen des Ostens** in Einzeldarstellungen. (Soweit erschienen.) Leipzig, seit 1901. **St.**
Bd. 8: W. Grube, Gesch. d. chines. Lit. 1902. Bd. 10: K. Florenz, Gesch. d. jap. Lit. 1906.

521 **Bastian, A.** Sprachvergleichende Studien mit bes. Berücksichtigung der Indo-chinesischen (birmanisch-siamesischen) Sprachen. Leipzig 1870. **St.**

522 **Endlicher, St.** Übersicht der chinesischen u. japanischen Bücher der k. k. Hofbibliothek.
S. Desselben Verzeichniß der chinesischen u. japanischen Münzen. Wien 1837. (Nr. 510.) **St.**

523 **Haberlandt, M.** Die Hauptliteraturen Ostasiens und Indiens. (Sammlung Göschen voll. 162/163.) Leipzig 1902. **St.**

b. Kunst.*)

524 **Ausstellung ostasiatischer Kunst** aus Hamburgischem Privatbesitz im Hamb. Mus. f. Kunst u. Gewerbe. Hamburg 1904. (s. Nr. 541.) **Mu.**

525 **Collection S. Bing.** Peintures. — Netsuké, Étuis de pipe, Kanamono, Éventails, Étoffes. — Bronzes, Fer, Métaux divers, Accessoires d'armes et d'armures. — Laques, Inro, Peignes. — Sculptures. — Porcelaines et Grès de la Chine, de la Corée et du Japon. — (6 Hefte.) [Paris] o. J. **Mu.**

526 **Collection P. Brenot.** Objets d'art de la Chine et du Japon. Vente à Paris. Paris 1903. **Mu.**

527 **Collection Ph. Burty.** Objets d'art japonais et chinois, qui seront vendus à Paris. Paris 1891. **Mu.**

*) Hier auch Kataloge von umfassenden Sammlungen für Kunst und Gewerbe.

528 **Collection G...** Catalogue des IIe et IIIe parties des œuvres d'art et de haute curiosité de la Chine et du Japon. Vente à Paris 1904. Paris 1904. **Mu.**

529 **Collection J. Garié.** Catalogue des objets d'art et des peintures du Japon et de la Chine. Vente à Paris, 5.—10. März 1906. **Mu.**

530 **Collection Ch. Gillot.** Objets d'art et peintures de l'Extrême Orient. Vente à Paris 1904. Paris 1904. **Mu.**

531 **Collection des Goncourt.** Objets d'art japonais et chinois. Peintures, estampes. Vente à Paris 1897. Paris 1897. **Mu.**

532 — Arts de l'Extrême Orient. Vente à Paris 1897. Paris 1897. **Mu.**

533 **Collection T. Hayashi.** Objets d'art du Japon et de la Chine. Peintures, livres. Vente à Paris 1902. Paris 1902. **Mu. Vk.**

534 — Objets d'art et peintures de la Chine et du Japon IIe Partie. Vente à Paris 1903. Paris 1903. **Mu.**

535 **Collection Dmitri Schévitch.** Objets d'art et peintures du Japon et de la Chine. Sculptures, Laques, Inro, Céramique, Bronzes, Objets en fer, Cloisonnés, Objets en argent, Étoffes, Peintures, dont la vente aura lieu à Paris Hôtel Drouot, les 22, 23, 24 mai 1905. (Me Lair-Dubreuil, S. Bing.) Paris 1905. **Mu.**

536 **Collection Suminokura de Kioto.** Objets d'art et peintures du Japon et de la Chine provenant de la collection Suminokura de Kioto dont la vente aura lieu du lundi 10 au samedi 15 juin 1907 dans les Galeries de MM. Durand-Ruel, Paris. (Me Lair-Dubreuil, M. Bing.) Paris 1906. **Mu.**

537 **Guide** to the Chinese and Japanese illustrated books. Exhibited in the Kings Library (Brit. Mus.) London 1887. **Mu.**

538 **Katalog** der Japan- und China-Sammlung der Herren O. de la Parra und J. Schismarew. Versteigerung zu Köln, 4.—7. Dezember 1905. **Mu.**

539 **Anderson, W.** Descriptive and historical catalogue of a collection of Japanese and Chinese paintings in the British Museum. London 1886. **Mu.**

540 **Bacharach, P. C.** Nikaschaton. Die Kunst der Chinesen und Orientalen, in 30 Stunden malen zu lernen. Siegen u. Wiesbaden 1840. **Pt.**

541 **(Brinckmann, J.).** Ausstellung ostasiatischer Kunst aus Hamburgischem Privatbesitz 1904, April. (Hbg. Mus. f. K. u. Gew.) Hamburg 1904. **Mu.**

542 **Brinckmann, J.** Führer durch das Hamburgische Museum für Kunst und Gewerbe. Hamburg 1894. **Bü. Mu. Pt. St.**

543 **Graul, R.** Ostasiatische Kunst und ihr Einfluß auf Europa. („Aus Natur u. Geisteswelt“, 87. Bändchen.) Leipzig 1906. **Mu. St.**

544 **Hirth, F.** Mäander und Triquetrum in der chinesischen und japanischen Ornamentik. (Sond.-Abdr. a. d. „Verhandlungen d. Berliner Anthropolog. Gesellschaft“, Sitzung v. 22. Juni 1889.) Berlin 1889. **Mu.**

545 **Milloué, L. de.** Catalogue du Musée Guimet. Ie Partie. Inde, Chine et Japon etc. Nouvelle édition. Lyon 1883. **Mu.**

546 — Petit Guide illustré au Musée Guimet. Paris 1894. **Mu.**

547 **Paris, M.** Essai sur la construction navale des peuples extraeuropéens ou Collection des navires et pirogues construits par les habitans de l'Asie, de la Malaisie, du Grand Océan et de l'Amérique, dessinés et mesurés pendant les voyages autour du monde de l'Astrolabe, la Favorite et l'Artémise. Publié p. ordre du roi sous les auspices du ministre de la marine. Mit Atlas. Paris (1842). **Cz.**

548 **Tissandier, A.** Cambodge et Java. Ruines khmères et javanaises 1893—1894. Avec planches, carte, grav. Paris 1896. **Cz.**

c. Religion.

549 **Beschreibungen aller Religionen in der Welt.** 3. Auflage. Breslau 1787. **St.**

550 **Buddhas Leben und Wirken.** Nach der chinesischen Bearbeitung von Açvaghoshas Buddha-Carita und deren Übersetzung in das Englische durch Samuel Beal, in deutsche Verse übertragen von Th. Schultze. Leipzig (1904). **St.**

551 **Der Buddhist.** Unabhängige deutsche Monatsschrift für das Gesamtgebiet des Buddhismus. Herausg. v. Karl B. Seidenstücker. Jg. 1, 2449 nach Buddha, 1905/06. Leipzig 1906. **St.**

552 **Die buddhistische Welt.** Monatsblätter zur Orientierung über die buddhistische Mission. Publikationsorgan des Buddhist. Missionsvereins in Deutschland. Herausg. von Karl B. Seidenstücker. Jg. 1, 1905/06. Leipzig 1906. **St.**

553 **Bastian, A.** Die Weltauffassung der Buddhisten. Berlin 1870. **St.**

554 — Der Buddhismus in seiner Psychologie. Berlin 1882. **St.**

555 **Bohlen, P. von.** De buddhaismi origine et aetate. Königsberg 1827. **St.**

556 **Dahlke, P.** Buddhistische Erzählungen. Dresden 1904. **St.**

557 — Aufsätze zum Verständnis des Buddhismus. T. 1. 2. Leipzig 1905. **St.**

558 **Dahlmann, J.** Nirvana, eine Studie zur Vorgeschichte des Buddhismus. Berlin 1896. **St.**

559 — Buddha, ein Kulturbild des Ostens. Berlin 1898. **St.**

560 **Eitel, E. J.** Buddhism; its historical, theoretical and popular aspects, in three lectures. 2. ed. London 1873. **Cz.**

561 **Gruenwedel, A.** Buddhistische Studien. Berlin 1897. **St.**

562 **Hardy, E.** Der Buddhismus nach älteren Pâli-Werken dargestellt. Münster 1890. **Pt.**

563 **Hardy, R. S.** A manual of Buddhism in its modern development. Edinburg 1860. **St.**

564 — The legends and theories of the Buddhists. London 1866. **St.**

565 **Koeppen, C. F.** Die Religion des Buddha. 2 voll. Berlin 1859. **St.**

566 **Kröger, J. C.** Abriss und vergleichende Darstellung der indisch-persischen und chinesischen Religionssysteme mit steter Rücksichtnahme auf die späteren Religionsformen. Eisleben 1842. **St.**

567 **Neumann, R. E.** Die innere Verwandtschaft buddhistischer und christlicher Lehren. Leipzig 1891. **St.**

568 **Oldenberg, H.** Buddha, sein Leben, seine Gemeinde. Berlin 1881. — 4. Aufl. 1903. **St.**

569 **Rhys-Davids, T. W.** Buddhism, its history and literature. London 1896. **Vk.**

570 — Der Buddhismus. Darstellung von dem Leben und den Lehren Gautamas, des Buddhas. Nach der 17. Aufl. aus dem Engl. übers. (Reclams Universalbibliothek 3941—42.) Leipzig 1899. **Bü.**

571 **St. Hilaire, J. B.** Le Bouddha et sa religion. 3. éd. Paris 1866. **St.**

572 **Schultze, Th.** Der Buddhismus als Religion der Zukunft. 2. Aufl. Leipzig 1898. **Bü.**

573 **Subhadra, Bhikschu.** Buddhist. Katechismus zur Einführung in die Lehre des Buddha Gotamo. 4. Aufl. Braunschweig 1894. **St.**

574 **Upham, E.** History and doctrine of buddhism. London 1829. **St.**

575 **Vallée-Poussin, L. de la.** Bouddhisme. — Études et matériaux. London 1898. **St.**

576 **Warren, H. C.** Buddhism in translations. Cambridge, London u. Leipzig 1896. **St.**

577 **Wuttke, A.** De Buddhaistarum disciplina. (Diss.) Breslau 1848. **St.**

d. Mission.

578 **Fortsetzung der Zeytungen** u. historischen Berichts auss den japonischen und chinesischen Königreichen und Landen, wie auch beydes, so wol auss den orientalischen, als occidentalischen Indien. 1589—91. Ingolstadt, D. Sartorius, 1593. **Cz.**

579 **Lettres édifiantes et curieuses,** écrites des missions étrangères par quelques missionnaires de la compagnie de Jésus (recueillies p. C. Le Gobien, J. B. Duhalde, N. C. Ingoult, L. Patouillet, N. Maréchal dit La Marche et autres). Recueil 1—23. 21 tms. Paris 1717—1729. **St.**

— Nouv. éd. (dirigée p. Y. M. M. de Querboeuf). 26 tms. Paris 1780—83. **Cz.**

580 **Nouveaux mémoires** des missions de la compagnie de Jésus dans le Levant. 6 voll. Paris 1715—1727. **St.**

581 **Relação** annal das cosas que fezeram os padres da Companhia de Jesus nas partes da India Oriental. Tirada das cartes . . . por P. Fernão Guerreiro S. J. Lisboa 1609. St.

582 **Buchanan, C.** Neueste Untersuchungen über den gegenwärtigen Zustand des Christenthums und der biblischen Literatur in Asien. Stuttgart 1814. St.

583 **Burkhardt, G. E.** Kleine Missions-Bibliothek, 2. Aufl. bis auf die Gegenwart fortgeführt von R. Grundemann. Bielefeld u. Leipzig 1876—81. Cz.

Bd. 3. Asien. Vorder-Indien. Ceylon und Hinter-Indien. China und Japan. Bd. 4. Oceanien. Der Indische Archipel. Polynesien, Neuseeland u. Mikronesien. Melanesien und Australien.

584 **Gützlaff, C,** Missionar der evangelischen Kirche. Dreijähriger Aufenthalt im Königr. Siam nebst einer kurzen Beschreibung seiner drei Reisen in den Seeprovinzen Chinas 1831—33. A. d. Englischen. Basel 1835. St.

585 **Hayus, J.** De rebus Japonicis, Indicis et Peruanis epistolae recentiores a Joanne Hayo in librum unum coacervatae. Antwerpen 1605. St.

586 **Külb, P. H.** Die Reisen der Missionare. 7 Bde. Regensburg 1860—63. Pt.

Abt. 1. Geschichte der Missionsreisen nach der Mongolei während des 13. u. 14. Jahrhunderts. 3 Bde.

587 **La Croze, M. V.** Histoire du Christianisme des Indes. La Haye 1724. St.

— Dasselbe, deutsch. Halle 1727. St.

588 **Le Tellier.** Défense des nouveaux Chrestiens et des Missionnaires de la Chine, du Japon et dés Indes contre les deux livres . . . Paris 1687. St.

589 **Maffeius, J. P.** Historiarum indicarum libri XVI. Viennae 1751. Cz.

590 — Selectarum epistolarum ex India libri IV, J. P. Maffeio interprete. Viennae 1751. Cz.

591 **Marini, G. F. de.** Delle missioni de' padri della compagnia di Giesu nella provincia del Giappone e particolarmente di quella di Tumkino libri 5. Roma 1663. Cz. St.

Marini, G. F. de. Dasselbe, Neuabdruck unter dem Titel: Historia e relatione del Tunkino e del Giappone libri 5. Roma 1665. Cz.

— Dasselbe, Nachdruck in 2 Bänden (nämlich libr. 1, 2 mit dem Titel der Ausgabe von 1663, libr. 3—5 mit dem Titel der Ausgabe von 1665). Venezia 1665. Cz.

592 **Montgomery, J.** Journal of voyages and travels by D. Tyerman and G. Bennet, deputed from the London missionary society, to visit their various stations in the South Sea islands, China, India etc., between the years 1821—29. Compiled from original documents. 2 vols. London 1831. Cz.

593 **Schreiber, A.** Eine Missionsreise in den fernen Osten 1898—99. Gütersloh 1899. Cz.

594 **Stöcklein, J.** Der neue Weltbott mit allerhand Nachrichten, welche von denen Missionarien Soc. Jesu aus beyden Indien etc. seit 1642 bis 1726 in Europa angelangt seynd. 32 Thle. in 4 Bden. Augsburg, Gratz u. Wien 1728—1755. (= Nr. 79.) Cz.

595 **Tursellinus, H.** Vom tugentreichen Leben F. Xaverii so den christlichen Glauben in Indien erweitert und in Japon eingeführt. A. d. Lat. in das Teutsche übers. von M. Hueber. München 1615. St.

II. Amur-Gebiet. Russisches Küstengebiet. Sachalin.

596 **Andree, R.** Das Amur-Gebiet und seine Bedeutung. Reisen in Theilen der Mongolei, den angrenzenden Gegenden Ostsibiriens, am Amur und seinen Nebenflüssen. Nach den neuesten Berichten von A. Michie, G. Radde, R. Maack u. A. Leipzig 1867. **Pt.**

597 **Atkinson, Th. W.** Travels in the regions of the upper and lower Amoor and the russian acquisitions on the confines of India and China. London 1860. **Cz.**

598 **Kohn, A.,** und **R. Andree.** Sibirien und das Amurgebiet. 2. Aufl. 2 Bde. Leipzig 1876. **Bü. Cz.**

599 **Krahmer, G.** Das nordöstliche Küstengebiet. (Rußland in Asien. Bd. 5.) Leipzig 1902. **Cz.**

600 **Poljakow, J. S.** Reise nach der Insel Sachalin in den Jahren 1881—1882. Aus dem Russischen von A. Arzruni. Berlin 1884. **Cz.**

601 **Radde, G.** Vorlesungen über Sibirien und das Amur-Land (in Petermanns Mitt. Bd. 7. Gotha 1860/61). **Bü.**

602 **Ravenstein, E. G.** The Russians on the Amur; its discovery, conquest, and colonisation, with a description of the country, its inhabitants, productions, and commercial capabilities; and personal accounts of russian travellers. London 1861. **Cz.**

603 **Schrenck, L. von.** Reisen und Forschungen im Amur-Lande in den Jahren 1854—1856. Im Auftrage der Kaiserlichen Akademie der Wissenschaften zu St. Petersburg ausgeführt. Bd. 1. 2. 3, 1. 2. St. Petersburg 1859—1891.

Bd. 1. 2. Zoologie. St. Petersburg 1859—1867. **Nh.**

Bd. 3. Die Völker des Amur-Landes. Lfg. 1. Geographisch-historischer und anthropologisch-ethnologischer Theil. St. Petersburg 1881. Lfg. 2. Ethnographischer Theil. 1. Hälfte. St. Petersburg 1891. **Cz.**

604 **Windt, H. de.** The new Siberia; being an account of a visit to the penal island of Sakhalin, and political prison and mines of the Trans-Baikal district, Eastern Siberia. London 1896. **Cz.**

605 **Zepelin, C. von.** Das russische Küstengebiet in Ostasien. Berlin 1902. **Bü. Sw.**

---

606 **Samochwaloff, S.** Karte des Amurlandes, mit Benutzung der Angaben von L. v. Schrenck u. C. Maximowicz. St. Petersburg 1858. **Ge.**

---

607 **Funke, M.** Die Insel Sachalin. Eine ethnographische Studie. („Angewandte Geographie" II, H. 12.) Halle 1906. **Cz. Sw.**

608 **Schrenck, L. von.** Meteorologische Beobachtungen im Amur-Lande und Resultate aus denselben. (Sep.-Abdr. aus v. Schrenck's Reisen im Amur-Lande, Bd. 4, 1. St. Petersburg 1876.) **Sw.**

609 **Radde, G.** Reisen in den Süden von Ost-Sibirien. Botan. Abt., bearbeitet von E. Regel. Bd. 1. Moskau 1861. **Bo.**

610 **Bolau, H.** Ein neuer Hirsch aus dem Amurlande (a. Abh. d. Natw. Ver. z. Hbg.-Altona. Hamburg 1880). **Nh.**

611 — Verzeichniß der von Fr. Dörries auf Askold an der ostsibirischen Küste gesammelten Vögel. (A. Journ. f. Ornith. Nr. 150. Berlin, April 1880.) **Nh.**

612 **Fitzinger, L. J.** Ueber den Isubra-Hirsch (Cerv. Lühdorfii Bolau), eine angeblich neue Art aus dem Amur-Lande. (A. Wiener Sitzungsber. Bd. 82. Abt. I. Wien 1881.) **Nh.**

613 **Gerstfeldt, G.** Über Land- u. Süßwasser-Mollusken Sibiriens und des Amurgebiets. St. Petersburg 1859. **St.**

614 **Graeser, L.** Beiträge zur Kenntnis der Lepidopteren-Fauna des Amurlandes. 1.—5. Teil. (A. Berlin. Ent. Zeitschr. Bd. 32. 33. 35. 37. Berlin 1888—1892.) **Nh.**

615 **Grube, E.** Über Radde's Reisen in Ostsibirien. Bd. 1. Säugetierfauna. (A. Jahresbericht d. Schles. Ges. f. vaterl. Cultur. Breslau 1863.) **Nh.**

616 **Hedemann, W. von.** Beitrag zur Lepidopteren-Fauna des Amur-Landes nebst 2 Fortsetzungen. (Aus „Horae Societatis Entomologicae Rossicae". T. 12. 14. 16. St. Petersburg 1874. 78. 82.) **Pt.**

617 **Ménétrier, E.** Lépidoptères de la Sibérie orientale et en particulier des rives de l'Amour. (Aus v. Schrenck's Reisen und Forschungen im Amur-Lande, Bd. 2. St. Petersburg 1859.) **Pt.**

618 **Radde, G.** Reisen im Süden von Ostsibirien in den Jahren 1855—59. 2 Bde. Säugetiere und Vögel. Petersburg 1862—63. **Nh.**

619 **Tancré, R.** Eine neue Limenitis-Art vom Amur. (A. Entomol. Nachr. Jg. 7, Nr. 8. Berlin 1881.) **Nh.**

III. Korea.

620 **Baudens, G.** La Corée. Géographie; organisation sociale; moeurs et coutumes; ports ouverts au commerce japonais; les traités. Paris 1884. **Cz.**

621 **Cavendish, A. E. J.** Korea and the Sacred White Mountain; being a brief account of a journey in Korea in 1891; together with an account of an ascent of the White Mountain by H. E. Goold-Adams. London 1894. **Cz.**

622 **Genthe, S.** Korea, Reiseschilderungen, herausg. von G. Wegener. 2. Aufl. Berlin 1905. **Bü. Cz. Ha.**

623 **Gilmore, G. W.** Korea from its capital. With a chapter on missions. Philadelphia (1893). **Cz.**

624 **Gottsche, C.** Land und Leute in Korea. Berlin 1886. **St.**

625 **Griffis, W. E.** Corea, the hermit nation. Ancient and mediaeval history; political and social Corea; modern and recent history. London 1882. **Cz. Mu.**

626 — Corea, without and within. Chapters on corean history, manners and religion, with Hendrik Hamel's narrative of captivity and travels in Corea annotated. Philadelphia 1885. **Cz.**

627 **Hamilton, A.** Korea. 2. ed. London 1904. **Bü. Cz. Vk.**

628 **Hesse-Wartegg, E. v.** Korea. Eine Sommerreise nach dem Lande der Morgenruhe 1894. Dresden und Leipzig 1895. **Bü. Cz. Ge. Pt.**

629 **Hulbert, H. B.** The passing of Korea. London 1906. **Cz.**

630 **Lowell, P.** Chosön, the land of the morning calm. A sketch of Corea. London 1885. **Cz.**

631 **Morse, S.** Korean interviews. Reprinted from Appletons Popular Science Monthly for May 1897. **Mu.**

632 **Oppert, E.** A forbidden land: Voyages to the Korea. With an account of its geography, history, productions and commercial capabilities etc. London 1880. **Cz.**

633 **Oppert, E.** Ein verschlossenes Land. Reisen nach Corea. Leipzig 1880. **Bü. Sw. Vk.**

634 **Pogio, M. A.** Korea. A. d. Russ. von St. v. Ursyn-Pruszynski. Wien und Leipzig 1895. **Cz. Pt.**

635 **Sieroszewski, W.** Korea. Land und Volk nach eigener Anschauung gemeinverständlich geschildert. (A. d. Russischen.) Übers. von S. Goldenring. Berlin (1905). **Cz.**

636 **Zabel, R.** Meine Hochzeitsreise durch Korea während des russisch-japanischen Krieges. Altenburg 1906. **Cz.**

---

637 **Karte von Korea.** (Mit chines. und engl. Namen.) Shanghai 1894. **Cz.**

638 **Koto, B., u. S. Kanazawa.** A Catalogue of the romanized geographical names of Korea. Tokio 1902. **Sw.**

639 **Mörsel, F. H.** Approaches to Chemulpo Harbour. Shanghai 1899. **Sw.**

---

640 **Ross, J.** History of Corea, ancient and modern, with a description of manners and customs, language and geography. London 1891. **Cz.**

641 **Villetard de Laguérie, R.** La Corée, indépendante, russe, ou japonaise. Paris 1898. **Cz.**

---

642 **Carles, W. R.** Life in Corea. London 1888. **Cz.**

643 **Chevalier, H.** Les coiffures coréennes. (Aus Intern. Arch. f. Ethnogr. XII. Leiden 1899.) **St.**

644 **Schmeltz, J. D. E.** Die Sammlungen aus Korea im Ethnogr. Reichsmuseum zu Leiden. (Aus Internat. Arch. f. Ethnogr. IV. Leiden 1891.) **Mu. St.**

645 **Umlauff, J. F. G.** Die Koreanische Sammlung des Museum Umlauff in Hamburg. Hamburg 1897. **Mu. Vk.**

---

646 **Boulenger, G. A.** New tailed Batrachians from Corea (Hynobius Leechii). Aus Ann. and Mag. Nat. Hist. London 1887. **Nh.**

647 — New Species of Hyla from Port Hamilton, Corea. (Aus Proceed. Zool. Soc. London 1887.) **Nh.**

648 **Duncan, P. M.** On some Ophiuridea from the Korean Seas. (Aus Journ. Linn. Soc., Zool. XIV. London 1879.) **Nh.**

649 **Kolbe, J. G.** Beiträge zur Kenntnis der Coleopteren-Fauna Koreas. (Sammlung von Dr. C. Gottsche.) Aus Archiv f. Naturgesch. 52, I. Berlin 1886. **Nh.**

650 **Martens, E. v.** Koreanische Süßwasser-Mollusken. (Aus Zool. Jahrbücher, Suppl. VIII. Jena 1905.) **Nh.**

651 **Sladen, W. P.** On the Asteroidea and Echinoidea of the Korean Seas. (Aus Journ. Linn. Soc., Zool. 14. London 1879.) **Nh.**

---

652 **Gottsche, C.** Ueber den Mineralreichthum von Korea. Jena 1889. **Ge.**

---

653 **Corea.** Annual trade reports and returns Nr. 7 (1891). Shanghai 1892. **Ge.**
(Vergl. China Imp. mar. customs. Statistical Series Nr. 3.)

---

654 **Chevalier, H.** Cérémoniel de l'achèvement des travaux de Hoa Syeng (Corée) 1800. Avec 13 pl. (Aus „T'oung-pao" IX, 5. Leiden 1898.) Vergl. Nr. 37. **St.**

---

655 **Rosny, L. de.** Aperçu de la langue coréenne. Paris 1864. **Vk.**

656 **Underwood, H. G.** An introduction to the Korean spoken language. London 1890. **Vk.**

657 **Underwood, H. G., and H. B. Hulbert.** A concise dictionary of the Korean language. 2 vols. London 1890. **Vk.**

---

658 **Zimmermann, E.** Koreanische Kunst. Mit 20 Tafeln, sowie Textillustr., vorwiegend nach Gegenständen der Sammlung des Herrn Konsul H. C. Eduard Meyer in Hamburg. Hamburg (1902). **Mu. Vk.**

---

659 **Arnous, H. G.** Korea. Märchen und Legenden nebst einer Einleitung über Land und Leute, Sitten und Gebräuche Koreas. Leipzig (1893). **Pt.**

660 **Dallet, Ch.** Histoire de l'Eglise de Corée. I. Paris 1874. **Ge.**

IV. China.

A. Eigentliches China.*)

1. Bibliographie.

661 **Bibliotheca Orientalis.** Being a catalogue of books on China, being the Chinese part of the late Rev. J. Legge's library. On sale by Luzae & Co. London 1899. **St.**

662 **Möllendorff, P. G.** und **O. F. von.** Manual of Chinese bibliography, being a list of works and essays relating to China. Shanghai 1876. **St.**

---

2. Zeitschriften.

663 **Canton. The Anglo-Chinese Calendar** for 1847. Canton 1847. **St.** — for 1854 **Oa.**

664 **Hongkong. The China Mail.** Vom 6. Jan. 1853 bis 2. Nov. 1854 (eine fast vollständige Serie). Hongkong 1853. 54. **Cz.**

665 — **The chronicle and directory** for China, Corea, Japan, the Philippines, Cochin-China, Annam, Tonquin, Siam, Borneo, Straits Settlements, Malay States, etc. for the year 1888. With maps and houseflags. Hongkong 1888. **Cz.**

— Dasselbe für 1899. **Cz.** — für 1900. **Oa.** — für 1905. **Oa.**

666 — **Royal Asiatic Society, China branch.** Transactions. P. 1. 1847. P. 2. 1848—50. P. 3. 1851. 52. Hongkong 1848. 52. 53. **Cz.**

667 — **The Hongkong Weekly Press and China Overland. Trade Report.** Hongkong 1903. **Oa.**

668 **Macao und Canton. The Chinese Repository.** Vol. 13—20 (incompl.) Macao u. Canton 1844—51. **St.**

---

*) China ohne Tibet und die europäischen Kolonien.

669 **Shanghai, Royal Asiatic Society, North-China Branch.** Journal, vol. 2, 1. Shanghai 1860. **Sw.**
New Series, vol. 16—26; 28; 30—32. Shanghai 1881—98. **Ge.**

670 — **Der Ostasiatische Lloyd.** Jahrg. 16. 17. Shanghai 1902. 1903. **Oa.**
(Wird von **Ha** gehalten, aber nicht aufbewahrt.)

671 — **Der ferne Osten,** herausgegeben von C. Fink. I, 1. 2. Shanghai 1902. **Oa.**

672 — **Zi-ka-wei, Observatoire.** Calendrier-annuaire pour 1904. Shanghai 1903. **Sw.**

3. Geographie.

a. Reisen. Ortsbeschreibungen. Vermischtes.

673 **Accurate Account** of Lord Macartney's embassy to China. London 1795. **St.**

674 **Denkwürdige Beschreibung** des Königreichs China, a. d. Französ. von S. Schram. Eisenach 1679. **St.**

675 **Kort Beskrivelse** over Skibets „Cron-Printz Christian“ likkeliger Reise til China 1730—32 by J. H. H. Kjøbenhavn 1735. (S. Nr. 85). **St.**

676 **China und die Chinesen.** Land und Volk, geschildert nach den besten neuen Arbeiten. 2. Aufl. Stuttgart 1858. **Bü.**

677 **China and France** or two treatises, the one of the present state of China, as to the government, customs, and manners, of the inhabitants thereof; . . . from the observation of two Jesuites lately returned from that country. London 1676. **St.**

678 **China,** historisch, romantisch und malerisch. Nach Berichten und Zeichnungen von Mitgliedern der letzten englischen Expedition. A. d. Engl., m. 36 Stahlstichen. Karlsruhe (1844). **Bü. Cz. St.**

679 **La Chine moderne** ou description historique, géographique et littéraire de ce vaste empire, d'après des documents chinois. Paris 1853. **Cz.**
1. partie: Géographie, organisation politique et administrative de la Chine, langues, philosophie par G. Pauthier. — 2. partie: Arts, littérature, moeurs, agriculture, histoire naturelle, industrie etc. par Bazin.

680 **Guide for Tourists** to Peking and its environs. Peking 1888. **Ge.**

681 **Hamburg, Deutsche Seewarte.** Die wichtigsten Häfen Chinas. Berlin 1901. **Cz. Sw.**

682 **The chinese miscellany** designed to illustrate the government, philosophy, religion, arts, manufactures, trade, manners, customs, history and statistics of China. Shanghai 1849. 50. **Cz.**

Nr. 1. A glance at the interior of China obtained during a journey through the silk and green tea districts. Taken in 1845. — Nr. 2. The Chinaman abroad: or a desultory account of the malayan archipelago, particularly of Java; by Ong-Tae-Hae. Translated from the original. — Nr. 3. Dissertation on the silkmanufacture and the cultivation of the mulberry; translated from the works of Tseu-Kwang-K'He, called also Paul Sin, a colao or minister of state in China. — Nr. 4. General description of Shanghae and its environs, extracted from native authorities.

683 **The people of China,** their history, court, religion, government, legislation, institutions, tribunals, agriculture, language, literature, manufactures, arts, sciences, manners and customs: to which is added a sketch of protestant missions. London (1844). **Cz.**

684 **Report and proceedings** on a voyage to the northern ports of China, in the ship Lord Amherst. Extracted from papers printed by order of the house of commons, relating to the trade with China. 2. ed. London 1834. **Cz.**

685 **Taschenbibliothek** der wichtigsten und interessantesten Reisen durch China, verfaßt von mehreren Gelehrten und herausgegeben von J. H. Jäck. 2 Bde. Nürnberg 1827. **St.**

686 **Topography of China** and the neighbouring states. Hongkong 1864. **St.**

687 **Der Tschu-kiang,** Canton- oder Perlstrom, von Canton bis Macao und Hongkong. (Petermanns Mitt. Bd. 4, Gotha 1858.) **Bü.**

688 **The province of Yün-nan,** past, present and future by G. W. C. Shanghai 1885. **Ge.**

689 **Abel, C.,** und **F. A. Mecklenburg.** Arbeiten der kaiserlich russischen Gesandtschaft zu Peking über China, sein Volk, seine Religion, seine Institutionen, socialen Verhältnisse etc. A. d. Russischen nach dem in St. Petersburg 1852—57 veröffentlichten Original. 2 Bde. Berlin 1858. **Cz.**

690 **Anderson, A.** Relation de l'ambassade du lord Macartney à la Chine 1792/94. Trad. de l'Anglais. 2 vols. Paris an IV. (1796). **St.**

691 **Anderson, J.** Mandalay to Momien; a narrative of the two expeditions to western China of 1868 and 1875 under E. B. Sladen and H. Browne. London 1876. **Cz.**

692 **d'Anville.** Mémoire sur la Chine. Pékin u. Paris 1776. **St.**

693 **Arendt.** Peking und die westlichen Berge. Stadt- und Landschaftsbilder aus dem nördlichen China. (A. Mitt. d. Geogr. Ges. Bd. 8, Hamburg 1890.) **Bü.**

694 **Balfour, F. H.** Waifs and strays from the far East; being a series of disconnected essays on matters relating to China. London und Shanghai 1876. **Cz.**

695 **Barrow, J.** Travels in China. Containing descriptions, observations and comparisons, made in the course of a short residence at the imperial palace of Yuen-min-yuen, and a subsequent journey through Peking to Canton. London 1804. **Cz.**

— Dasselbe, 2. ed. London 1806. **Ge.**

696 — Voyage en Chine, formant le complément du voyage de lord Macartney. Trad. de l'angl., av. des notes, par J. (H.) Castéra. 3 tms. Av. un Atlas in 4° de 22 planches. Paris an XIII (1805). **Cz.**

697 **Bayer, T. S.** Museum Sinicum. 2 voll. Petrop. 1730. **St.**

698 **Beal, S.** Travels of Fah-Hian and Sung-Yun, buddhist pilgrims from China to India (400 a. D. and 518 a. D.) translated from the Chinese. London 1869. **Cz.**

699 **Bezaure, G. de.** Auf dem blauen Flusse. Reise in das westliche China. Deutsch von Th. Schwarz. Leipzig 1880. **Cz.**

700 **Bigham, C.** A year in China 1899/1900. With some account of Admiral Sir E. Seymour's expedition. London 1901. **Cz.**

701 **Bischoff-Widderstein, F.** China oder Uebersicht der vorzüglichsten geographischen Punkte und Bestandtheile des chinesischen Reiches. Mit Rücksicht auf die neuesten Ereignisse. Mit 1 Karte v. China. Wien 1843. **Cz.**

702 **Blakiston, T. W.** Five months on the Yang-Tsze; with a narrative of the exploration of its upper waters, and notices of the present rebellions in China. Illustrated from sketches by A. Barton. With maps by Arrowsmith. London 1862. **Cz.**

703 **Bourges, M. de.** Wahrhaftige Erzählung von der Reise des Bischofs von Beryte nach China. Leipzig 1671.
— Dasselbe, holländ. Amsterdam 1669. **St.**

704 **Braam-Houckgeest, A. E. van.** Voyage de l'ambassade de la compagnie des Indes orientales hollandaises vers l'empereur de la Chine, dans les années 1794. 95. Tiré du journal (holland.) de l'auteur. Publié en français p. M. L. É. Moreau de Saint-Mery. T. 1. Philadelphie 1797.
— Dasselbe Werk. 2 tms. Paris an VI (1798). **Cz.**

705 — Authentical Account of the embassy of the Dutch East India Company to the court of the Emperor of China. London 1798. **St.**

706 **Brand, A.** Beschreibung der chinesischen Reise, welche vermittelst einer zaarischen Gesandschaft durch (E.) Isbrand Ides v. 1693—95 von Moskau etc. verrichtet worden etc. (Nebst: H. W. Ludolff's curieuse Beschreibung der natürlichen Dinge Russlandes. A. d. Lat.) Hamburg 1698. **Cz. St.**
— Dasselbe, französisch. Amsterdam 1699. **Cz. St.**
— Dasselbe, holländisch. Amsterdam 1704. **St.**

707 **Brandt, M. v.** Aus dem Lande des Zopfes. Plaudereien eines alten Chinesen. Leipzig 1894. **Cz. Ha. Pt.**
— 2. Aufl. Leipzig 1898. **Bü.**

708 **Brettschneider.** Die Pekinger Ebene und das benachbarte Gebirgsland. (Petermanns Mitt. Ergbd. 10, Gotha 1876.) **Bü.**

709 **Buissonnet, E.** De Pékin à Shanghai. Souvenirs de voyage. Paris 1871. **Cz.**

710 **Clark, A.** Narrative of a journey in the interior of China, and of a voyage to and from that country in the years 1816, 17, containing an account of the most interesting transactions of lord Amherst's embassy to the court of Pekin, and observations on the country which it visited. London 1818. **Cz.**

711 **Cooke, G. W.** China: being the „Times“ special correspondence from China in the years 1857—58. Reprinted by permission. With corrections and additions by the author. London 1858. **Cz.**

712 **Cooper, T. T.** Travels of a pioneer of commerce in pigtail and petticoats or an overland journey from China towards India. London 1871. **Cz.**

713 **Coucheron-Aamot, W.** Durch das Land der Chinesen. Übersetzung aus dem Norwegischen von K. Robolsky. Leipzig-Reudnitz 1898. **Bü.**

714 **Courant, M.** En Chine. Paris 1901. **Cz.**

715 **Dapper, O.** Beschryving des Keizerryks van Taising (Sina). Amsterdam 1670. **St.**

— Beschreibung des Kaiserthums Sina oder Taising. Amsterdam 1676. **St.**

716 **David, A.** Journal de mon troisième voyage d'expédition dans l'empire chinois. 2 tms. Paris 1875. **Cz.**

717 **Davis, J. F.** China oder allgemeine Beschreibung der Sitten und Gebräuche, der Regierungs-Verfassung, der Gesetze, Religion, Wissenschaft, Literatur, Natur-Ereignisse, Künste, Fabriken und des Handels der Chinesen. Deutsch (a. d. Engl.) v. F. Wesenfeld. 2. Ausg. Nebst einem Supplementbande. 2 Thle. Magdeburg 1843. **Cz.**

718 **Demidoff, E. Prince San Donato.** After wild sheep in the Altai and Mongolia. London 1900. **Cz.**

719 **Dennys, N. B.** Notes for tourists in the North of China. Hongkong 1866. **Sw.**

720 **Dorn, A.** Chinesische Häfen. (Die Seehäfen des Weltverkehrs, Band 2.) Wien 1892. **Bü.**

721 **Dortous de Mairan, (J. J.)** Lettres au R. P. Parrenin, jésuite, missionnaire à Pékin; contenant diverses questions sur la Chine. Paris 1770. **St.**

722 **Dresser, M.** Historien und Bericht von dem newlicher Zeit erfundenen Königreich China, item von Virginia. Leipzig 1597. **St.**

723 **Du Halde, J. B.** Description géographique, historique, chronologique, politique et physique de l'empire de la Chine et de la Tartarie chinoise. Enrichie de cartes, de figg. et de vignettes. 4 tms. Haye 1736. **Cz. St.**

724 **Du Halde, J. B.** Ausführliche Beschreibung des chinesischen Reichs und der grossen Tartarei. Aus dem Franz. übers. Nebst E. Kämpfer's Beschreibung des Japanischen Reiches. 4 Thle. Rostock 1747—49. **Cz. St.**

725 **Enselme, H.** A travers la Mandchourie. Le chemin de fer de l'Est chinois etc. Préface du Comte G. du Chaylard. Paris 1904. **Cz.**

726 **d'Ewes, J.** China, Australia and the Pacific Islands, in the years 1855—56. London 1857. **Cz.**

727 **Exner, A. H.** China. Skizzen von Land und Leuten mit besonderer Berücksichtigung kommerzieller Verhältnisse. Leipzig 1889. **Cz.**

728 **Fisher.** Personal narrative of three years' service in China. London 1863. **Cz.**

729 **Flemming, G.** Travels on horseback in Mantchu Tartary; being a summer's ride beyond the great wall of China. London 1863. **Cz.**

730 **Forbes, F. E.** Five years in China; from 1842 to 1847. With an account of the occupation of the islands of Labuan and Borneo. London 1848. **Cz.**

731 **Fortune, R.** Three years' wanderings in the northern provinces of China, including a visit to the tea, silk, and cotton countries: with an account of the agriculture and horticulture of the Chinese, new plants, etc. London 1847. **Cz.**

732 — A journey to the tea countries of China; including Sung-Lo and the Bohea hills. London 1852. **Cz.**

733 — A residence among the Chinese: inland, on the coast, and at sea. Being a narrative of scenes and adventures during a third visit to China, from 1853 to 1856. Including notices of many natural productions and works of art, the culture of silk, etc.; with suggestions on the present war. London 1857. **Cz.**

734 **Franke, O.** Beschreibung des Jehol-Gebietes in der Provinz Chili. Leipzig 1900. **Cz.**

735 **Fraser, J. F.** The real Siberia together with an account of a dash through Manchuria. London 1902. **Cz.**

736 **Friederichsen, M.** Forschungsreise im centralen Tiën-Schan und Dsungarischen Ala-Tau im Jahr 1902. Vorläufiger Bericht. (A. Ztschr. d. Ges. f. Erdkunde z. Berlin.) Berlin 1903. **Cz.**

737 **Fritsche, H.** Resultate aus astronomischen und magnetischen Beobachtungen auf einer 5-monatl. Reise von St. Petersburg über Sibirien und die Mongolei nach Peking 1867/68. (A. Repertorium f. Meteorol. vol. I. Leipzig 1870.) **Sw.**

738 **Gaïhan (C. Gützlaff).** Chinesische Berichte, von der Mitte des Jahres 1841 bis zum Schluss des Jahres 1846. Herausgeg. v. dem Vorstande der chinesischen Stiftung. Cassel 1850. **Cz.**

739 **Genschow, A.** Unter Chinesen und Tibetanern. Rostock 1905. **Cz.**

740 **Gherardini, G.** Relazione di un viaggio fatto alla China nel 1698. (Herausgegeb. von Michelangelo Gualandi.) Bologna 1854. **St.**

741 **Giehrl, R.** Chinafahrt. Erlebnisse und Eindrücke von der Expedition 1900/01. München 1903. **Bü.**

742 **Giles, H. A.** Chinesische Skizzen. Deutsch von W. Schlösser. Berlin 1880. **Cz.**

743 **Gill, W.** The river of golden Sand. The narrative of a journey through China and Eastern Tibet to Burmah. With an introductory essay by C. Yule. 2 vols. London 1880. **Cz.**

744 — The river of golden Sand. The narrative of a journey through China and eastern Tibet to Burmah. Condensed by E. C. Baber, edited, with a memoir and introductory essay by H. Yule. London 1883. **Cz.**

745 **Gilmour, J.** Among the Mongols. London o. Jahr. **Ge.**

746 **Goldmann, P.** Ein Sommer in China. Reisebilder. 1. 2. Frankfurt a. M. 1899. **Oa.**
— 2. Aufl. 1900. **Bü.**

747 **Gonzalez de Mendoça, J.** Historia de las cosas mas notables, ritos y costubres del gran regno de la China etc. y nuevamente añadido por el mesme author con un itinerario de nuevo mundo. Medina del Campo, los herederos de B. Boyer, 1595. **Cz. St.**
— Dasselbe Werk. Anvers 1596. **St.**; — ital. (P. 2.) Roma 1586. **Cz.**; — ital. Vinezia 1587. **Cz.**; — deutsch Frankfurt 1589. **St.**; — französ. Paris 1588. **Cz.**; — französ. Paris 1600. **St.**; — lat. Frankfurt o. J. **St.**; — lat. Antwerpen 1655. **St.**; — holländ. Delft 1656. **St.**

748 **Grosier, (J. B. G. A.).** Description générale de la Chine, ou tableau de l'état actuel de cet empire. (Histoire générale de la Chine etc. t. 13.) Paris 1785. **Cz.**

749 — De la Chine, ou description générale de cet empire, rédigée d'après les mémoires de la mission de Pékin. 3. éd., revue et considérablement augmentée. 7 tms. Paris 1818—20. **Cz.**

750 **Grum-Grschimailo, G. E. u. M. E.** Reise in das westliche China. Bd. 1. (In russischer Sprache.) St. Petersburg 1896. **Cz.**

751 **Gützlaff, C.** Chinesische Berichte. Cassel 1850.
S. Nr. 738, Gaïhan.

752 — China opened; or a display of the topography, history, customs, manners, arts, manufactures, commerce, literature, religion, jurisprudence etc. of the Chinese Empire. Revised by A. Reed. 2 vols. London 1838. **Cz.**

753 **Guignes, (C. L. J.) de.** Observations sur le voyage de Barrow à la Chine en 1794, lues à l'institut. (Paris 1809.) **Cz. St.**

754 **Guinnes, G.** Im fernen Osten. Briefe. Gotha 1891. **Bü.**

755 **Gully and Denham.** Journals, kept during a captivity in China in the year 1842. London 1844. **Cz.**

756 **Haberlandt, M.** Die chinesische Sammlung des K. K. Naturhistor. Museums in ihrer Neuaufstellung. Wien 1895. **Vk.**

757 **Hackmann, H.** An den Grenzen von China und Tibet. Halle a. S. 1904. **Vk.**

758 — Vom Omi bis Bhamo. Wanderungen an den Grenzen von China, Tibet u. Birma. Halle 1905. **Bü. Cz.**

759 **Hérisson, le Comte M. de.** Journal d'un interprète en Chine. Paris 1886. **Ha. Pt.**

760 **Hesse-Wartegg, E. v.** Schantung und Deutsch-China. Von Kiautschau ins Heilige Land von China und vom Jangtsekiang nach Peking im Jahre 1898. Leipzig 1898. **Bü. Cz. Pt. Vk.**

761 **Hirth, F.** Chinesische Studien. Bd. 1. München u. Leipzig 1890. **Cz. Mu. St. Vk.**

762 **Holmes, (S.).** Voyage en Chine et en Tartarie, à la suite de l'ambassade de lord Macartney, auquel on a joint les vues, costumes etc. de la Chine, par W. Alexandre, les planches de l'atlas originale de cette ambassade, omises dans la traduction française, et leur explication. Ouvrage trad. de l'angl. p. M. M***, revu et publié, av. des observations sur les relations politiques et commerciales de l'Angleterre et de la France, avec la Chine, et quelques notes p. L. (M.) Langlès. 2 vols. Paris 1805. **Cz.**

763 **Hosie, A.** Three years in Western China; a narrative of three voyages in Ssu-ch'uan, Kuei-chow, and Yün-nan. With an introduction by A. Little. London 1890. **Cz.**

764 — Manchuria. People, Resources, Recent History. London 1901. **Cz.**

765 **Huc.** Das chinesische Reich. Deutsche Ausgabe. 2 Thle. Leipzig 1856. **Cz.**

766 — Souvenirs d'un voyage dans la Tartarie, le Thibet et la Chine pendant les années 1844, 45 et 46. 2 tms. Paris 1850. **Cz.**

767 **Hüttner, J. C.** Voyage à la Chine. Trad. de l'allemand (p. T. F. Winckler). Avec une carte de la Chine, gravée par Tardieu, et de la musique chinoise. Paris an VII (1799). **Cz.**

768 **James, H. E. M.** The long White Mountain or journey in Manchuria with some account of history, people, administration and religion of that country. London 1888. **Cz.**

769 **Ides, E. Ysbrants.** Driejaarige reize naar China, van Moskou af, over Groot Ustiga, Siriania, Permia, Sibirien, Daour, Groot Tartaryen, tot in China etc. Hier is bygevoegt, eene beknopte beschryvinge van China, door eenen chineeschen schryver t'zamengestelt, nu erst in t' neerduitsch vertaalt en m. verscheide aantekeningen verrykt. Amsterdam 1704. (S. Nr. 706). **Cz.**

770 **Jurien de la Gravière.** Voyage en Chine pendant les annèes 1847. 1848. 1849. 1850. Par le vice-amiral Jurien de la Gravière, alors capitaine de frégate commandant la corvette la Bayonnaise. 2 tms. 2. édit. Paris 1864. **Cz.**

771 **Kéroulée, G. de.** Un voyage à Pé-kin. Souvenirs de l'expédition de Chine. Paris 1861. **Cz.**

772 **Kidd, S.** China, or illustration of the symbols, philosophy, antiquities, customs, superstitions, laws, government, education and literature of the Chinese. London 1841. **Cz.**

773 **Kircher, A.** China monumentis qua sacris qua profanis nec non variis naturae et artis spectaculis etc. illustrata. Amsterdam 1667. **St.**

774 — Toonneel van China, übers. Amsterdam 1668. **St.**

775 **Klemm, G.** China, das Reich der Mitte. Leipzig 1847. **Cz.**

776 **Langdon, W. B.** Ten thousand things relating to China. London 1843. **St.**

777 — Descriptive catalogue of the chinese collection; with condensed accounts of the genius, government, history, literature, agriculture, arts, trade, manners, customs, and social life of the people of the celestial empire. London 1844. **Cz.**

778 **Lange, L.** Tagebuch zwoer Reisen, welche in den Jahren 1727, 28, 36 von Kjächta und Zuruchaitu durch die Mongoley nach Pecking gethan worden. Aus ungedruckten (russischen) Quellen mitgetheilt v. (P. S.) Pallas. Leipzig 1781. **Cz.**

779 **Lansdell, H.** Russisch-Central-Asien nebst Kuldscha, Buchara, China u. Merw. Deutsche Ausg. v. H. Wobeser (enthaltend Fauna u. Flora von Russisch Turkestan u. Bibliographie). Nebst wissenschaftl. Anhang. Zus. 4 Bde. Leipzig 1885. **Pt.**

780 **Lay, (G.) T.** China und die Chinesen. A. d. Englischen von H. Schirges. 2 Thle. Hamburg 1843. **Cz. St.**

781 **Lechler, R.** Acht Vorträge über China, gehalten an verschiedenen Orten Deutschlands und der Schweiz. Basel 1861. **Cz. Pt.**

782 **Le Comte, L.** Nouveaux mémoires sur l'état présent de la Chine. 3 tms. Suivant la copie de Paris. Amsterdam 1697. (T. 3. Par. 1698). **Cz.**

Im 3. T.: L'histoire de l'édit de l'empereur de la Chine, en faveur de la religion chrétienne etc. [p. C. le Gobien].

783 **Le Gentil.** Nouveau voyage autour du monde avec une description de l'empire de Chine. Amsterdam 1731. **St.**

784 **Little, A. J.** Through the Yangtse gorges, or trade and travel in western China. London 1888. **Cz.**

785 — Mount Omi and beyond. A record of travel on the Thibetan border. London 1901. **Cz.**

786 **Lullies, H.** Das chinesisch-tibetanische Grenzgebiet. Diss. Königsberg 1880. **St.**

787 **Margary, A. R.** The journey of Aug. Raym. Margary from Shanghae to Bhamo and back to Manwyne; from his journals and letters, with a brief biographical preface; to which is added a concluding chapter by S. Rutherford Alcock. London 1876. **Cz.**

788 **Martin, R. M.** China: political, commercial, and social: treaties and intercourse with England, Russia, France, America etc., description of the consular ports of Canton, Amoy, Foochoo, Ningpo, and Shanghai; also of Hong Kong, Chusan, Macao, and Kiachta. Reports in detail on the tea trade, opium traffic, banking etc., consular regulations, port charges, tariffs, weights and measures, as furnished in reports to her majesty's government. 4 pts. London (1846). **Cz.**

789 **Mayers, W. F.** The Chinese reader's manual. A handbook of biographical, historical, mythological, and general literary reference. Shanghai 1874. **Mu.**

790 **Meadows, T. T.** Desultory notes on the government and people of China, and on the Chinese language; illustrated with a sketch of the province of Kwang-Tûng, showing its division into departments and districts. London 1847. **Cz.**

791 **Meinicke.** Dr. Bernsteins Reisen in der nördlichen Mongolei. (Petermanns Mitt. Bd. 19, Gotha 1873.) **Bü.**

792 **Michie, A.** The Siberian overland route from Pekin to Petersburg, through the deserts and steppes of Mongolia, Tartary etc. London 1864. **Cz.**

793 **Montfort.** Voyage en Chine. Avec un appendice historique sur les derniers évènements p. G. Bell. Paris 1854. **Cz.**

794 **Mudie, R.** China and its resources, and peculiarities, physical, political, social, and commercial; with a view of the opium question and a notice of Assam. London 1840. **Cz.**

795 **Müller, A. (Greifenhagius).** Hebdomas observationum de rebus sinicis. Col. Brand. 1674. **St.**

796 — Opuscula nonnulla Orientalia. Frankfurt a. O. 1695. **St.**
I. Historia Sinensis Abdallae Beidavaei persice et latine etc.

797 **Mumm, A. von.** Ein Tagebuch in Bildern. Meinen Mitarbeitern in Peking zur freundlichen Erinnerung an ihren Chef Alfons von Mumm, Kaiserl. außerord. Gesandten u. bevollm. Minister. Berlin u. Peking 1902. **Oa.**

798 **Murray, H., J. Crawfurd, P. Gordon, T. Lynn, W. Wallace** and **G. Burnett.** An historical and descriptive account of China. With a. map and 36 engravings by Jackson. 3 vols. Edinburg 1836. **Cz.**

799 **Navarra, B.** China und die Chinesen. Shanghai 1900. **Cz.**

— Dasselbe. Bremen 1901. **Ha. Vk.**

800 **Navarrete, D. F.** Tratados historicos, politicos, ethicos y religiosos de la monarchia de China, descripción breve de aquel imperio y exemplos raros de imperadores y magistrados dél, con narración de varios sucessos y cosas singulares de otros reynos y differentes navegaciones. Añadense los decretos pontificios etc. para la missión chinica etc. Madrid 1676. **Cz.**

801 **Nicholls, F. H.** Through hidden Shensi. London 1902. **Cz.**

802 **(Nieuhof, J.)** Ambassade des Hollandois à la Chine, ou voyage des ambassadeurs de la compagnie hollandoise des Indes orientales vers le grand chan de Tartarie, maintenant empereur de la Chine. Trad. sur 2 manuscrits hollandois. Paris 1666. **Cz.**

803 **Obrutschew, W.** Aus China. Reiseerlebnisse, Natur- und Völkerbilder. 2 Bde. Leipzig 1896. **Cz. Pt.**

804 **Pauthier, M. G.** Geschichte und Beschreibung von China. A. d. Franz. v. C. A. Mebold. Stuttgart 1839. **Cz.**

805 **Plagemann, J. C.** China und die Chinesen. Land und Volk. Geschildert nach den besten neuen Arbeiten. 2. umgearb. Auflage. Stuttgart 1859. **Vk.**

806 **Plath, J. H.** Bericht über die chinesische Sammlung (des Herrn Nathanael Dunn) in London. o. O., o. J. **St.**

807 **Playfair, G. M. H.** The cities and towns of China. A geographical dictionary. Hongkong 1879. **Cz.**

808 **Poussielgue, A.** Voyage en Chine et en Mongolie de Monsieur et Madame de Bourboulon. 1860—1861. Paris 1866. **Cz.**

809 **Prinsep, H. T.** Tibet, Tartary and Mongolia, their social and political condition, and the religion of Boodh. London 1851. **Cz.**

810 **Prschewalsky, N. v.** Reisen in der Mongolei, im Gebiet der Tanguten und den Wüsten Nordtibets i. d. J. 1870—73. A. d. Russ. u. mit Anmerk. vers. v. A. Kohn. 2. Aufl. Jena 1881. **Bü. Pt.**

811 — Reisen in Tibet und am oberen Lauf des Gelben Flusses in d. J. 1879—80. A. d. Russ. frei in das Deutsche übertragen und mit Anmerk. vers. v. Stein-Nordheim. Jena 1884. **Cz. Pt.**

812 **(Reichard).** Denkwürdigkeiten von Sina. — Aus der sittlichen und natürlichen Geschichte dieses Reiches. A. d. Französischen. (= Bd. 4 des Reichard'schen Auszuges aus den „Lettres édifiantes", betitelt: „Zur Kunde fremder Völker und Länder".) Leipzig 1783. **St.**

813 **Reiffert, J. E.** Zehn Jahre in China. Erlebnisse, Erfahrungen und Reisen. Paderborn 1896. **Bü. Cz. Pt.**

814 **Rennie, D. F.** Peking and the Pekingese during the first year of the British embassy at Peking. 2 vols. London 1865. **Cz.**

815 **Richthofen, F. Freiherr von.** Reisen in China 1868—70. (A. Petermanns Mitt. Bd. 17, Gotha 1871.) **Bü.**

816 — Reise von Peking nach Sz'tschwan. (A. Petermanns Mitt. Bd. 19, Gotha 1873.) **Bü.**

817 — China. Ergebnisse eigener Reisen und darauf gegründeter Studien. Bd. 1, 2, 4. Berlin 1877. 82. 83. **Bü.** (Bd. 1.) **Cz. Sw.**

818 **Ripa.** Memoirs, during thirteen years residence at the court of Peking in the service of the Emperor of China. Selected and translated from the Italian by F. Prandi. London 1844. **Cz.**

819 **Rocher, E.** La province chinoise du Yün-nan. 2 vols. Paris 1880. **Cz.**

820 **Rockhill, W. W.** The land of the Lamas. Notes of a journey through China, Mongolia, and Tibet. London 1891. **Cz.**

821 **Ruhstrat, E.** Aus dem Lande der Mitte. (Veröffentlichungen d. Ver. d. Bücherfreunde, Jg. 8,5. Berlin 1899.) **Bü.**

822 **Salzmann, E. v.** Im Sattel durch Zentralasien. Berlin 1903. **Ha.**

823 **Schön, J.** Der Kriegsschauplatz in Ostasien. Geogr. Beschreibung und Würdigung. 2. Aufl. Berlin, Leipzig, Wien 1904. **Cz.**

824 **Schroeter, H.** Bericht über eine Reise nach Kwang-Si. Im Herbst 1886 unternommen. Hongkong 1887. **Cz.**

825 **Scidmore, E. R.** China. The long-lived Empire. New York 1900. **Cz. Mu.**

826 **Scott, J. G.** Land und Leute auf Hainan. Eine Schilderung der Insel und ihrer Erzeugnisse. Deutsch v. W. Rudow. Ilfeld a. H. 1886. **Cz.**

827 **Semedo, A.** Relatione della grande Monarchia della Cina. Rom 1643. (S. Nr. 881). **Cz. St.**
— Dasselbe. 2. ed. Rom 1653. **St.**
— Dasselbe. Französisch. Paris 1645. **St.**

828 **Shaw, R.** Visits to High-Tartary, Yârkand and Kâshgar (formerly Chinese Tartary) and return journey over the Karakorum pass. London 1871. **Cz.**

829 — Reise nach der Hohen Tatarei, Yârkand und Kâshghar und Rückreise über den Karakorum-Pass. Aus dem Engl. übers. 2. Aufl. (In Biblioth. Geogr. Reisen und Entdeckungen, Bd. 9.) Jena 1876. **Bü.**

830 **Smith, G.** A narrative of an exploratory visit to each of the consular cities of China and to the islands of Hong-Kong, and Chusan in behalf of the Church Missionary Society in the years 1844, 1845 and 1846. London 1847. **Cz.**

831 **Smyth, H. W.** Notes of a journey on the Upper Mekong. London 1895. **Ge.**

832 **Staunton, G.** An authentic account of an embassy from the King of Great-Britain to the Emperor of China etc. Taken chiefly from the papers of the earl of Macartney, his majesty's embassador. 2. ed., corrected. 2 vols. W. engravings; beside a Folio volume of plates. London 1798. **Cz.**

833 — Reise der englischen Gesandtschaft an den Kaiser von China in den Jahren 1792 und 1793. Aus den Papieren des Grafen von Macartney, des Ritter E. Gowa u. A. zusammengetragen. A. d. Engl. v. J. Ch. Hüttner. 2 Bde. Zürich 1798—99. **Pt.**

834 **Steen, A.** Eine Wanderung durch eine chinesische Stadt. Nach dem Engl. Hamburg 1886. **St.**

835 **Taylor, C.** Five years in China. With some account of the great rebellion, and a description of St. Helena. New York 1860. **Cz.**

836 **Tiessen, E.** China, das Reich der 18 Provinzen. (Bibliothek der Länderkunde. Bd. 10 u. 11.) Berlin 1902. **Bü. Cz.**

837 **Timkowsky, G.** Reise nach China durch die Mongoley in den Jahren 1820, 21. A. d. Russ. v. J. A. E. Schmidt. 3 Thle. Leipzig 1825. 26. **Cz. Vk.**

838 — Voyage à Péking, à travers la Mongolie, en 1820, 21, trad. du russe par N********, revu par J. B. Eyriès, publié av. des corrections et des notes par (H.) J. (de) Klaproth. Ouvrage accompagné d'un Atlas, qui contient toutes les planches de l'original et plusieurs autres inédites. 2 tms. Paris 1827. **Cz.**

839 **Torée, O.** Reise nach Surate und China, nebst einer kurzen Beschreibung von der chinesischen Feldökonomie etc. Herausgeg. v. Linnäus. (A. d. Franz.) Leipzig 1772. **Cz.**

840 **Trigautius, N.** Regni Chinensis descriptio ex variis authoribus (N. Trigautius, Purchasius, Benedictus Goesius, Marcus Paulus). Lugd. Bat. 1639. **St.**

841 **Tscheng-Ki-Tong.** China und die Chinesen. Aus dem Chinesischen von A. Schulze. Leipzig 1885. **Cz.**

842 **Veer, G. de.** Vraye description de trois voyages de mer au nord vers les royaumes de China et Catay etc. Amst. 1598. **St.**

843 **Vockerode, T.** China. Mit besonderer Rücksicht auf die Verhältnisse der Europäer zu diesem Reiche und auf den jetzigen Krieg mit England nach den neuesten Werken darüber dargestellt. Leipzig 1842. **Cz.**

844 **Wagner, J. Chr.** Das mächtige Kaiserreich Sina und die asiatische Tartarei. (Delineatio Pannoniae et imperii Turcici in Oriente. Th. 4.) Augsburg 1689. **St.**

845 **Weulersse.** Chine ancienne et moderne. Paris 1902. **Cz.**

846 **Wilhelmy, E.** China. Land und Leute. Illustrirte Geschichte des Reiches der Mitte. Berlin 1904. **Bü.**

847 **Williams, S. W.** The middle kingdom. A survey of the geography, government, literature, social life, arts, and history of the Chinese Empire and its inhabitants. 2 vols. New York 1853. **Vk.**

— The middle kingdom. A survey of the geography, government, education, social life, arts, religion etc. of the Chinese Empire and its inhabitants. 4. ed. New York 1871. **Cz.**

— Dasselbe. Revised Edition. 2 vols. New York 1883. **Mu.**

— Das Reich der Mitte. Eine Uebersicht der Geographie, Regierung, Erziehung, des socialen Lebens, der Künste, Religion etc. des chinesischen Reichs und seiner Bewohner. A. d. Engl. v. C. L. Collmann. (A. u. d. T.: Geographie, Statistik u. Naturgeschichte des chinesischen Reichs.) Cassel 1852. **Cz. Ha.**

848 **Williamson, A.** Journeys in North China, Manchuria and Eastern Mongolia, with some account of Corea. 2 vols. London 1870. **Cz.**

849 **Witsen, N.** Nord en Oost Tartaryen, behelzende eene beschryving v. verscheidene tartarische en nabuurige gewesten in de noorder en oostelyksste deelen v. Azien en Europa; m. afbeldingen. 2. druk, nieuwe uitgaaf. 2 deelen. Amsterdam 1785. **Cz.**

(Eigentlich schon 1705 erschienen, welche Jahreszahl sich auch auf den Kupferstichen beider Theile befindet, aber vom Verfasser, gleich der ersten Ausgabe v. 1692 unterdrückt, und von seinen Erben 1785 herausgeg.)

850 **Wolf, E.** Meine Wanderungen. Bd. 1. Im Innern Chinas. Stuttgart u. Leipzig 1901. **Bü. Cz. Ha.**

851 **Zabel, R.** Durch die Mandschurei und Sibirien. Leipzig 1902. **Bü. Cz.**

b. Karten.

852 **Atlas von China** nach der Aufnahme der Jesuiten-Missionaire. Hrsg. von St. Endlicher. 1. Lfrg. Wien 1843. Atlas Fol. Text 4°. **Cz.**

853 **Carte de la Mongolie orientale,** dressée par les pères missionnaires de Scheut-les-Bruxelles. 1 : 630000. Paris 1905. **Cz.**

854 **Grundplan und Beschreibung der Stadt Peking** nebst Bemerkungen über die Anlage der chinesischen Gärten. (Abdruck aus der Allgem. Bauzeitung.) Wien 1860. **Cz.**

855 **Karte des chinesischen Reichs.** (Chinesisches Original mit chinesischer Schrift.) **Cz.**

856 **Karte der zur Provinz Canton** gehörigen Kreise Tusi-Koré, Sin-on und Kwui-Seré einschließlich der britischen Kolonie Hong-Kong. Basel, Missionsbuchhandlung, ohne Jahr. **Sw.**

857 **Karte von Ost-China** in 1 : 1000000. Hrsg. v. d. K. Preuß. Landesaufnahme. (Soweit erschienen.) Seit 1901. **Cz.**

858 **Kriegsschauplatz in China.** 3 Bl. in 1 : 300000. (Kgl. Preuß. Landesaufnahme.) 3. Aufl. 1901. **Cz.**

859 **Map of the Sun-On-District** (Kwantungprovinz) drawn from actual observations made by an Italian missionary of the Propaganda. 2 Bl. fol. Leipzig 1866. **Ge.**

860 **d'Anville (J. B. Bourguignon).** Nouvel Atlas de la Chine, de la Tartarie chinoise et du Thibet: contenant les cartes générales et particulières de ces pays, ainsi que la carte du royaume de Corée. Précédé d'une description de la Boucharie par un officier suédois. Haye 1737. **Cz. St.**

861 **Himly, K.** Über zwei chinesische Kartenwerke. Berlin (ohne Jahr). **Sw.**

862 **Launay, A.** Carte dressée d'après les travaux des Missionaires de Mandchourie par A. Launay. Paris, Mission de Mandchourie, 1889. **Ge.**

863 **Martini, M.** Novus Atlas sinensis. (Amsterdam) 1655 u. 1662. **St.**

864 **Stieler, H. F. A.** Karte von China. Weimar 1804. **Cz.**

865 **Waeber.** Map of North-Eastern China. 4 Bll. 1 : 1 355 000. Hamburg 1893. **Cz. Sw.**

866 **Wyld, J.** Chart of the Canton river, with the entrances and islands. Compiled from original surveys and sketches. (London) 1840. **Cz.**

867 — Map of China, compiled from original survey and sketches. London 1840. **Cz.**

---

4. Geschichte.

a. Im Allgemeinen.

868 **Histoire générale de la Chine,** ou annales de cet empire, traduites du tong-kien-kang-mou p. J. A. M. de Moyriac de Mailla, publiées p. (J. B. G. A.) Grosier et dirigées p. (M. A. A.) Leroux des Hautesrayes. 12 vols. Paris 1777—83. (S. Nr. 748). **Cz. St.**

869 **Abdalla Beidavaeus.** Historia Sinensis persice et latine ab Andrea Mullero, Greiffenhagio. Jena 1689. **St.**
Vgl. Nr. 796: Abdalla Beidavaeus, Hist. Sin. in Andr. Müller, Opuscula nonnulla orientalia. Frankfurt a. O. 1695.

870 **Brinkley, F.** China. Its History, Arts and Literature. London 1903/04. (S. Nr. 304). **Mu.**

871 **Couplet, P.** Tabula chronologica monarchiae Sinicae. Paris 1686. **St.**

872 **Fries, S. von.** Abriß der Geschichte China's seit seiner Entstehung, nach chinesischen Quellen übersetzt und bearbeitet. Wien 1884. **St.**

873 **Gützlaff, C.** A sketch of chinese history ancient and modern. 2 vols. London 1834. **Cz.**

874 — Geschichte des chinesischen Reichs. A. d. Engl. v. F. Bauer. 2 Bde. Quedlinburg 1836. **Cz.**

875 — Geschichte des chinesischen Reiches von den ältesten Zeiten bis auf den Frieden von Nanking. Hrsg. von C. Neumann. Stuttgart u. Tübingen 1847. **Bü. Cz.**

876 **Martini, M.** Sinicae historiae decas prima. Monachi 1658. **St.**
— Dasselbe, Nachdruck. Amstelod. 1659. **St.**

877 **Mentzelius, Ch.** Kurtze Chinesische Chronologie. Berlin 1696. **St.**

878 **Plath, J. H.** Ueber die Dauer und die Entwickelung des chinesischen Reichs. Rede. München 1861. **Pt. St.**

879 — Geschichte des östlichen Asiens. 1. 2. Die Völker der Mandschurei. Göttingen 1830/31. **St.**

880 **Schmidt, J. J.** Ssanang-Ssetsen-Chungtaisdchi. Geschichte der Ostmongolen und ihres Fürstenhauses, hrsg. von J. J. Schmidt. Petersburg 1829. **St.**

881 **Semedo, A.** Histoire universelle de la Chine, avec l'histoire de la guerre des Tartares par M. Martini. Trad. nouvellement en françois. Lyon 1667. **Cz.**

882 **Thornton, T.** A history of China, from the earliest records to the treaty with Great Britain in 1842. Vol. 1. London 1844. **Cz.**

883 **Williams, S. W.** History of China. London 1897. **St.**

b. Im Einzelnen.

884 **La conquête de la Chine.** London, Brüssel und Leipzig 1856. **Cz.**

885 **Correspondence relating to China** presented to both houses of Parliament by Command of Her Maj. London 1840. **St.**

886 **Crisis in the opium traffic:** being an account of the proceedings of the Chinese government to suppress that trade, with the notices, edicts etc. relating thereto. Canton 1839. **Cz.**

887 **Denkwürdigkeiten von Sina.** Aus der sittlichen und natürlichen Geschichte dieses Reiches. A. d. Französischen. Leipzig 1783. (S. Nr. 812). **St.**

888 **Deutschland in China 1900/1901.** Bearb. von Theilnehmern an der Expedition, illustrirt von Rocholl, mit Beiträgen von A. Obst u. anderen Schlachtenmalern. Düsseldorf 1902. **Oa.**

889 **A digest of the despatches on China** (including those received on the 27. of march) with a connecting narrative and comments. London 1840. **Cz.**

890 **The ‚Fan Kwae' at Canton** before treaty days. 1825—1844. By an old resident. London 1882. **Cz.**

891 **Illustrations of Armorial China.** Privatly printed 1887. **Mu.**

892 **Der Krieg gegen China im Jahre 1860.** Redigirt von dem „Dépôt de la guerre" des k. französischen Kriegs-Ministeriums. A. d. Französischen v. d. * * *n. Leipzig 1865. **Cz. Pt.**

893 **China's Kriege** seit 1840 und seine heutigen Streitkräfte. Berlin 1900. **Bü. Cz.**

894 **Die Kaiserliche Marine während der Wirren in China 1900/01,** hrsg. vom Admiralstab der Marine. Berlin 1903. **Cz. Sw.**

895 **Mémoires** concernant l'histoire, les sciences, les arts, les moeurs, les usages etc. des Chinois, par les missionnaires de Pékin (Amyot, Bourgeois, Cibot, Ko et Poirot, publiés par C. Batteux et L. G. O. F. de Bréquigny). 16 tms. Paris 1776—1814. **Cz. St.**

896 **Narrative of the Chinese embassy** to the khan of the Tourgouth Tartars, in the years 1712—15, by the Chinese ambassador and published by the Emperor's authority at Pekin. Transl. from the Chinese and accompanied by an appendix of miscellaneous translations by G. T. Staunton. London 1821. **Cz.**

897 **Opium crisis.** A letter to C. Elliot by an American merchant, resident at Canton. London 1839. **Cz. St.**

898 **Opium trade.** A copy of all papers and despatches at the India house on the subject of hostilities between the Chinese and British subjects engaged in the opium trade, from 1830—33, both years inclusive. March 1840. (Parl. p.) **Cz.**

899 **Official papers** respecting the suspension of trade at Canton occasioned by the smuggling of opium, with notices of riot etc. Canton 1838. **Cz.**

900 **Papers relating to China** etc. Presented to parliament 1840. (Parl. p.) **Cz.**

901 **The rupture with China,** and its causes; including the opium question and other important details: in a letter to Lord Palmerston. By a resident in China. London 1840. **Cz.**

902 **Am Scheidewege.** Ein Rückblick und ein Ausblick auf die Dinge in China. (A. d. Ostasiatischen Lloyd 1904.) Shanghai 1904. **Cz.**

903 **Unter chinesischer Flagge.** Schilderungen der Erlebnisse eines ehemaligen deutschen Seeoffiziers. Kiel 1894. **Cz. Pt.**

904 **Bernard, W. D.** Narrative of the voyages and services of the Nemesis from 1840 to 1843; and of the combined naval and military operations in China. 2 vols. London 1844. **Cz.**

905 **Binder-Krieglstein, E. von.** Die Kämpfe des Deutschen Expeditions-Korps in China im Jahre 1900 und ihre militärischen Lehren. Berlin 1902. **Cz. Ha.**

906 **Bingham, J. E.** Narrative of the expedition to China, from the commencement of the war to the present period; with sketches of the manners and customs of that singular and hitherto almost unknown country. 2 vols. London 1842. **Cz.**

907 — Der Krieg in China, von seinem Entstehen bis zum gegenwärtigen Augenblicke. Nach dem Englischen von F. L. Petri. 2 Thle. Braunschweig 1843. **Ha. St.**

908 **Bismarck, H.** Die Belagerung von Peking. Auszüge a. d. Tagebuche. (Ostasiat. Rundschau, I, 5.) Shanghai-Tsingtau 1901. **Cz.**

909 **Bouvetus, J.** Icon regia monarchae Sinarum nunc regnantis ex gallico versa. o. O. 1699. **St.**

910 **Brandt, M. von.** Zeitfragen. Die Krisis in Südafrica und China. Berlin 1900. **Cz.**

911 **Brooks, Ch. W.** Early migration and origin of the Chinese race. San Francisco 1876. **St.**

912 **Brunem, Vojeu de.** Histoire de la conquête de la Chine par les Tartares mancheoux à laquelle on a joint un accord chronologique des Annales de la Monarchie Chinoise etc. 2 vols. Lyon 1754. **St.**

913 **Bullock, T. H.** The Chinese vindicated or another view of the opium-question. London 1840. **St.**

914 **Callery u. Yvan.** Der Aufstand in China von seiner Entstehung bis zur Einnahme von Nanking. A. d. Franz. von R. Otto. M. einer topographischen Originalkarte u. dem Bildnisse des Thronprätendenten. Braunschweig 1854. **Cz.**

915 **Chalmers, J.** The origin of the Chinese, an attempt to trace the connection of the Chinese with western nations. London 1868. **St.**

916 **Colquhoun, A. R.** China in transformation. London, New York 1898. Cz.

917 **Davis, J. F.** China, during the war and since the peace. 2 vols. London 1852. Cz.

918 **Dose, H.** Erlebnisse eines China-Kämpfers vom 4. März 1899 bis Weihnacht 1900. Hamburg, 1901. Bü.

919 **Fishbourne.** Impressions of China, and the present revolution: its progress and prospects. London 1855. Cz.

920 **Forbes, A.** Chinese Gordon. 6. ed. London 1886. Bü.

921 **Friederici, G.** Berittene Infanterie in China und andere Feldzugs-Erinnerungen. Berlin 1904. Cz.

922 **Graham, A.** The right, obligation and interest of the government of Great Britain to require redress from the government of China for the late forced surrender of british-owned opium at Canton. Glasgow, Edinburgh, London 1840. Cz. St.

923 **Günther, H.** Die Schreckenstage in Peking. Hamm 1902. Bü.

924 **Gützlaff, C.** Das Leben des Kaisers Toakuang. Memoiren des Hofes zu Peking u. Beiträge zur Geschichte Chinas während der letzten 50 Jahre. A. d. Engl. v. J. Seybt. Leipzig, Carl B. Lorck, 1852. (Vgl. 925.) Cz. Ha. St.

925 — Das Leben des Taokuang, verstorbenen Kaisers von China. Nebst Denkwürdigkeiten des Hofes von Peking. A. d. Engl. (Eine andere Übersetzung als die vorhergehende; auch anderer Verlag.) Leipzig, Dyk, 1852. St.

926 **Guignes, J. de.** Mémoire dans lequel on prouve que les Chinois sont une colonie égyptienne. Nouv-éd. Paris 1760. St.

927 **Gumpach, J. von.** The Burlingame mission. A political disclosure, supported by official documents, mostly unpublished, to which are added various papers and discourses on . . . London and New-York 1872. Cz.

928 **Heigl, F.** Züge aus der chinesischen Geschichte. (Aus Desselben „Die Religion und die Kultur Chinas“.) Berlin 1900. Bü.

929 **Heinze, W.** Die Belagerung der Pekinger Gesandtschaften. Eine völkerrechtliche Studie. Heidelberg 1901. Bü.

930 **Lavollée, Ch.** France et Chine. 1. Traité de Whampoa (1844), Correspondance diplomatique de Mr. de Lagrené. 2. Expédition contre la Chine de 1860. Paris 1900. **Cz.**

931 **L(eibnitz), G. G.** Novissima Sinica historiam nostri temporis illustratura. o. O. 1697. **St.**

932 **Lindsay, H. H.** Is the war with China a just one? 2. ed. London 1840. **Cz.**

933 **McPherson, D.** Two years in China. Narrative of the Chinese expedition from its formation in april 1840 till april 1842. With an appendix, containing the most important of the general orders and despatches published during the above period. London 1842. **Cz.**

934 **Martini, M.** Historie von den Tartarischen Kriegen. Amsterdam 1654. **St.**

— Dasselbe, lat.: De bello tartarico historia. Antwerpen und Köln 1654, Amsterdam 1655 (ed. ultima). **St.**

— Dasselbe, spanisch. Madrid 1655. **St.**

935 — Dasselbe, schwedisch, unter dem Titel:

Historia om thet Tartariske Krijget uthi Konungarijket Sina, sampt theras Seder. Men förswenskat aff Ambrosio Nidelberg. (Nach der Amsterdamer Ausgabe von 1655.) Wijsingsborg 1674. **St.**

Im Sammelband „Kort Beskriffning uppa trenne Reesor“ (S. Nr. 83).

936 **Meadows, Th. T.** The Chinese and their rebellions, viewed in connection with their national philosophy, ethics, legislation and administration, to which is added an essay on civilization and its present state in the East and West. London 1856. **Cz.**

937 **Müller, A. von.** Die Wirren in China und die Kämpfe der verbündeten Truppen. 2 Bde. Berlin 1902. **Cz.**

938 **Münsterberg, O.** Die Reform Chinas. Ein historisch-politischer und volkswirthschaftlicher Beitrag zur Kenntniss Ostasiens. Berlin 1895. **Cz. Mu. Pt.**

939 **Murray, A.** Doings in China: being the personal narrative of an officer engaged in the late Chinese expedition, from the recapture of Chusan to the peace of Nankin in 1842. London 1843. **Cz.**

940 **Neumann, C. F.** Geschichte des englisch-chinesischen Kriegs. Leipzig 1846. — 2. verm. Aufl. 1855. **Cz. St.**

941 **d'Orléans, P. J.** Histoire des deux conquérans tartares qui ont subjugué la Chine. Paris 1688. St.

942 **Orloff.** Die Eroberung der Mandschurei durch die Transbaikal-Kosaken im Jahre 1900. A. d. Russ. von Ullrich. Straßburg i. E. 1904. Cz.

943 **Ouchterlony, J.** The Chinese war: an account of all the operations of the British forces from the commencement to the treaty of Nanking. With 50 illustrations, from original drawings by the author. London 1844. Cz.

944 **Palafox (y Mendoça), (J.) de.** Histoire de la conqueste de la Chine par les Tartars. Écrite en espagnol et trad. en français par Colle. (Nouv. éd.) Amsterdam 1723. Cz. St.

945 **Perthes, G.** Briefe aus China. Gotha 1903. Cz.

946 **Plath, J. H.** Die fremden barbarischen Stämme im alten China. (Sitzber. d. k. bair. Acad. vom 6. Juni 1874.) München 1874. Vk.

947 **Rauch, F. v.** Mit Graf Waldersee in China. Tagebuchaufzeichnungen. Berlin 1907. Cz.

948 **Rogemont, F. de.** Relaçam do estado politico e espiritual do imperio da China, pellos annos de 1659—66. Escrita a em latim. Traduzida por hum religioso da companhia de Jesus. Lisboa 1672. Cz.

949 **Rogge, Chr.** Deutsche Seesoldaten bei der Belagerung der Gesandtschaften in Peking im Sommer 1900. Berlin 1902. Cz. Sw.

950 **Schlieper.** Meine Kriegs-Erlebnisse in China. Die Expedition Seymour. Minden 1901. Bü. Cz.

951 **Schön, J.** Der Kriegsschauplatz in Ostasien. Geogr. Beschreibung und Würdigung. 2. Aufl. Leipzig, Wien 1904. Cz.

952 **Schumacher, J. H.** Die verborgenen Alterthümer der Chinesen aus dem alten kanonischen Buch Yeking untersucht. Wolfenbüttel 1703. St.

953 **Semedo, A.** Relatione della grande monarchia della China. Roma 1643. (S. Nr. 881). Cz. St.

954 **Slade, J.** Narrative of the late proceedings and events in China. China, printed at the Canton register press. 1839. Cz.

955 **Spielmann, C.** Die Taiping-Revolution in China 1850 bis 1864. Halle 1900. **Bü. Cz.**

956 **Steiner, P.** Tage der Drangsal in China. Züge aus der chinesischen Verfolgungszeit. 2. Aufl. Basel 1902. **Cz.**

957 **Swinhoe, R.** Narrative of the North China campaign of 1860; containing personal experiences of Chinese character, and of the moral and social condition of the country; together with a description of the interior of Peking. London 1861. **Cz.**

958 **Tanera, C.** Deutschlands Kämpfe in Ostasien. Dem deutschen Volke erzählt. München 1902. **Bü.**

959 **Thin, G.** The Tientsin massacre, the causes of the late disturbances in China and how to secure permanent peace. Edinburgh and London 1870. **Cz.**

960 **Vojeu de Brunem,** s. Brunem Nr. 912.

961 **Voskamp, C. J.** Zerstörende und aufbauende Mächte in China. Berlin 1898. **Cz.**

962 **Wackerbarth, Graf v.** Die Geschichte der letzten großen Revolution von Schina um 1644. Hamburg 1821. **St.**

963 — Der Briten erste Heerfahrt gen China. Leipzig 1840. **St.**

964 **Walton, J.** China and the present crisis with notes on a visit to Japan and Korea. London 1900. **Cz.**

965 **Warren, S.** The opium question. London 1840. **St.**

966 **Wegener, G.** Zur Kriegszeit durch China. 1900—1901. 2. Aufl. Berlin 1902. **Bü. Cz. Ha.**

967 **Wereschtschagin, A.** Quer durch die Mandschurei in den Kämpfen gegen China 1900/01. Aus dem Russischen von Leutn. Ullrich. Mülheim a. Rh. 1903. **Bü.**

968 **Winterhalder, Th. von.** Kämpfe in China. Eine Darstellung der Wirren und die Beteiligung von Oesterreich-Ungarns Seemacht an ihrer Niederwerfung in den Jahren 1900—1901. Wien u. Budapest 1902. **Cz.**

969 **Wirth, A.** Geschichte Sibiriens und der Mandschurei. Bonn a. Rh. 1899. **Cz.**

970 **Zimmermann, C.** Entwurf des Kriegstheaters Rußland gegen China. Berlin 1840. **Sw.**

c. Zur Geschichte der Berührungen Chinas mit Europa und West-Asien. Erschließung Chinas in unserer Zeit.

971 **Deutsche Pionierarbeit in China.** (A. d. Ostas. Lloyd.) Shanghai 1904. **Cz.**

972 **Abel, C.** Chinesen in Deutschland? Eine zeitgemässe Betrachtung. Erweiterter Sep.-Abdr. aus dem Berliner Tageblatt. Berlin 1890. **Cz.**

973 **Beresford, Lord C.** The break-up of China; with an account of its present commerce, currency, waterways, armies, railways, politics, and future prospects. With maps. London and New York 1899. **Cz. Oa.**

974 **Chevalier, M.** L'Europe et la Chine. (A. Revue des deux mondes.) Paris 1840. **St.**

975 **Cordier, H.** Histoire des relations de la Chine avec les puissances occidentales, 1860—1900. T. 1—3. Paris 1901 u. ff. **Cz.**

976 **Ellis, H.** Journal of the proceedings of the late embassy to China. 2 vols. 2. ed. London 1818. **Cz.**

977 **Girard, O.** France et Chine. Vie publique et privée des Chinois anciens et modernes; passé et avenir de la France dans l'extrême Orient; institutions politiques, sociales, civiles, religieuses et militaires de la Chine, moeurs et coutumes, philosophie et littérature, sciences et arts, industrie et commerce, agriculture et productions naturelles, action religieuse, diplomatique et militaire de la France en Chine, son influence civilisatrice, son avenir politique et commercial dans l'extrême Orient. 2 tms. Paris 1869. **Cz.**

978 **Gützlaff.** China opened. 2 vols. London 1838. **Bü.**

979 **Hirth, F.** China and the Roman Orient. Researches into their ancient and mediaeval relations as represented in Chinese records. Leipzig u. München 1885. **Cz. St.**

980 — Syrisch-chinesische Beziehungen im Anfang unserer Zeitrechnung. (A. Oberhummer und Zimmerer, Durch Syrien und Kleinasien.) Berlin 1899. **Vk.**

981 **Jannasch, R.** Die Erschliessung von China. Vortrag. Charlottenburg 1895. **Cz.**

982 **Kampen, J. van** und **C. Nobel.** Tweede en Derde Gesandschap na het Keyzerryck van Taising of Sina. Amsterdam 1670. **St.**

— Dasselbe, deutsch. Amsterdam 1675. **St.**

983 **Knappe.** Deutsche Kulturaufgaben in China. Vortrag. (A. Schriften d. Deutsch-Asiat. Gesellschaft. Heft 3.) Berlin 1906. **Cz.**

984 **Mas, S. de.** L'Angleterre, la Chine et l'Inde. Paris 1858. **Cz.**

985 **Neuhof, J.**, s. Nieuhof (folgende Nr.).

986 **Nieuhof, J.** Het Gesantschap der Neerlandsche Oost-Ind. Comp. aan den grooten Tartarischen Cham, den tegenwoordigen Kejzer van China. Amsterdam 1665. **St.**

— Dasselbe, deutsch. Amsterdam 1666 u. 1669. **St.**

— Dasselbe, französisch. Paris 1666. (S. Nr. 802). **St.**

— Dasselbe, englisch. London 1669. **St.**

987 **Pauthier, G.** Histoire des relations politiques de la Chine avec les puissances occidentales depuis les temps les plus anciens jusqu'à nos jours suivie du cérémonial à la cour de Pé-king pour la réception des ambassadeurs. Traduit pour la première fois dans une langue européenne. Paris 1859. **Cz.**

988 **Schlegel, G.** Chinesische Bräuche und Spiele in Europa. Breslau 1869. **St.**

989 **Schumacher, H.** Deutschlands Interessen in China. („Handels- u. Machtpolitik", Reden u. Aufsätze im Auftrage der „Freien Vereinigung für Flottenvorträge", Bd. 2.) Stuttgart 1900. **Bü.**

990 **Tille, A.** Der Wettbewerb weißer und gelber Arbeit. (Sozialwissenschaftliche Zeitfragen, hersg. von A. Tille, H. 2.) Berlin 1904. **Cz.**

991 **Unverzagt, G. J.** Russische Gesandtschaft an den Sinesischen Kaiser im J. 1719. Lübeck 1725. **St.**

992 **Weale, B. L. P.** Manchu and Moscovite. Being letters from Manchuria written during the autumn of 1903. London 1904. **Cz.**

993 **Young, W. C.** The English in China. London 1840. **Cz.**

994 **Zabel, R.** Deutschland in China. Leipzig 1902. **Cz.**

5. Staatsverträge. Staatswesen.*)

995 **Freundschafts-, Handels- und Schifffahrts-Vertrag** zwischen den Staaten des deutschen Zoll- u. Handelsvereins, den Grossherzogthümern Mecklenburg-Schwerin u. Mecklenburg-Strelitz, sowie den freien Hansestädten Lübeck, Bremen u. Hamburg und dem Kaiserreiche China. Abgeschlossen u. unterzeichnet zu Tient-sin, den 2. September 1861. Die Notifications-Urkunden sind am 14. Januar 1863 zu Shanghai ausgewechselt. Hamburg 1863. **Cz.**

996 **Brandt, M. v.** Vom chinesischen Kaiser und seiner Hauptstadt. („Cosmopolis“, Bd. 11.) Berlin, Wien, 1898. **Bü. St.**

997 **Dabry, P.** Organisation militaire des Chinois ou la Chine et ses armées suivi d'un aperçu sur l'administration civile de la Chine. Paris 1859. **Cz.**

998 **Doolittle, J.** Social life of the Chinese, with some account of their religious, governmental, educational and business customs and opinions, with special, but not exclusive reference to Fuhchau. 2 vols. London 1866. **Cz.**

999 **Douglas, R. K.** Society in China. 2. edit. London 1894. **Cz.**

1000 **Eggers, H. F.** De sapienti justitiam administrandi ratione Sinensibus usitata. Jena 1745. **St.**

1001 **Exner, A. H.** Die Einnahmequellen und der Credit Chinas, nebst Aphorismen über die deutsch-ostasiatischen Handelsbeziehungen. Berlin 1887. **Cz.**

1002 **Franke, O.** Die Rechtsverhältnisse am Grundeigenthum in China. Leipzig 1903. **Cz. Oa.**

1003 **Hempel, F.** Die Strafen der Chinesen auf 22 ausgemalten Kupfern dargestellt und beschrieben. (In deutscher und franz. Sprache.) Leipzig 1804. **Ge. St.**

1004 **Le Faure, J.** De Sinensium ritibus politicis. Paris 1700. **St.**

---

*) Spez.: Verfassung, Verwaltung, Finanzen, Rechtspflege, Militär, Grundeigentum.

1005 **Plath, J. H.** Ueber die Verfassung und Verwaltung Chinas unter den drei ersten Dynastien. München 1864. Cz.

1006 — Gesetz und Recht im alten China nach chinesischen Quellen. (A. Abh. d. k. bayer. Akad. d. W. I. Cl. Bd. 10. Abth. 3.) München 1865. Cz.

---

6. Bewohner und natürliche Verhältnisse.

(Anthropologische, physikalische und naturhistorische Schriften.)

a. Bewohner.

1007 **Chineese en Vremden Nasie.** P. Schenk excudit. Amsterdam o. J. St.
(Eine Sammlung von Abbildungen aus dem chinesischen Leben.)

1008 **The costume of China,** illustrated by 60 (colour.) engravings, with explanations in English and French by G. H. Mason. London 1800. Cz.

1009 **Mémoires concernant les Chinois.** Par les missionnaires de Pékin. (S. Nr. 895).

1010 **Arendt, C.** Bilder aus dem häuslichen und Familienleben der Chinesen. Berlin 1888. Pt.

1011 **Bowring.** Die Chinesen, ihre Sitten und Gebräuche. (Petermanns Mitteilungen, Bd. 1.) Gotha 1855. Bü.

1012 **Brandt, M. v.** Sittenbilder aus China. — Mädchen und Frauen. — Ein Beitrag zur Kenntniss des chinesischen Volkes. Stuttgart 1895. Bü. Cz.

1013 **Chambers.** Designs of Chinese buildings, furniture, dresses, machines and utensils. London 1757. St.

1014 **Chevalier, H.** Les anciennes coiffures chinoises d'après un manuscrit coréen du Musée Guimet. (A. Internat. Archiv f. Ethnographie XI, vgl. Nr. 36). Leiden 1898. St.

1015 **Fielde, A. M.** A corner of Cathay. Studies from life among the Chinese. New York and London 1894. Cz.

1016 **Forke, A.** Die Völker Chinas. Vorträge. Berlin 1907. Bü. Cz.

1017 **Genschow, A.** Unter Chinesen und Tibetanern. Rostock i. M. 1905. Pt.

1018 **Gray, J. H.** China. A history of the laws, manners and customs of the people. Edited by W. Gow Gregor. 2 vols. London 1878. Cz.

1019 **Grohmann, J. G., und F. Hempel.** Gebräuche und Kleidungen der Chinesen in Gemälden von Pu-Qúa. Als Suppl. zu Macartney's u. Braun's Reise. Leipzig o. J. Ge.

1020 **Grube, W.** Zur Pekinger Volkskunde. Berlin 1901. St.

1021 **Hirth, F.** Über Wolga-Hunnen und Hiung-Nu. München 1900. Ge.

1022 **Iwanowski, A.** Die Mongolei. Ethnographische Skizze. Leipzig 1897. Ge.

1023 **Katscher, L.** Bilder aus dem chinesischen Leben. Mit bes. Rücksicht auf Sitten und Gebräuche. Leipzig und Heidelberg 1881. Bü. Cz. Pt. Sw.

1024 **Leuschner, F. W.** Keu-Loi. Ein Bild chinesischen Volks- und Familienlebens. Berlin 1901. Bü.

1025 **Pfizmaier, A.** Denkwürdigkeiten von chinesischen Werkzeugen und Geräthen. (A. Wiener Sitzber., phil.-hist. Kl., Bd. 72.) Wien 1873. Mu.

1026 **Plath, J. H.** Die Beschäftigungen der alten Chinesen. (S.-A.) München 1869. St.

1027 — Die fremden barbarischen Stämme im alten China. München 1874. Vk.

1028 **Ruhstrat, E.** Sittenbilder aus China. Oldenburg u. Leipzig (1906). Cz.

1029 **Smith, A. H.** Chinese Characteristics. Shanghai 1890. Ge.

1030 — Chinesische Charakterzüge. Deutsch frei bearbeitet von F. C. Dürbig. Würzburg 1900. Bü. Cz.

1031 **Vial, P.** Les Lolos. Études sino-orientales. Fasc. A. Chang-Hai 1898. Vk.

b. Auswanderung.

1032 **Chinese Immigration.** Select list of references on Chinese immigration. (Library of Congress.) Washington 1904. St.

1033 **Chinese remonstrance to the Parliament and people of Victoria.** Melbourne 1888. Cz.

1034 **Cailleux, E.** La question chinoise aux États-Unis et dans les possessions des puissances européennes. Paris 1898. **Cz.**

1035 **Gottwaldt, H.** Die überseeische Auswanderung der Chinesen und ihre Einwirkung auf die gelbe und weiße Rasse. Bremen 1903. **Cz.**

1036 **Grazer.** Ein Rassenkampf in der neuen Welt. (Nord u. Süd, Bd. 59.) Breslau 1891. **Bü. St.**

1037 **Ratzel, F.** Die chinesische Auswanderung. Ein Beitrag zur Kultur- und Handelsgeographie. Breslau 1876. **Bü. Cz. Ha.**

1038 **Sturz, J. J.** Die deutsche und die chinesische Aus- und Rückwanderung in ihrer Bedeutung für das deutsche Reich. Berlin 1876. **Cz. Pt.**

c. Meteorologie. Klimatologie. Pathologie.

1039 **Observations météorologiques de Péking,** communiquées par Kupffer. (A. Bull. Ac. I, 11./12. cl. phys. math.) St. Petersburg. **Sw.**

1040 **Shanghai, Meteorological Society.** Annual report 1—7, 1892—1898. Zi-ka-wei 1893—1900. **Sw.**

1041 **Zi-ka-wei, Observatoire magnétique et météorologique.** Magnétisme 1874/75. (A. Journ. N.-Ch. Branch As. Soc.) Shanghai o. J. **Sw.**

1042 — Le magnétisme terrestre à Zi-ka-wei par M. Dechevrens. Zi-ka-wei 1881. **Sw.**

1043 — Bulletins des Observations 1874—1876. Zi-ka-wei u. Shanghai 1874—1877. **Sw.**

— Bulletin mensuel T. 4—29, 1878—1903. Zi-ka-wei u. Shanghai 1878—1906. **Sw.**

— Supplément 1873—1892. Shanghai 1897. **Sw.**

1044 — L'inclinaison des vents sur l'horizon 1886—1887. Mouvements des couches élevées de l'atmosphère 1887. Zi-ka-wei 1886—87. **Sw.**

1045 — Réduction des observations de température 1873—1903. Shanghai 1905. **Sw.**

1046 — Nouveau code de l'Observatoire de Zi-ka-wei. Zi-ka-wei 1905. **Sw.**

1047 **Algué, J.** The Hongkong typhoon. Sept. 18. 1906. Manila 1906. **Sw.**

1048 **Fritsche, H.** Über das Klima Pekings. (S.-A.) Petersburg 1876. **Sw.**

1049 **Mahlmann, W.** Über das Klima von Peking. (A. Pogg. Ann. vol. 60.) Leipzig 1843. **Sw.**

1050 **Mayer, G.** Hygienische Studien in China. Leipzig 1904. **Cz.**

1051 **Meyen, F. J. F.** Bemerkungen über die klimatischen Verhältnisse des südlichen Chinas. (A. Acta Acad. Caesareo-Leop.) Breslau u. Bonn 1835. **Sw.**

1052 **Redfield, W. C.** Meteorolog. Observations made at St. Johns and at Canton. (A. Am. Journ. vol. 38.) New-Haven 1840. **Sw.**

1053 **Wilson, J.** Medical notes on China. London 1846. **Cz.**

d. Geologie. Flora. Fauna.

1054 **Research in China** 1903—1904. In three volumes and Atlas. Vol. 1 in two parts. Part 1: Descriptive Topography and Geology by Bayley Willis, Eliot Blackwelder, and R. H. Sargent. — Atlas: Geographical and geological maps by B. Willis. (Carnegie Institution of Washington, Publications, Nr. 54.) Washington 1906/07. **St.**

1055 **Koerfer, F.** Geologische Skizze der Provinz Schantung unter Benutzung der Karte von F. v. Richthofen. Berlin 1901. **Cz. Oa.**

1056 **Kollbeck, F.** Porphyrgesteine des südöstlichen China. (Diss.) Berlin 1883. **St.**

1057 **Schwerdt, R.** Untersuchungen über Gesteine aus Schantung u. Liautung. Berlin 1886. **St.**

1058 **Mémoires concernant l'histoire naturelle** de l'empire Chinois. Par les pères de la Compagnie de Jésus vol. 1—4. Changhai 1880—1898. **St.**

1059 **Bretschneider, E.** Botanicon Sinicum. Notes on Chinese botany from native and western sources. Part 1, London 1882. Part 2, Shanghai 1892. Part 3, Shanghai, Hongkong, Yokohama u. Singapore 1895. **Bo.**

1060 **Bleeker, P.** Mémoire sur la faune ichthyologique de Chine. — Addition au mémoire sur la faune ichthyologique de Chine. — Mededeeling omtrent eenige nieuwe Vischsoorten van China. — Notice sur les peintures chinoises de Cyprinoides etc. — Description d'une espèce inédite de Botia de Chine et figures de Botia elongata et de Botia modesta. — Description et figure d'une espèce inédite de Hemibagrus de Chine. — Description et figure d'une espèce inédite de Rhynchobdella de Chine. Amsterdam 1870—1873. (In einem Sammelbande.) **Nh.**

1061 **Böttger, O.** Materialien zur herpetologischen Fauna von China 1. 2. (A. d. 24.—28. Ber. d. Offenbacher Vereins f. Naturkunde.) Frankfurt a. M. 1885/88. **Nh.**
Enthält: Versuch einer Aufzählung der Reptilien und Batrachier des chinesischen Reiches.

1062 **Bremer, O., u. W. Grey.** Beiträge zur Schmetterlings-Fauna d. nördlichen Chinas. St. Petersburg 1853. **Pt.**

1063 **Butler, A. G.** Descriptions of a new species of Myriopod from the borders of Mongolia. London 1875. **Pt.**

1064 **Crosse, H., et O. Debeaux.** Description d'espèces nouvelles de Shanghai et du nord de la Chine. (Aus Journ. Conchyliologie.) Paris 1864. **Nh.**

1065 **David, A., et E. Oustalet.** Les Oiseaux de la Chine. T. 1. 2. Paris 1877. **Nh.**

1066 **Debeaux, O.** Notice sur la Malacologie de quelques points du litoral chinois. Paris 1863. **St.**

1067 **Donovan, F.** Naturgeschichte der chinesischen Insekten, übersetzt von J. G. Gruber. Leipzig 1805 bis 1811. **Pt. St.**

1068 **Frauenfeld, v.** Notizen über die Fauna Hongkongs und Schanghais, gesammelt w. des Aufenthaltes der Fregatte Novara 1858. (Sitzb. Ak. Wiss.) Wien 1859. **Nh.**

1069 **Günther, A.** On a collection of Reptiles from China. (Ann. and Mag. of Nat. Hist.) London 1888. **Nh.**

1070 **Mc Clelland, J.** Description of a collection of Fishes made at Chusan and Ningpo in China by L. G. R. Playfair. (Aus Calcutta Journ. Nat. Hist. Vol. 4.) Calcutta 1844. **Nh.**

1071 **Swinhoe, R.** Note on Reptiles and Batrachians collected in various parts of China. (Ann. and Mag. of Nat. Hist.) London 1870. **Nh.**

---

7. Natürliche und industrielle Erzeugnisse. Kunstgewerbe.*)

1072 **Hedde, J.** Description méthodique des produits divers recueillis dans un voyage en Chine. Saint Étienne 1848. **Mu.**

1073 **Schott, W.** Skizze zu einer Topographie der Produkte des chinesischen Reiches. Berlin 1842. **St.**

1074 **Ball, S.** An account of the cultivation and manufacture of tea in China: derived from personal observation during an official residence in that country from 1804 to 1826. With remarks on the experiments now making for the introduction of the culture of the tea tree in other parts of the world. London 1848. **Cz.**

1075 **Fortune, R.** Two visits of the tea countries of China and the British tea plantations in the Himalaya. 3. ed. 2 vols. London 1853. **Bo.**

1076 **Guérin-Méneville.** Rapport sur le projet de voyage en Chine pour étudier les vers à soie dans ce pays et d'y faire faire de la graine. (Société imp. zool. d'acclimatation, t. 5.) Paris 1858. **Nh.**

1077 — Sur les vers à soie du chêne et de l'ailante. (Revue et Magasin de Zoologie 2. ser. t. 13.) Paris 1861. **Nh.**

1078 **Löffler, C.** Das chinesische Zuckerrohr (Kao-lien). Ein Wundergewächs für Agricultur und Industrie, in seiner Verwendung zur Zucker-, Alkohol-, Farben- und Papier-Fabrikation etc., so wie als Nahrungs-, Fütterungs- und Düngungsmittel. Nach den neuesten Quellen betrachtet. Mit einer colorirten Abbildung der Pflanze. Braunschweig 1859. **Cz.**

1079 — Das Chinagrün (Lu-kao). Seine Geschichte, Bereitung und Anwendung in der Seiden-, Wollen- und Baumwollen-Färberei u. Druckerei. Weimar 1861. **Cz.**

---

*) Kataloge von umfassenden Sammlungen für Kunst und Gewerbe siehe unter 9 f. (Kunst).

1080 **Olcott, H. S.** Supplement to Sorgho and Imphee, the Chinese and African sugar canes. Containing the American experiments of 1857, and J. S. Lovering's pamphlet. New-York 1858. **Cz.**

1081 **Reichenbach, E.** Ueber Seidenraupenzucht und Cultur des Maulbeerbaumes in China, aus einer englischen Uebersetzung chinesischer Originalwerke ins Deutsche übertragen, nebst einer Abhandlung über die Zusammensetzung der Maulbeerblätter und ihre Beziehung zur Seidenraupenkrankheit. Mit einem Vorwort von J. Liebig. München 1867. **Cz.**

1082 **Weyda, H.** Der chinesische Thee in Bezug auf Naturgeschichte und Diätetik. Nach den neuesten Quellen dargestellt. Wien 1844. **Cz.**

1083 **Hagen, K.** Chinesische Prunkwaffen. (A. Internat. Archiv für Ethnographie, Bd. 9.) Leiden 1896. **Mu. Vk.**

1084 **Hirth, F.** Chinesische Ansichten über Bronzetrommeln. (A. Ostasiat. Studien. Abt. I.) Leipzig 1904. **Vk.**

1085 **Kainz, C.** Die sogenannten chinesischen Tempelmünzen. Ein Beitrag zur chines. Medaillenkunde. Berlin 1895. **Vk.**

1086 **Beschreibung der Frhr. Carl v. Rothschildschen Sammlung Chinesischer Porzellane.** (Herausg. vom Mitteldeutschen Kunstgewerbeverein zu Frankfurt.) Frankfurt a. M. o. J. **Mu.**

1087 **A Catalogue of blue and white Nankin Porcelain** forming the Collection of Sir Henry Thompson. London 1878. **Mu.**

1088 **Führer durch die Ohlmer'sche Sammlung chinesischer Porzellane,** z. Zt. aufgestellt im Römer-Museum zu Hildesheim. Hildesheim 1898. **Mu.**

1089 **Histoire et fabrication de la porcelaine chinoise.** Ouvrage traduit du Chinois par St. Julien: accompagné de notes et d'additions par A. Salvétat; et augmenté d'un mémoire sur la porcelaine du Japon, traduit du Japonais par J. Hoffmann. Paris 1856. **Cz. Mu.**

1090 **Dedekam, H.** Kinesisk Porcellaen i Kristiania Kunstindustri-Museum. Christiania 1905. **Mu.**

1091 **Grandidier, E.** La Céramique Chinoise. Paris 1894. **Mu.**

1092 **Hirth, F.** Ancient Porcelain: A Study in Chinese Mediaeval Industry and Trade. Leipzig u. München 1888. **Mu.**

1093 — Verzeichniss alter keramischer Gegenstände, in China gesammelt. Berlin 1890. **Mu.**

1094 **Meyer, A. B.** Lung-Ch'üan-Yao oder Altes Seladon-Porzellan nebst einem Anhang über damit in Verbindung stehende Fragen. (Abhandl. u. Berichte d. K. Zool. u. Anthropol.-Ethnogr. Mus. zu Dresden 1888/89. Nr. 3.) Berlin 1889. **Mu.**

1095 **Monkhouse, C.** History and description of Chinese porcelain. London u. Paris 1901. **Mu.**

1096 **Sartel, O. du.** La Porcelaine de Chine. Paris 1881. **Mu.**

1097 **Vogt, M. G.** Recherches sur les Porcelaines Chinoises. (Extrait des Bulletins d'avril 1900, Société d'encouragement pour l'industrie nationale.) Paris 1900. **Mu.**

---

8. Handel und Verkehr.

a. Handel und Handelsstatistik.

1098 **Die Abgeschlossenheit der Chinesen,** unter besonderer Berücksichtigung des deutschen Handels. Hildesheim 1882. **Cz.**

1099 **Beretninger om Chinesiske Handelsforhold.** Trykt paa Udenrigsministeriets Foranstaltning som Manuskript. Kiøbenhavn 1865. **Cz.**

— Dasselbe, deutsch von C. Resensmith. (Hamburg 1865.) **Cz. Pt. St.**

1100 **Chambre de commerce de Lyon.** — La mission Lyonnaise d'exploration commerciale en Chine 1895—1897. Av. cartes, plans et gravures. Lyon 1898. **Cz.**

1101 **Documents relating to opium.** Canton 1837. **Cz.**

1102 **Gedachten over den Chinahandel** en den theehandel, strekkende ten betoge, dat alle belangen zich vereenigen tot de oprigting van eene sociëteit op vereenigd kapitaal handelende, aan welke bij uitsluiting die takken van commercie overgedragen werden. Rotterdam 1824. **Cz.**

1103 **Report from the select committee on the trade with China,** together with the minutes of evidence taken before them and an appendix. (Parl. p.) London 1840. Cz.

1104 **China, Imperial Maritime Customs.** Reports on trade at the ports of Canton, Shanghai, Swatow, Amoy, Ningpo, Hankow, Kiukiang, Chefoo and Newchwang for the year 1864. Published by order of the inspector general of customs. Shanghai 1865. Cz.

1105 — Returns of trade at the port of Shanghai for the year 1865. Part 1. Foreign trade, shipping, duties and special tables; Part 2. Coast trade and general summary of trade. Published by order of the inspector general of customs. Shanghai 1866. Cz.

1106 — Reports on the trade at the ports in China open by treaty to foreign trade for the year 1865—66. Published by order of the inspector general of customs. Shanghai 1866—67. Cz.

1107 — Returns of trade at the ports in China open by treaty to foreign trade, for the year 1867. Part I. Foreign trade. Published by order of the inspector general of customs. Shanghai 1868. Cz.

1108 — Catalogue of articles collected at the port of Canton by order of the inspector general of customs for transmission to the austro-hungarian exhibition of 1873. Canton 1873. Cz.

1109 — Statistics of trade at the ports of Amoy, Chefoo, Chinkiang, Foochow, Hankow, Kiukiang, Newchwang, Ningpo, Shanghai, Swatow, Takow, Tamsui, Tientsin, for the period 1863—72. To illustrate the international exchange of products. Compiled for the austro-hungarian universal exhibition, Vienna 1873, publ. by order of the inspector general of Chinese maritime customs. Shanghai 1873. Cz.

1110 — Handelsstatistik der Vertragshäfen für die Periode 1863—1872. Zusammengestellt für die österreichisch-ungarische Weltausstellung, Wien 1873, zur Erläuterung des internationalen Austausches der Producte. Veröffentlicht auf Veranlassung des General-Inspectors der chinesischen See-Zoll-Verwaltung. Shanghai 1873. Cz.

1111 — Catalogue of the Chinese Imperial Maritime Customs Collection at the U. S. internat. exhibition Philadelphia 1876. Shanghai 1876. St.

1112 **China,** Returns of trade at the treaty ports in China. I. Abstract of trade and customs revenue statistics. II. Statistics of the trade of each port. Für die Jahre 1872 bis 1875, 1877—81. Published by order of the insp. gen. of customs. Shanghai 1873—76, 1878—82. **Cz.**

1113 — Dasselbe, fortgesetzt als Statistical series Nr. 3 und 4. Returns of trade and trade reports. I. Report on the trade of China and abstract of statistics. 1886—88, 1890—98, 1900, 1902—04. II. Reports and statistics for each port. 1882—97, 1899—1904, von 1886—93 mit dem Appendix: Reports and statistics for Korea. Published by order of the insp. general of customs. Shanghai 1883—1905. (Wird fortgesetzt.) **Cz.**

1114 — Statistical series: Nr. 2. — Customs Gazette (von Nr. 62 ab). Published by order of the inspector general of customs. Shanghai seit 1884. (Wird fortgesetzt.) **Cz.**

1115 — Statistical series: Nr. 6. — Decennial reports on the trade, navigation, industries, etc. of the ports open to foreign commerce in China and Corea, and on the condition and development of the treaty port provinces. 1. issue. 1882—91. With sundry maps and a sketch plan of each port etc. Publ. by order of the inspector general of customs. Shanghai 1893. **Cz.**
— Dasselbe, 2. issue. 1892—1901. Shanghai 1904. **Cz.**

1116 — Statistical series: Nr. 7. — Native customs trade returns. 1. Foochow, 2. Tientsin. Publ. by order of the inspector general of customs. Shanghai 1904. **Cz.**

1117 **Hongkong general chamber of commerce.** Report of the committee for 1898, 1903, 1904. Hongkong 1899, 1904, 1905. **Cz.**

1118 **Shanghai general chamber of commerce.** — Minutes of annual meeting and report. 1888, 1889, 1900—04. Shanghai 1889, 1890, 1901—05. **Cz.**

1119 **Tsingtau, Handelskammer.** Jahresbericht für 1904. Tsingtau 1905. **Cz.**

1120 **Beccari, G. B.** Il commercio Chinese nel 1865. Cenni geografici, statistici e commerciali. S. Giovanni Valdarno 1869. **Cz.**

1121 **Coryton, J.** Letter to the Liverpool chamber of commerce on the prospects of a direct trade route to China through Moulmein. Moulmein 1870. **Cz.**

1122 **Exner, A. H.** China. Skizzen von Land und Leuten mit besonderer Berücksichtigung kommerzieller Verhältnisse. Leipzig 1889. **Bü. Cz. Pt. Mu.**

1123 **Fries, L. und S. von.** Uebersichtliche Darstellung der Thee-Cultur und des Thee-Handels in China. Als Ms. gedr. Wien 1878. **Cz.**

1124 **Fry, W. S.** Facts and evidence relating to the opium trade with China. London 1840. **Cz.**

1125 **Gaignat de Laulnais, C. F.** Guide de commerce, contenant 4 pts. (1: Le commerce de la Chine, celui du Pérou, celui de l'Amérique etc.) Paris (1791). **Cz.**

1126 **Grunzel, J.** Die kommerzielle Entwickelung Chinas in den letzten 25 Jahren. Leipzig 1891. **Cz.**

1127 **Gumpach, J. von.** The treaty-rights of the foreign merchant and the transit-system in China, considered with special reference to the views and opinions of H. M's board of trade, H. M's late and present representatives in Peking, the Tsung-li Ya-mên, the foreign inspectorate-general of Chinese maritime customs and the Shanghai general chamber of commerce. Supported throughout by official documents partly unpublished. — (Shanghai 1875.) **Cz.**

1128 **Hanway, J.** Zuverlässige Geschichte der englischen Handlung durch Russland über die kaspische See nach Persien, der Tartarei und Türkei, Armenien und China. Samt einer Beschreibung der Landesbeschaffenheit dieser Länder. (A. d. Engl.) 2 Thle. Leipzig 1769. **Cz. Pt.**

1129 **Hedde, J., É. Renard, A. Haussmann et N. Rondot.** Étude pratique du commerce d'exportation de la Chine. Revue et complétée par N. Rondot. Paris 1848. **Cz.**

1130 **Matheson, J.** The present position and prospects of the British trade with China, together with an outline of some leading occurrences in its past history. London 1836. **Cz.**

1131 **Meares, J.** Voyages made 1788/89 from China to the North West Coast of America etc. and some account of the trade between the N-W-Coast of America and China and the latter country and Great Britain. 2 vols. London 1790. **Cz.**

1132 **Meritens, B. de.** Comparative statement of foreign trade at Foochow during the last three years; with a resumé of the principal stipulations of the treaties and of custom regulations especially affecting the port of Foochow. Compiled by B. de Meritens. Hongkong 1864. Cz.

1133 **Morrison, J. R.** A Chinese commercial guide, consisting of a collection of details and regulations respecting foreign trade with China. 2. ed. revised throughout, and made applicable to the trade as at present conducted. Macao 1844. Cz.

1134 **Neubaur, P.** Die Stellung Chinas im Welthandel im Jahre 1900. Leipzig 1901. Cz.

1135 **Rosthorn, A. v.** Die österreichische Industrie und der chinesische Markt. Vortrag. Wien 1902. Cz.

1136 **Schuemacher, K.** Europäische Zollbeamte in China und ihr Einfluß auf die Förderung unseres Außenhandels. Karlsruhe 1901. Cz.

1137 **Thelwall, A. S.** The iniquities of the opium trade with China; being a developement of the main causes which exclude the merchants of Great Britain from the advantages of an unrestricted commercial intercourse with that vaste empire. With extracts from authentic documents. London 1839. Cz.

1138 **Thompson, J.** Considerations respecting the trade with China. London 1835. Cz.

1139 **Warren, S.** The opium question. 4. ed. London 1840. Cz.

1140 **Williams, S. W.** A Chinese commercial guide, consisting of a collection of details and regulations respecting foreign trade with China, sailing directions, tables, etc. 4. ed. rev. and enl. Canton 1856. Cz.

b. Währung. Verkehrsmittel und -Wege.

1141 **Edkins, J.** Chinese Currency. Shanghai 1901. Cz.

1142 **Hager, J.** Description des médailles chinoises du cabinet impérial de France, précédée d'un essai de numismatique chinoise, avec des éclaircissemens sur le commerce des Grecs avec la Chine, et sur les vases précieux qu'on y trouve encore. Paris an XIII (1805.) Cz.

1143 **Vissering, W.** On Chinese currency, coin and paper money. Leiden 1877. **Cz.**

1144 **A description of the Royal Chinese junk »Keying«.** 5. ed. London 1848. **Cz. St.**

1145 **Bowers, A.** Bhamo expedition. — Report on the practicability of reopening the trade route between Burma and western China by A. Bowers, commercial agent attatched to the expedition under E. B. Sladen, British political agent at the court of Mandalay. With appendix. Rangoon 1869. **Cz.**

1146 — Bhamo-Expedition. Bericht über die Möglichkeit einer Wiedereröffnung der Handelsstraße zwischen Birma u. West-China. A. d. Engl. v. Merzdorff. Berlin 1871. **Pt.**

1147 **Chevalier, S.** Navigation à vapeur sur le haut Yangtse. Shanghai o. J. **Sw.**

1148 **Cooper, T. T.** Reise zur Auffindung eines Überlandweges von China nach Indien. Aus dem Englischen. 2. Auflage. (Bibl. geogr. Reisen u. Entd. ält. u. neuerer Zeit, Bd. 13.) Jena 1882. **Bü.**

1149 **Cordes, H.** Handelsstraßen und Wasserverbindungen von Hankau nach dem Innern von China. Berlin 1899. **Cz. Sw.**

1150 **Ebbecke, C.** Mit dem Dampfer über die Jangtze-Schnellen. Shanghai 1900. **Sw.**

1151 **Hoskiaer, V.** Les routes commerciales du Yunnan, province chinoise au Nord du Tonkin. Paris 1883. **Cz.**

1152 **Kniep, A.** Der Yang-tze-kiang als Weg zwischen dem westlichen und östlichen China. Leipzig 1904. **Sw.**

1153 **Sarel.** Notes on the River Yang-Tze-Kiang from Hankow to Ping-Shan. Hongkong o. J. **Sw.**

---

9. Kultur.

(Spez.: Wissenschaft, Sprache, Literatur, Kunst, Religion, Mission.)

a. Kultur im Allgemeinen und Vermischtes.

1154 **Brinkley, F.** China. Its History, Arts and Literature. S. Nr. 304: Brinkley, Japan and China. London 1903 bis 1904. **Mu.**

1155 **Heigl, F.** Die Religion und Kultur Chinas. 1. Teil: Die Reichsreligion von China. 2. Teil: Die Kultur Chinas. Berlin 1900. **Bü. Cz. Vk.**

1156 **Navarrete, D. F.** Tratados historicos, ethicos y religiosos de la monarchia de China. Madrid 1676. **St.**

b. Philosophie. Encyklopädie.

1157 **Historia philosophiae Sinensis** novo methodo tradita. Braunschweig 1727. **St.**

Im Sammelband: Dissertationes ad Hist. lit. pertinentes I, 27.

1158 **Brandt, M. v.** Die chinesische Philosophie und der Staats-Confucianismus. Stuttgart 1898. **Bü.**

1159 **Bulfinger, G. B.** Specimen doctrinae veterum Sinorum. Frankfurt 1724. **St.**

1160 **Carpzov, J. B.** Memcius sive Mencius Sinensium philosophus. Lipsiae 1743. **St.**

1161 **Confucius,** Ta-hio. Die erhabene Wissenschaft. Übers. von R. v. Plaenckner. Leipzig 1875. **St.**

1162 **Grube, W.** Ein Beitrag zur Kenntniß der chinesischen Philosophie. (= Tung-su I, Nr. 1240.) Wien 1880. **St.**

1163 (**Intorcetta** u. A.) Confucius, Sinarum Philosophus sive Scientia Sinensis latine exposita studio et opera. P. P. Intorcetta, Herdtrich, Rougemont, Couplet. Paris 1687. **St.**

1164 **Laotse (Lau-tsze).** The speculations on metaphysics policy, and morality, transl. by John Chalmers. London 1868. **St.**

1165 **Lütkemann, G. J.** De philosophia Sinensium. Greifswald 1739. **St.**

1166 **Neumann, C. F.** Lehrsaal des Mittelreiches, enthaltend die Encyclopädie der chinesischen Jugend (von Wang-po-heou) und das Buch des ewigen Geistes und der ewigen Materie, hersg., übers. u. erläutert von C. F. Neumann. München 1835. **St.**

1167 **Pfizmaier, A.** Über einige Wundermänner Chinas. (A. Wiener Akad.) Wien 1877. **Mu.**

1168 **Plath, H.** Die vier großen chinesischen Encyclopädien der Kgl. Staatsbibliothek. I. Wen-hien-thung-khao von Matuan-lin. (A. Münch. Akad.) München 1871. **St.**

1169 **Tscheu-Tsi.** Thai-Kih-Thu, Tafel des Urprinzipes mit Tschu-Hi's Commentare nach dem Hoh-Pih-Sing-Li. Mit mandsch. u. dtsch. Übers., Einl. u. Anm., hrsg. v. Georg von der Gabelentz. Promotionsschrift. Dresden 1876. **St.**

1170 **Wolf, Chr.** De sapientia Sinensium oratio. Rom 1722. — Neue Aufl. Trevoltii 1725. **St.**

1171 — Oratio de Sinorum philosophia practica. Frankfurt 1726. **St.**

c. Fachwissenschaften.

1172 **Po-no-sin-pjan** (Chinesisches Lehrbuch). **Sw.**

1173 **Bayer, Th. S.** De eclipsi sinica liber singularis Sinorum etc. Accedunt praeceptionum de lingua sinica duo libri. Regiomonti 1718. **St.**

1174 — De horis sinicis et cyclo horario commentationes. Accedit ejusdem auctoris parergon de calendariis sinicis. Petropoli 1735. **St.**

1175 **Eitel, E. J.** Feng-shui or the rudiments of natural science in China. London 1873. **Cz.**

1176 **Gaubil.** Histoire de l'astronomie chinoise. — Traité de l'astronomie chinoise. (= Nr. 1183: Souciet, Observat. mathém. astron. géogr. etc. vol. 2 u. 3.) Paris 1732. **St.**

1177 — Traité de la chronologie chinoise. Publié par S. de Sacy. Paris 1814. **St.**

1178 **Hallerstein, A.** Observationes astronomicae 1717 ad 1752 a patribus S. Jesu Pekini factae et a P. A. Hallerstein collectae. Ed. M. Hell. Vindob. 1768. **St.**

1179 **Müller, A.** (aus Greiffenhagen). Speciminum sinicorum decimae de decimis una cum mantissis. o. O. 1685. **St.**

1180 — Specimen sinicum seu fragmentum historiae sinicae de memorabili & notabili eclipsi solari (Quang-vu-tiana) ex Annalium Sinicorum tomo XLII. — Notae ad versionem latinam Speciminis sinici de Eclipsi Quang-vu-tiana secundum propositum Annalium Sinensium textum. (Bei Nr. 1179: Speciminum sinicorum decimae de decimis. 1685.) **St.**

1181 **Müller, A.** Deutsche Übersetzung des zur Probe seines sinesischen Schlüssels fürgelegten Textes und Thematis aus den sinesischen Jahrbüchern von der Sonnenfinsterniß, die zur Zeit der Creutzigung Christi auch im Reiche Sina gesehen worden. (Bei Nr. 1179: Speciminum sinicorum decimae de decimis. 1685.) **St.**

1182 **Schlegel, G.** Problèmes géographiques. Les peuples étrangers chez les historiens chinois 2. 3. (T'oung pao vol. 3 Nr. 5.) Leiden 1892. **Ge.**

1183 **Souciet, E.** Observations mathématiques, astronomiques, géographiques, chronologiques et physiques tirées des anciens livres chinois ou faites nouvellement aux Indes et à la Chine par les pères de la Comp. de Jésus. 3 tms. in 2 vols. Paris 1729—1732. **St.**

1184 **Verbiest, F.** Astronomia Europaea sub imperatori tartaro-sinico Cám-Hý (Kanghsi) appellato ex umbra in lucem revocata. Dilingae 1687. **St.**

d. Sprache.

1185 **Chinese and English Vocabulary.** o. O. o. J. **St.**

1186 **Amyot.** Dictionnaire tartare-mantchou-françois rédigé par L. Langlès. 3 vols. Paris 1789/90. **St.**

1187 **Gabelentz, H. C. von der.** Mandschu-Deutsches Wörterbuch. (A. Abh. f. d. Kde. d. Morgenl., hrsg. v. d. Dtsch. Morgenl. Ges., Bd. 3.) Leipzig 1864. **St.**

1188 **Giles, H. A.** A Chinese-English dictionary. London 1892. **Mu. Vk.**

1189 **Glemona, B. de.** Dictionnaire chinois-françois et latin. (S. Nr. 1190.)

1190 **Guignes (fils), C. L. J. de.** Dictionnaire chinois-françois et latin publié d'après un manuscrit du P. Basile de Glemona. Paris 1813. **St.**

1191 **Mentzel, C.** Sylloge minutiarum lexici latino-sinico-characteristici. Nürnberg 1685. **St.**

1192 **Müller, A.** (a. Greiffenhagen). Specimen lexici mandarinici. Ubi Sinarum voces & phrases mandarinicae, quibus in loquendo aula & literati utuntur, . . . methodice disponuntur & explicantur. Uno exemplo syllabae XIM commonstratum. Speciminis Sinici additamentum Ia. Berlini 1684. **St.**

Bei Desselben Speciminum sinicorum decimae etc. (S. Nr. 1179.)

1193 **Schott, E.** Vocabularium sinicum. Berlin 1844. **St.**

1194 **Seidel, A.** Wörterbuch der nordchinesischen Umgangssprache. Deutsch-Chinesisch. H. 1. 2. Berlin 1901 bis 1902. **Cz.**

1195 **Arendt, C.** Einführung in die nordchinesische Umgangssprache. (Lehrb. d. Orient. Sem. 12.) Stuttgart u. Berlin 1891. (S. Nr. 518.) **St.**

1196 — Handbuch der nordchinesischen Umgangssprache mit Einschluß der Anfangsgründe des neuchinesischen officiellen und Briefstils. (Lehrb. d. Orient. Sem. 7.) Stuttgart u. Berlin 1891. (S. Nr. 518.) **St.**

1197 **Bayer, Th. S.** Praeceptionum de lingua sinica libri II. (In Desselben De eclipsi sinica liber singularis.) Regiomonti 1718. (S. Nr. 1173.) **St.**

1198 **Endlicher, S.** Anfangsgründe der chinesischen Grammatik. Wien 1845. **St.**

1199 **Fourmont, S.** Meditationes sinicae. Paris 1737. **St.**

1200 **Gabelentz, H. C. von der.** Elemens de la grammaire mandchoue. Altenburg 1832. **St.**

1201 **Gabelentz, G. von der.** Chinesische Grammatik mit Ausschluß des niederen Stiles und der heutigen Umgangssprache. Leipzig 1881. **St. Vk.**

1202 **Heß, E.** Chinesische Phraseologie nebst Grammatik. Leipzig 1891. **St.**

1203 **Hirth, F.** Text Book of Documentary Chinese. 2 Bde. Shanghai 1885. **Vk.**

1204 — Die chinesische Sprache in Wort und Schrift. (A. d. Allg. Ztg.) Leipzig 1901. **Ge.**

1205 **Humboldt, W. von.** Lettre à M. A. Rémusat sur la nature des formes grammaticales en général et sur le génie de la langue chinoise en particulier. Paris 1827. **St.**

1206 **Julien, St.** Exercices pratiques d'analyse, de syntaxe et de lexigraphie chinoise. Paris 1842. **St.**

1207 **Kaulen, F.** Linguae mandschuricae institutiones. Ratisb. 1856. **St.**

1208 **Kühnert, F.** Syllabar des Nanking-Dialectes oder der correcten Aussprache sammt Vokabular zum Studium der hochchinesischen Umgangssprache. Wien 1898. **St.**

1209 **Langlès, L.** Alphabet Mantchou. 3. ed. Paris 1807. **St.**

1210 **Lobscheid, W.** Chinese-English Grammar. 1. Hongkong 1864. **St.**

1211 — Grammar of the Chinese language 1. 2. Hongkong 1864. **St.**

1212 — Select phrases of the Canton dialect. Hongkong 1864. **St.**

1213 **Möllendorff, P. G. von.** Praktische Anleitung zur Erlernung der hochchinesischen Sprache. 2. Aufl. Shanghai, Berlin 1891. **St.**

1214 — Classification des dialects chinois imprimée pour l'exposition universelle de Paris (1900) par l'ordre de l'inspecteur des douanes. Ningpo 1899. **St.**

1215 **Pauthier, G.** Vindiciae sinicae. Dernière réponse à Stanislas Julien; suivie d'un parallèle de sa nouvelle traduction de Lao-Tseu avec une traduction précédente. Paris 1842. **St.**

1216 **Rémusat, A.** Elemens de la grammaire chinoise. Paris 1822. **St.**

1217 **Schmidt, J. J.** Grammatik der mongolischen Sprache. St. Petersburg 1831. **St.**

1218 **Seidel, A.** Chinesische Conversations-Grammatik im Dialect der nordchinesischen Umgangssprache nebst einem Verzeichnis von 1500 chinesischen Schriftzeichen. Heidelberg 1901. **St.**

1219 — Schlüssel zu der chinesischen Conversationsgrammatik. Heidelberg 1901. **St.**

1220 **Webb, J.** An historical essay endeavouring a probability that the language of the empire of China is the primitive language. London 1669. **St.**

— 2. ed. 1678 unter d. Titel The antiquities of China, or an histor. essay etc. **St.**

e. Literatur.

1221 **Katalog** der Bücher und Handschriften in chinesischer, mandschurischer und mongolischer Sprache, welche sich in der Bibliothek des asiatischen Departements befinden. St. Petersburg 1844. **St.**

1222 **Douglas, R. K.** Catalogue of the Chinese printed books, manuscripts and drawings in the library of the British Museum. London 1877. **St.**

1223 **Klaproth, J.** Verzeichniß der chinesischen und mandschurischen Bücher und Handschriften der Kgl. Bibliothek zu Berlin. Paris 1822. **St.**

1224 **Müller, A.** (a. Greiffenhagen). Catalogus librorum sinicorum Bibliothecae Electoralis Brandenburgicae. (Bei Desselben Speciminum sinicorum decimae etc. 1685.) S. Nr. 1179. **St.**

1225 — Catalogus librorum sinicorum, aliorumque praeterea rariorum, maximeque manuscriptorum, Andreae Mülleri Greiffenhagii. (Bei Desselben Speciminum sinicorum decimae etc. 1685.) S. Nr. 1179. **St.**

1226 **Han Kiou Choaan** or the pleasing history. A translation from the Chinese language to which are added etc. 4 vols. London 1761. **St.**

1227 **Kin-Ku-Ki-Kuan.** Chinesisches Novellenbuch. Übers. von Ed. Grisebach. Berlin 1887. **Bü.**

1228 **Chinesische Lieder** aus dem Livre de Jade von Judith Mendès, in das Deutsche übertragen von Gottfried Böhm. München 1873. **Mu.**

1229 **Monumenti sinici lectio, versio et translatio.** Berlin 1672. **St.**

1230 **Sse-schu, Schu-king, Schi-king** in mandschurischer Übersetzung mit einem Mandschu-Deutschen Wörterbuch, hrsg. von H. C. v. d. Gabelentz. (Abh. f. d. Kde. d. Morgenl., hrsg. v. d. Dtsch. Morgenl. Ges., Bd. 3.) Leipzig 1864. **St.**

1231 **Arendt, C.** Das schöne Mädchen von Pao. (A. Mitt. O. A. G., Bd. 2.) Yokohama 1876. **Ge.**

1232 **Bridgman, E. C.** A Chinese Chrestomathy in the Canton dialect. Macao 1841. **St.**

1233 **Confucius,** Chi-king sive liber Carminum ed. Jul. Mohl. Stuttgart u. Tübingen 1830. **St.**

1234 — Schiking, Chinesisches Liederbuch, dem Deutschen angeeignet von Fr. Rückert. Altona 1833. **St. Mu.**

1235 — Schiking, das kanonische Liederbuch, übers. von Victor Strauß. Heidelberg 1880. **Mu. St.**

1236 **Focke, A.** Blüten chinesischer Dichtung. Mit 21 reproducirten chinesischen Original-Pinselzeichnungen aus dem 2. Jahrhundert vor bis 6. Jahrhundert nach Chr. Metrisch übersetzt von A. Focke. Magdeburg 1899. **St.**

1237 **Giles, H. A.** Gems of Chinese Literature. London 1884. **Mu.**

1238 **Grisebach, E.** Die treulose Wittwe. Eine chinesische Novelle und ihre Wanderung durch die Weltlitteratur. 2. Aufl. Wien 1873. **Bü. St.**

1239 **Grube, W.** Geschichte der chinesischen Litteratur. Leipzig 1902. **St.**

1240 — Tung-su des Ceu-tsi, mit Cu-Hi's Commentar. Theil 1, Cap. 1—8. (Promot.-Schrift.) Wien 1880. **St.**

— Dasselbe. Theil 2, Cap. 9—20. (Habilit.-Schrift.) Leipzig 1881. **St.**

1241 **Hager, J.** Monument de Yu ou la plus ancienne inscription de la Chine. Paris 1802. **St.**

1242 **Haupt, J. Th.** Neue und vollständige Auslegung des von dem ersten Kaiser etc. Fohi hinterlassenen Buches Yekim. Rostock u. Wismar 1753. **St.**

1243 **Jaquet.** Légende de l'entrevue du docteur Juthsingi avec l'esprit du foyer. Traduit du chinois. o. O., o. J. **St.**

1244 **Kien-long.** Éloge de la ville de Moukden par Kien-Long, empereur de la Chine trad. par le P. Amyot et publié par Deguignes. Paris 1770. **St.**

1245 **Kurz, H.** Über einige der neuesten Leistungen in der chinesischen Literatur. Paris 1830. **St.**

1246 **Loomis, A. W.** Confucius and the Chinese Classics: or readings in Chinese literature. San Francisco 1867. **Mu.**

1247 **Mayers, W. F.** The Chinese reader's manual. A handbook of biographical, historical, mythological, and general literary reference. Shanghai, American presbyterian mission press. London, Trübner and Co., 1874. **Mu. Vk.**

1248 **Neumann, C. F.** Translations from the Chinese and Armenian with notes and illustrations by C. F. Neumann. (Enthält u. a.: History of the pirates in the China Sea 1807—1810.) London 1831. **St.**

1249 **Pfizmaier, A.** Beiträge zur Geschichte der Perlen. (A. dem Chinesischen.) Wien 1868. **St.**

1250 **Reinmannus, J. F.** Historia literaria Babyloniorum et Sinensium. Brunsv. et Hildes. 1741. **St.**

1251 **Spizelius, T.** De re literaria Sinensium commentarius. Lugd. Bat. 1660. **St.**

1252 **Zottoli, P. A.** Cursus Literaturae Sinicae Neomissionariis accomodatus. Vol. 1—5. Shanghai 1879—82. **Cz. St.**

f. Kunst.

(Vergl. auch S. 51—53.)

1253 **Katalog der Alt-China-Sammlung** des Herrn J. J. Wilgaard zu Apenrade. Versteig. zu Köln 1901. Köln 1901. **Mu.**

1254 **Chinesische Malereien** auf Papier und Seide aus der Sammlung des Herrn Professor F. Hirth. Sonderausstellung im kgl. Zoolog. u. Anthropol.-Ethnogr. Mus. z. Dresden. Dresden 1897. **Mu.**

1255 **Bushell, S. W.** Chinese Art. Vol. 1. 2. London 1904—06. **Mu.**

1256 **Hirth, F.** Ueber fremde Einflüsse in der chinesischen Kunst. München u. Leipzig 1896. **Mu. Vk.**

1257 — Über Entstehung und Ursprungslegenden der Malerei in China. (A. d. Beil. zur Allgem. Zeitg. Nr. 117 und 118, 1900.) Leipzig 1900. **Mu.**

1258 — Über die einheimischen Quellen zur Geschichte der chinesischen Malerei. (A. Verhandl. Orient.-Congr.) München 1897. **Ge. Mu.**

1259 **Langdon, W. B.** A descriptive catalogue of the Chinese collection now exhibiting at St. George place, Hydepark corner. London 1844. **St.**

1260 **Paléologue, M.** L'Art chinois. Paris 1887. **Mu. Vk.**

1261 **Tscheng-Ki-Tong.** Le théatre des Chinois. Étude de mœurs comparées. Les Chinois peints par euxmêmes. Paris 1886. **Mu.**

1262 **Woermann, K.** Die Ausstellung der Hirth'schen Sammlung chinesischer Malereien im Ethnographischen Museum zu Dresden. (A. d. „Dresdner Journal" v. 15.—17. Febr. 1897.) Dresden 1897. **Mu.**

g. Religion.

1263 **Acta causae rituum** seu ceremoniarum sinensium. Rom o. J. (S. Nr. 1286, 1296—98.) **St.**

1264 **The sacred books of China.** The texts of Confucianism and of Taoism transl. by J. Legge. (S. Nr. 1265.) **St.**

1265 **The sacred books of the East.** Translated by various oriental scholars and edited by F. Max Müller. Oxford 1879 ff. **St.**

Vol. 3: The sacred books of China. The texts of Confucianism transl. by J. Legge. pt. 1. The Shû-king. Oxford 1879. — Vol. 16: pt. 2. The Yi-king, 1882. — Vol. 27/28: pt. 3—4. The Li-ki 1—46, 1885. — Vol. 39/40: The texts of Taoism transl. by J. Legge. pt. 1. The Tao-Teh-King-Kwangze 1—33; The Thai-Shang tractate of actions and their retributions, app. 1—8, 1891.

1266 **La morale de Confucius,** philosophe de la Chine. Amsterdam 1688. **St.**

1267 **Asvaghosha Bodhisatva.** The Fo-sho-hing-tsan-king. A life of Buddha, translated from Sanskrit into Chinese A. D. 420 and from Chinese into English by S. Beal (Sacred books of the East 19.) Oxford 1883. **St.**

1268 **Dvorak, R.** Chinas Religionen. 1. Confucius u. seine Lehren. 2. Laotse u. seine Lehren. (Darstellungen a. d. Geb. d. nichtchristl. Religionsgesch. 12. 15.) Münster 1895. 1903. **St.**

1269 **Dreßler, D.** Confucii vitae et doctrinae compendium ex libro quem Ph. Couplet ex Sinico in latinam linguam transtulit extractum. Lipsiæ 1701. **St.**

1270 **Flad, J.** Konfucius (Zeitfragen des christlichen Volkslebens, Bd. 29 H. 8). Stuttgart 1904. **Cz.**

1271 **Gabelentz, G. von der.** Confucius und seine Lehre. Leipzig 1888. **St.**

1272 **Groot, J. J. M. de.** The religious systems of China in ancient forms, evolution, history and present respect. Manners, customs and social institutions connected therewith. 4 vols. Leyden 1892—1901. **St. Vk.**

1273 **Hager, J.** Panthéon chinois, ou Parallèle entre le culte religieux der Grecs et celui des Chinois. Paris 1806. **St.**

1274 **Happel, J.** Die altchinesische Reichsreligion vom Standpunkte der vergleichenden Religionsgeschichte. Leipzig 1882. **Pt. St.**

1275 **Kolmodin, A.** Laotse en profet bland hedningare etc. (Akad. Afhdl. Upsala.) Stockholm 1888. **St.**

1276 **Lao-tse,** Tao-te-king, Der Weg zur Tugend. (Aus dem Chinesischen.) Übersetzt u. erklärt von Reinhold von Plaenckner. Leipzig 1870. **St.**

1277 **Neumann, C. F.** The Catechism of the Shamans or the laws and regulations of the Buddhism in China, transl. by C. F. Neumann. London 1831. **St.**

1278 **Pauthier.** Mémoire sur l'origine et la propagation de la doctrine de Tao. Paris 1831. **St.**

1279 **Plath, J. H.** Confucius' und seiner Schüler Leben und Lehren. (A. Abh. d. Bair. Akd. Philos.-Philol. Kl. Bd. 11—13.) München 1867—74. **St.**

1280 **Rotermund, W.** Die Ethik Laotses mit Bezug auf die buddhistische Moral. Gotha 1874. **St.**

1281 **Tschang,** Die Sittenlehre der Chinesen etc. Nach der Übers. v. Dominico Parrenin ins Deutsche übertragen. Frankfurt u. Leipzig 1744. **St.**

h. Mission.

1282 **The gospel of St. Luke and the Acts of the Apostles** transl. into Chinese by R. Morrison. London 1845. **St.**

1283 **Das Neue Testament** in Mandschu-Sprache. o. O., o. J. **St.**

1284 **The New Testament** transl. into Chinese by W. Morrison. Canton 1814. **St.**

1285 — transl. into the Mongolian language by Edw. Stallytraß and Will. Swan. London 1846. **St.**

1286 **Apologia pro decreto Alexandri VII** et praxi Jesuitarum circa ceremonias quibus Sinae Confucium et progenitores mortuos colunt. Lovanii 1700. **St.**

1287 **Apologie des Dominicains,** Missionnaires de la Chine ou réponse au livre du P. Le Tellier. Colonia 1699. **St.**

1288 **Historischer Bericht,** was sich in China in Verkündigung des Evangelii von 1604 zugetragen hat. Augsburg 1611. **St.**

1289 **Catalogue of publications by Protestant Missionaries** in China. Shanghai 1876. **St.**

1290 **Censura libelli,** cujus titulus: Considerationes super reflexionibus in causa sinensi. o. O. 1710. **St.**

1291 **Documenta controversiarum Missionariorum** Imperii Sinici de cultu praesertim Confucii etc. (In Apologie des Dominicains, Missionnaires de la Chine. Colonia 1699, Nr. 1287.) o. O. o. J. **St.**

1292 **La bonne foy des anciens Jésuites** missionnaires de la Chine sur l'idolâtrie des Chinois. (Bei: Lettre d'une personne de piété sur un écrit des Jésuites. Col. 1701, Nr. 1297.) o. O. 1700. **St.**

1293 **Geschichte der katholischen Missionen** im Kaiserreiche China von ihrem Ursprunge an bis auf unsere Zeiten. 2 Thle. Wien 1845. **Cz.**

1294 **Vera et sincera historia actorum Patriarchae Antiocheni,** Tartaro-Sinici Imperatoris Generalis Praefecti Macaensis et plurium Episcoporum etc. praesertim Societatis Jesu, in Sinarum imperio etc. circa Sinenses ritus, et Lusitanum Patronatum. Auctore quodam Sinensi Missionario veritatis amante. o. O. o. J. **St.**

1295 **Instructiones ad munera Apostolica** (für China u. Tonkin). Rom 1669. **St.**

1296 **Lettre d'un docteur de l'Ordre de St. Dominique** sur les cérémonies de la Chine. Cologne 1700. **St.**

1297 **Lettre d'une personne de piété** sur un écrit des Jésuites contre la censure de quelques propositions touchant la religion. Avec une réponse de l'Illustrissime Navarrete. Cologne 1701. **St.**

1298 **Memorie istoriche della controversia de' culti chinesi;** Lettera de' Signori Superiore e Direttori del Seminario delle Missioni Straniere di Parigi, al Sommo Pontifice Innocenzio XII intorno all' idolatrie e superstizioni delle China etc. Colonia 1700. **St.**

1299 **Observationes circa expositionem rituum sinensium** factam S. Congregationi. o. O. 1710. **St.**

1300 **Observationes in Responsionem factam ab Emin. Card. de Tournon** ad quinque Memoralia P.is Provana Procuratoris Missioniariorum Sinensium S. J. o. O. 1710. **St.**

1301 **Recentissima de amplissimo regno Chinae.** Item de statu rei christianae apud magnum Regem Mogor et de morte Taicosamae Jap. Monarchae. Mog. 1601. **St.**

1302 **Reflexiones in causa sinensi** factae in Europa, postquam ad illam pervenit decretum Emin. de Tournon d. 25./1. 1707, ital. et lat. impressae 1709, recusae 1710. o. O. **St.**

1303 **Réflexions générales** sur la lettre qui paraît sous le nom de Messieurs du Séminaire des Missions Étrangères touchant les cérémonies chinoises. o. O. 1700. (S. Nr. 1306, 1307.) **St.**

1304 **La religion des Jésuites** ou réflexions sur les inscriptions du Père Menestrier et sur les écrits du P. le Tellier. à la Haye 1689. **St.**

1305 **Réponse aux nouveaux écrits de Messieurs des Missions Étrangères** contre les Jésuites par une lettre d'Alvare-Benavente, Évêque d'Ascalon etc. o. O. 1702. **St.**

1306 **De ritibus Sinensium erga** Confucium philosophum et progenitores mortuos Alexandri papae VII decreto permissis. Leodii 1700. (S. auch Nr. 1263.) **St.**

1307 **Sentiment d'un Jurisconsulte** sur la contestation d'entre Messieurs les Missionaires étrangers et les P. P. Jésuites touchant les cérémonies chinoises. (Bei Lettre d'une personne de piété sur un écrit des Jésuites etc. Col. 1701, Nr. 1297.) o. O. 1700. **St.**

1308 **A voice for China to my countrymen,** the government and my church. By a minister of the established church. London 1840. **Cz.**

1309 **Faria y Sousa, M. de.** Imperio de la China y cultura evangelica en el, por los religiosos d. l. Comp. d. J., sacado de las noticias del P. Alv. Semmedo. Lisboa 1731. **St.**

1310 **Gobien, Ch. de.** Histoire de l'édit de l'empereur de la Chine, en faveur de la religion Chrestienne. Paris 1698. (S. auch Nr. 782.)

— Dasselbe deutsch u. d. T.: Etwas Neues von dem Wachsthum der christlichen Religion aus Sina. Leipzig 1706. **St.**

1311 **Gonzaga, F.** Relatio pretiosae mortis C. Th. Maillard de Tournon etc. ex ital. in lat. translata. Venet. 1712. **St.**

1312 **Graham, J. M.** East of the barrier or side lights on the Manchuria Mission. Edinburgh 1902. **Cz.**

1313 **Grapius, Z.** Dissertatio repraesentans theologiam Sinensium ejusque reformationem a Jesuitis tentatam. Rostock 1708. **St.**

1314 **Horbach.** Offener Brief an Herrn Bischof von Anzer über die Stellung der Mission zur Politik, zugleich eine Denkschrift an die Deutsche Regierung. Gütersloh 1900. **Cz.**

1315 **L(eibnitz), G. G.** Novissima Sinica, historiam nostri temporis illustratura. o. O. 1697. — 2. ed. 1699. **St.**

1316 **Leuschner, F. W.** Aus dem Leben und der Arbeit eines China-Missionars. Berlin (1902). **Bü.**

1317 **Lucino, L. M.** Esame e difesa del decreto pubblicato in Pudisceri da C. T. di Tournon. Ed. 2. Rom 1729. **St.**

1318 **Mel, C.** Missionarius evangelicus seu consilia de conversione Ethnicorum, maxime Sinensium. Francof. et Hersfeld. 1711. **St.**

1319 **Mosheim, J. L. von.** Historia Tartarorum ecclesiastica; adjecta Tartariae delineatio. Helmst. 1714. **St.**

1320 — Erzählung der neuesten chinesischen Kirchengeschichte. Rostock 1748. **St.**

1321 **Pantaleon, V.** Histoire de ce qui s'est passé en Chine 1624. Paris 1629. **St.**

1322 **Pantoya, D. de.** Historie und eigentl. Beschreibung, welchergestalt das Christenthum in China eingeführt wird. München 1608. **St.**

1323 **Pritius (Pritz), J. G.** De statu religionis Christianae in regno Sinensi ob cultum Confutii perturbato relatio. Gryphiswald 1709. **St.**

1324 **Schall, A.** Historica narratio de initio et progressu Missionis Soc. Jesu apud Chinenses ex lit. Ad. Schall. Viennae 1665. **St.**

1325 — Historica relatio de ortu et progressu fidei orthodoxae in regno Chinensi per Missionarios S. J. 1581—1669 ex literis Patrum S. J., praecipue R. P. A. Schall. 2. ed. Ratisb. 1672. **St.**

1326 **Trigautius, N.** De Christiana expeditione apud Sinas suscepta a Soc. Jesu ex P. M. Riccii commentariis libri V. Aug. Vind. 1615. **St.**

— Dasselbe, Lugd. 1616, Col. 1617 und deutsch Augsburg 1617. **St.**

1327 — Literae patrum Soc. Jes. e regno Sinarum 1610/11. Aug. Vind. 1615. **St.**

1328 **Viani.** Istoria delle cose operate nella China da G. A. Mezzabarba. Parigi (1739). — Bolla di papa Benedetto XIV, riguardante i riti chinesi o sia appendice all' istoria della legazione di C. A. Mezzabarba alla China. Firenze 1742. **Cz.**

1329 **Voskamp, C. J.** Unter dem Banner des Drachen und im Zeichen des Kreuzes. Berlin o. J. **Bü.**

1330 — Aus der verbotenen Stadt. Berlin (1901). **Bü.**

1331 **Warneck, G.** Die chinesische Mission im Gerichte der deutschen Zeitungspresse. 4. Aufl. Berlin 1900. **Cz.**

B. Macao.

1332 **Memoria sobre o estabelecimento de Macau,** escripta pelo visconde de Santarem. — Abreviada relação da embaixada que El-Rey D. João V. mandou ao imperador da China e Tartaria. — Relatorio de F. de Assis Pacheco de Sampaio a El-Rey D. Jose I., dando conta dos successos da embaixada a que fôra mandado á côrte de Pekim no anno de 1752. Publicada p. J. F. J. Biker. Lisboa 1879. **Cz. St.**

1333 **Kutschera, M.** Macau, der erste Stützpunkt europäischen Handels in China. Wien 1900. **Cz.**

1334 **Carta chorográfica das Possessõens Portugaezas** ao sul do Imperio da China p. Ramiro da Roza. 1 Bl. fol. Madrid 1891. **Ge.**

C. Hongkong.

1335 **The Hongkong Almanac & Directory** for 1846. Hongkong 1846. **St.**

1336 **Description of a view of the island and bay of Hongkong** now exhibiting at the panorama, Leicester square, painted by the proprietor R. Burford; the figures by H. C. Selous; from drawings, taken by Lieut. F. J. White. London 1844. **St.**

1337 **Eitel, E. J.** Europe in China. The history of Hongkong from the beginning to the year 1882. London, Hongkong 1895. **Cz.**

1338 **Urmston, J. B.** Chusan and Hong-Kong: with remarks on the treaty of peace at Nanking in 1842, and on our present position and relations with China. London 1847. **Cz.**

1339 **Hongkong, Observatory.** Observations (and Researches) 1884—1906. Hongkong 1885—1907 (w. fortges.) **Sw.**

1340 — The China Coast Meteorological Register, issued daily in 1894—97, 1900 and 1901, 1902, 1904—1906, Hongkong 1894—1906. **Sw.**

1341 — Extract of Meteorological Observations March 1899 to Decemb. 1905. Hongkong 1899—1905. **Sw.**

1342 — **Seamen's Hospital.** Abstract of the Meteorolog. Observations made daily throughout the year 1853 at the Seamen's Hospital. (Suppl. to the Hongkong Reg.) Hongkong 1854. **Sw.**

1343 **Boulenger, G. A.** Description of two new Snakes from Hongkong and Note on the dentition of Hydrophis viperina Schmidt. (A. Ann. and Mag. of Nat. Hist.) London 1888. **Nh.**

D. Kiautschou.

1344 **Das deutsche Kiautschou-Gebiet und seine Bevölkerung.** — Kartenkrokis und statistische Tabellen, entworfen und zusammengestellt von Offizieren des Gouvernements. Veröffentlicht auf Veranlassung des Reichs-Marine-Amts. Berlin 1899. **Cz. Sw.**

1345 **Behme, F., u. M. Krieger.** Führer durch Tsingtau und Umgebung. 3. Aufl. Wolfenbüttel 1906. **Cz.**

1346 **Franzius, G.** Kiautschou, Deutschlands Erwerbung in Ostasien. 2. Aufl. Berlin (1898). **Bü. Cz. Sw.**

1347 — Ein Ausflug nach Kiau-Tschou. Vortrag. (Deutsche Kolonial-Gesellschaft, Abt. Berlin-Charlottenburg, Verhandlungen 1897/98. Heft 3.) Berlin 1898. **Cz. Vk.**

1348 **Hirth, F.** Schantung und Kiau-Tschou. (A. Beilage z. Allg. Ztg. 1898.) München 1898. **Cz. Ge. Mu.**

1349 **Richthofen, F. v.** Schantung und seine Eingangspforte Kiautschou. Nebst 3 Karten in e. Mappe. Berlin 1898. **Bü. Cz. Pt. Sw. Vk.**

1350 **China, Shantung: Tsingtau und Umgebung.** 1 : 6200. (R. M. A.) Berlin 1900. **Cz.**

1351 **Deutschland in Ostasien.** Provinz Shantung mit der Kiau-Tschou-Bucht und den Kohlenfeldern von Po-Shan-Hsien, sowie den projektirten deutschen Eisenbahnlinien etc. 1 : 750 000. Berlin (1898). **Cz.**

1352 **Kiautschou, Deutsches Schutzgebiet.** 1 : 50 000; aufgenommen 1898/99. (R. M. A.) Berlin 1901. **Cz. Oa.**

1353 **Kiautschou und Hinterland.** 1 : 200 000. (R. M. A.) Berlin 1898. **Cz.**
— Dasselbe. Berlin 1903. **Cz.**

1354 **Ostasien, Shantung, Deutsches Schutzgebiet Kiautschou.** Topogr. Karte 1 : 50 000. (R. M. A.) 9 Bl. Berlin 1902. **Cz.**

1355 **Die Vermessung des Deutschen Kiautschou-Gebietes.** Mit Anlage 1—11. (R. M. A.) Berlin 1901. **Cz. Oa.**

1356 **Hassenstein, B.** Karte der Provinz Schan-Tung mit dem deutschen Pachtgebiet von Kiau-Tschou. Hauptsächlich nach japanischen und chinesischen Quellen. 1 : 650 000. Gotha 1898. **Cz. Sw.**

1357 **Berlin, Reichs-Marine-Amt.** Denkschrift betreffend die Entwicklung des Kiautschou-Gebietes 1898/99—1905/06. Berlin 1899—1907. **Cz. Oa. Pt. Sw.**

1358 **Damaschke, A.** Kamerun oder Kiautschou? Eine Entscheidung über die Zukunft der deutschen Kolonialpolitik. Berlin (1900). **Cz.**

1359 **Tsingtau Handelskammer.** Jahresbericht für 1904. Tsingtau 1905. (S. Nr. 1119.) **Cz.**

1360 **Die deutsche Kolonial-Gesetzgebung.** Sammlung der auf die deutschen Schutzgebiete bezüglichen Gesetze, Verordnungen, Erlasse und internationalen Vereinbarungen, mit Anmerkungen und Sachregister. Auf Grund amtlicher Quellen und zum dienstlichen Gebrauch. Hersg. von Riebow, später A. Zimmermann. 1.—7. Teil. Berlin 1893—1904. **Cz.**

1361 **Das Schutzgebietgesetz nebst seinen Ergänzungsgesetzen.** Berlin 1901. **Bü.**

E. Tibet und Nachbargebiete.

(Vergleiche auch die Nrn. 184, 743, 757, 766, 785, 786, 809, 810 u. 820.)

1362 **Bonvalot, G.** Across Thibet. Being a translation of „De Paris au Tonkin à travers le Tibet inconnu". Translated by C. B. Pitman. 2 vols. London, Paris, Melbourne 1891. **Cz.**

1363 **Candler, E.** The unveiling of Lhasa. London 1905. **Cz.**

1364 **Deasy, H. H. P.** In Tibet and Chinese Turkestan. London 1901. **Cz.**

1365 **Filchner, W.** Das Rätsel des Matschu. Meine Tibet-Expedition. Berlin 1907. **Bü. Cz. Sw.**

1366 **Genschow, A.** Unter Chinesen und Tibetanern. Rostock 1905. **Cz. Pt.**

1367 **Hedin, S. v.** Durch Asiens Wüsten. Drei Jahre auf neuen Wegen in Pamir, Lop-nor, Tibet und China. 2 Bde. Leipzig 1899. **Bü. Vk.**

1368 — Im Herzen von Asien. 2 Bde. Leipzig 1903. **Bü. Cz. Ha. Nh.**

1369 — Meine letzte Reise durch Inner-Asien. Mit Einleitung von K. Dove. (Angewandte Geographie, Ser. I, Heft 5.) Halle 1903. **Bü. Cz. Sw.**

1370 — Abenteuer in Tibet. Leipzig 1904. **Bü.**

1371 — Scientific results of a journey in Central Asia 1899—1902. Vol. 1 u. Vol. 6, Part 1. Maps 1. Stockholm, London, Leipzig 1904. **Cz.**

1372 **Hellwald, F. v.** Central-Asien. Landschaften und Völker in Kaschgar, Turkestan, Kaschmir und Tibet. Leipzig 1875. **Vk.**
— Dasselbe. 2. Aufl. 1880. **Bü.**

1373 **Hennessey, J. B.** Report on the explorations in Great Tibet and Mongolia 1879—82. Dehra Dun 1891. **Ge.**

1374 **Krick.** Relation d'un voyage au Thibet en 1852 et d'un voyage chez les Abors en 1853; suivie de quelques documens sur la Mission du Thibet par Renou et Latry. Paris 1854. **Cz.**

1375 **Landon, P.** Lhasa. An account of the country and people of Central Tibet and of the progress of the mission sent by the English Government in the year 1903—1904. 2 vols. London 1905. **Cz.**

1376 **Landor, H. S.** Auf verbotenen Wegen. Reisen und Abenteuer in Tibet. Leipzig 1898. **Bü. Cz. Ha. Pt.**

— Dasselbe. 5. Aufl. Leipzig 1900. **Bü.**

1377 **Lansdell, H.** Chinese Central Asia. A ride to Little Tibet. 2 vols. London 1893. **Cz.**

1378 **Rawling, C. G.** The great plateau, being an account of exploration in Central Tibet, 1903, and of the Gartok Expedition, 1904—1905. London 1905. **Cz.**

1379 **Rijnhart, S. C.** Wanderungen in Tibet. Verdeutschung. Calw und Stuttgart 1904. **Bü.**

1380 **Salzmann, E. v.** Im Sattel durch Zentralasien, 6000 Kilometer in 176 Tagen. Berlin 1903. **Bü. Cz.**

1381 **Schlagintweit-Sakünlünski, H. v.** Reisen in Indien und Hochasien. 4 Bde. Jena 1869—80. **Ha.**

1382 **Stein, M. A.** Archaeological and topographical exploration in Chinese Turkestan. London 1901. **Vk.**

1383 — Sand-buried ruins of Khotan. Personal narrative of a journey of archaeological and geographical exploration in Chinese Turkestan. London 1903. **Vk.**

1384 **Turner, S.** An account of an embassy to the court of the Teshoo Lama in Tibet; containing a narrative of a journey through Bootan and part of Tibet. With views taken on the spot by S. Davis and observations botanical, mineralogical and medical by R. Saunders. London 1800. **Cz.**

1385 **Waddell, L. A.** Lhasa and its mysteries. With a record of the expedition of 1903—1904. London 1906. **Cz.**

1386 **Wegener, G.** Tibet und die englische Expedition. (Angewandte Geographie, 2. Ser., H. 1.) Halle 1904. **Bü. Cz. Pt. Sw.**

1387 **Rockhill, W. W.** Notes on the Ethnology of Tibet. Washington 1895. **Vk.**

1388 **G . . . Collection.** Catalogue de la première partie des œuvres d'art et de haute curiosité du Tibet. Vente à Paris 1904. Paris 1904. **Mu.**

1389 **Francke, A. H.** Der Frühlings- und Wintermythus der Kesar-Sage. Beiträge zur Kenntnis der vorbuddhistischen Religion Tibets und Laddakhs. Helsingfors 1902. **Vk.**

1390 **Grünwedel, A.** Mythologie des Buddhismus in Tibet und der Mongolei. Leipzig 1900. **Vk.**

V. Japan.

1. Bibliographie.

1391 **Pagès, L.** Bibliographie japonaise ou Catalogue des ouvrages relatifs au Japon qui ont été publiés depuis le XVᵉ siècle jusqu'à nos jours. Paris 1859. **Cz.**

1392 **Wenckstern, Fr. von.** A Bibliography of the Japanese Empire. Being a classified list of all books, essays and maps in European languages relating to Dai Nihon (Great Japan) published in Europe, America and in the East from 1859—93, compiled by Fr. von Wenckstern. — To which is added a facsimile-reprint of: Léon Pagès, Bibliographie japonaise depuis le XVᵉ siècle jusqu' à 1859. Leiden, London 1895. **Cz. Mu. St. Vk.**

---

2. Zeitschriften.*)

1393 **Tokio, Deutsche Gesellschaft für Natur- und Völkerkunde Ostasiens.**
Mitteilungen, hrsg. v. Vorstande. Bd. 1—11 nebst Suppl. Yokohama u. Tokio seit 1873 (w. fortgesetzt). **Ge. Mu. Oa.** (**Pt.** unvollst.) **St. Sw. Vk.**

— Festschrift zur Erinnerung an das 25jähr. Stiftungsfest. Tokio 1902. **Sw.**

1394 — **Imperial University.** Coll. of Agriculture, Bulletin S. Nr. 1709; Coll. of Literature, Memoirs S. Nr. 1809; Coll. of Science, Journal S. Nr. 1808.

1395 **Yokohama, Asiatic Society of Japan.** Transactions. Yokohama seit 1874. (Vollst.; w. fortges.) **Mu.**

1396 — **Deutsche Japan-Post.** Wochenzeitung der Deutschen in Japan. Yokohama. Wird von **Ha** gehalten, aber nicht aufbewahrt.

1397 — **The Far East.** An illustrated fortnightly newspaper. June 1872 — May 1873. Yokohama 1872/3. **Mu.**

---

*) S. auch Nr. 22 u. 42.

3. Geographie.*)

a. Reisen. Ortsbeschreibungen. Vermischtes.

1398 **Cosmographische und warhafftige Beschreibung** der newerfundenen Orientalischen, Japponischen Königreichen, Landschafften, Inseln u. Stätten etc. Aus der italianischen Sprache ins Teutsch vertiert durch Renwardum Cysatum. Freiburg 1592. **Cz.**

1399 **Festschrift,** dem 13. Internationalen Orientalisten-Congreß gewidmet von der Deutsch-Japanischen Gesellschaft (Wa-doku-kai) in Berlin. Berlin 1902. **St.**

1400 **Japan.** Eine Schilderung von dem Umfange, der Lage, Staatsverwaltung etc. Berlin o. J. **St.**

1401 **Japan in the beginning of the 20th century.** Publ. by the Imperial Japanese Commission to the Louisiana Purchase Exhibition. o. O. 1904. **Cz.**

1402 **Unser Vaterland Japan.** Ein Quellenbuch, geschrieben von Japanern. Leipzig 1904. **Bü. Cz.**

1403 **The Japan Directory** for Tokio, Yokohama, Kobe, Osaka, Kyoto, Nagasaki etc. for 1899. Yokohama 1898. (S. auch Nr. 299.) **Cz.**

1404 **Le Japon à l'Exposition Universelle de 1878.** Première partie: Géographie et Histoire du Japon. Paris 1878. **Mu.**

1405 **Reize van Maarten Gerritsz Vries** in 1643 naar het Noorden en Oosten van Japan, volgens het journaal gehouden door C. J. Coen, op het schip „Castricum". Naar het handschrift uitgegeven en met belangrijke bijlagen vermeerderd door P. A. Leupe. Amsterdam 1858. **Cz.**

1406 **Résumé statistique de l'Empire du Japon,** 17. 18. Année. Tokio 1903. 1904. **Cz.**

1407 **Stray Notes on Kioto** and its environs. Hiogo 1874. **Mu.**

---

*) Außer den Berichten über die Perry-Expedition 1852—54 S. Nr. 155, 160, 162, 163, 261) und die Preußische Expedition nach Ostasien 1859—62 (S. Nr. 91, 92, 142, 164, 185, 202, 244, 251, 262, 285, 287, 350, 450, 468, 485, 505) sind in Abschnitt I, 3 p. 7—34 noch etwa 60 weitere Werke namhaft gemacht, welche beiläufig von Japan handeln.

1408 **Summary of the Yokohama City.** Annual statistic 1. 2. Yokohama 1905. **St.**

1409 **Alcock, R.** The capital of the Tycoon: a narrative of a three years' residence in Japan. In 2 vols. London 1863. **Cz.**

1410 **Assendelft de Coningh, C. T. v.** Mijn verblijf in Japan. Amsterdam 1856. **Cz.**

1411 **Bird, J. L.** Unbetretene Reisepfade in Japan. Eine Reise in das Innere des Landes u. nach den heiligen Stätten von Nikko u. Yezo. A. d. Engl. Jena 1882. **Cz. Pt.**

1412 **Böckmann, W.** Reise nach Japan, aus Briefen und Tagebüchern zusammengestellt. Als Manuskript gedruckt. Berlin 1886. **Pt.**

1413 **Breton, M.** Le Japon ou Voyage de Paul Ricord aux îles du Japon en 1811—13. 2 Bde. Paris 1822. **Vk.**

1414 **Brinkley, F.** Japan. Described and illustrated by the Japanese. Written by eminent Japanese authorities and scholars. Edited by captain F. Brinkley. Section 1—15. Boston 1897/98. **Mu.**

1415 **Caron, F.** Beschrijvinge van het machtigh Koninckrycke Japan. Amsterdam 1649. (S. Nr. 1457.) **St.**

1416 — Dasselbe Werk, deutsch unter d. Titel: Wahrhaftige Beschreibungen zweier (dreier) mächtigen Königreiche. Nürnberg 1663 u. 1672. (S. Nr. 297 u. 298.) **Cz. St.**

1417 **C. E. S.** t'verwaerloosde Formosa. Amsterdam 1675. **St.**

1418 **Chamberlain, B. H.** Things Japanese. London und Tokyo 1890. **Mu.**

1419 **Charlevoix, P. F. X. de.** Histoire et description générale du Japon. 9 tms. Paris 1736. **Cz. Mu. St.**

— Dasselbe Werk. Nouv. éd., revue, corrigée, augmentée etc. 6 tms. Paris 1754. **Cz.**

1420 **Cornwallis, C.** Two journeys to Japan. 1856, 57. Illustrated by the author. 2 vols. London 1859. **Cz.**

1421 **Coucheron-Aamot, W.** Durch das Land der Japaner. Schilderungen aus Japan samt der Heimreise nach Norwegen durch den Suezkanal. A. d. Norweg. von F. v. Känel. Berlin 1897. **Cz.**

1422 **Davidson, J. W.** The island of Formosa past and present. London 1903. **Cz.**

1423 **Dickson, W.** Japan, being a sketch of the history, government and officers of the empire. Edinburgh and London 1869. **Cz.**

1424 **Döderlein, L.** Die Liu-Kiu-Insel Amami Oshima. (A. Mitt. O. A. G., Bd. 3.) Yokohama 1881. **Cz.**

1425 **Faulds, H.** Nine years in Nipon. Sketches of Japanese life and manners. London 1885. **Cz. Mu.**

1426 **Fischer, A.** Bilder aus Japan. Berlin 1897. **Bü. Cz. Mu. Pt.**

1427 — Streifzüge durch Formosa. Mit einer Karte und über hundert Abbildungen nach Naturaufnahmen des Verfassers. Buchschmuck von dem japanischen Künstler Eisaka Wada. Berlin 1900. **Bü. Cz. Vk.**

1428 **Fraissinet, E.** Le Japon. Histoire et description. Rapports avec les Européens. Expédition américaine. 2 tms. Paris 1854. **Cz.**

1429 — Le Japon contemporain. Paris 1857. **Cz.**

1430 **Golownin, W.** Begebenheiten des Capitain (W.) Golownin in der Gefangenschaft bei den Japanern in den Jahren 1811—13, nebst seinen Bemerkungen über das japanische Reich und Volk und einem Anhange von Rikord. A. d. Russ. v. C. J. Schultz. 2 Thle. Leipzig 1817. 1818. (S. auch Nr. 1413 u. 1481.) **Cz.**

1431 **Griffis, W. E.** The Mikado's Empire. 6. Edition. New York o. J. **Mu.**

1432 **Guimet, E.** Promenades japonaises. Texte par Émile Guimet. Dessins par Félix Regamey. Paris 1878. **Mu.**

— Dasselbe. Paris 1880. **Mu.**

1433 **Halloran, A. L.** Wae Yang Jin. — Eight months' journal kept on board one of Her Majesty's sloops of war during visits to Loochoo, Japan, and Pootoo. London 1856. **Cz.**

1434 **Heine, W.** Reise um die Erde nach Japan in den Jahren 1853—55. 2 Bde. Leipzig 1856. (Vgl. Nr. 162.) **Bü. Cz. Vk.**

1435 **Heine, W.** Japan und seine Bewohner. Geschichtliche Rückblicke und ethnographische Schilderungen von Land und Leuten. Leipzig 1860. **Bü. Cz. Ha. Pt.**

1436 — Japan. Beiträge zur Kenntniss des Landes und seiner Bewohner. Berlin 1873. **Cz.**

1437 **Hernsheim, E.** Der Untergang des deutschen Schooners „R. J. Robertson“ und die Aufnahme der Schiffbrüchigen auf der Insel „Typinsan“. Nach dem Tagebuche des Kapt. E. Hernsheim. 2. Aufl. Leipzig 1881. **Cz.**

1438 **Hildreth, R.** Japan as it was and is. London 1856. **Cz.**

1439 **Hirai, K. R. M.** Japan, wie es wirklich ist. Deutsch von M. Klittke. Leipzig 1895. **Pt.**

1440 **Hitomi, J.** Japan, Land und Leute. Übersetzt von W. Thal. (Hillgers illustr. Volksbücher, Bd. 2.) Berlin 1904. **Bü.**

1441 **Humbert, A.** Le Japon illustré. 2 vols. Paris 1870. **Mu.**

1442 **Jephson, R. M., and E. P. Elmhirst.** Our life in Japan. London 1869. **Cz.**

1443 **Imbault-Huart, C.** L'île Formose; histoire et description. Préc. d'une introduction bibliographique par H. Cordier. Paris 1893. **Cz.**

1444 **Kaempfer, E.** Amoenitatum exoticarum fasciculi V. Lemgo 1712. **St.**

1445 — Beschreibung, S. Nr. 724, 1510—1512.

1446 **Kaisenberg, M. v.** Briefe über Japan und seine erste Gesellschaft. Hannover 1899. **Bü. Ha.**

1447 **Katscher, L.** Japan. Interessantes aus dem Mikadoreiche. Berlin (1904). **Bü.**

1448 **Knipping, E.** Report of an expedition to Mount Fuji. Tokio 1887. **Sw.**

1449 **Königsmarck, Graf H. von.** Japan und die Japaner. Skizzen aus dem fernen Osten. Berlin 1900. **Bü. Ha.**

1450 **Kudriaffsky, E. von.** Japan. Vier Vorträge nebst einem Anhange japanischer Original-Predigten. Wien 1874. **Bü. Cz.**

1451 **La Farge, J.** An Artists letters from Japan. London 1897. **St.**

1452 **Langegg, F. A. Junker von.** Midzuho-gusa. Segenbringende Reisähren. Nationalroman und Schilderungen aus Japan. 3 Bde. Leipzig 1880. 1881. **Cz. Mu.**

1453 **Lauterer, J.** Japan, das Land der aufgehenden Sonne einst und jetzt. Nach seinen Reisen u. Studien geschildert. Leipzig (1904). **Bü. Cz. Ha. Mu.**

1454 **Lindau, R.** Un voyage autour du Japon. Paris 1864. **Cz.**

1455 **Loti, P.** Madame Chrysanthème. (Roman.) Paris 1893. **Ha.**

1456 — Japanische Herbsteindrücke. Uebers. aus dem Franz. v. Rob. Prölss. Stuttgart 1896. **Bü.**

1457 **Lucas, P., ende F. Caron.** Rechte beschryvinge van het machtigh koningryck van Jappan, bestaende in verscheyde vragen, betreffende des selfs regiering, coophandel etc., beantwoort in den jare 1636 etc. 's Gravenhage (1662). (S. auch Nr. 1415.) **Cz.**

1458 **Lühdorf, F. A.** Acht Monate in Japan nach Abschluß des Vertrages von Kanagawa. Bremen 1857. **Cz. St. Sw.**

1459 **Mackay, G. L.** From far Formosa. The island, its people and missions. Edited by J. A. Macdonald. Edinburgh and London 1896. **Cz.**

1460 **Metchnikoff, L.** L'empire Japonais. Le pays, le peuple; histoire, actualités. Genève 1878—81. **Cz.**

1461 **Montblanc, Cte. de.** Le Japon tel qu'il est. Paris 1867. **Cz.**

1462 **Moraes, W. de.** Dai-Nippon. (O grande Japão.) Lisboa 1897. **Ge.**

1463 **Mossman, S.** New Japan, the land of the rising sun; its annals during the past twenty years, recording the remarkable progress of the Japanese in western civilisation. London 1873. **Cz.**

1464 **Munzinger, C.** Die Japaner. Wanderungen durch das geistige, soziale und religiöse Leben des japanischen Volkes. Berlin 1898. **Cz. Pt.**

1465 — Japan und die Japaner. Stuttgart 1904. **Bü.**

1466 **Netto, C.** Papierschmetterlinge aus Japan. Zwanglose Schilderungen aus dem Lande des Sonnenaufgangs. Leipzig 1887. **Mu.**

1467 **Nippold, O.** Wanderungen durch Japan. Briefe und Tagebuchblätter. Jena 1893. **Cz.**

1468 **Norman, H.** The real Japan. Studies of contemporary Japanese manners, morals, administration, and politics. 2. ed. London 1892. **Cz. Ha. Mu.**

1469 **Oliphant, L.** Le Japon raconté par L. Oliphant. Traduction publiée par M. Guizot. Nouv. éd. Paris 1875. **Mu.**

1470 **Osborn, S.** A cruise in Japanese waters. Edinburgh, London 1859. **Cz.**

1471 **Overmeer Fisscher, J. F. van.** Bijdrage tot de kennis van het japansche rijk. Amsterdam 1833. **Cz.**

1472 **Papinot, M. A. E.** Dictionnaire d'histoire et de géographie du Japon. Illustré de 300 gravures, de plusieurs cartes (bes. Heft u. d. Titel: Dictionnaire etc., Cartes géographiques) et suivi de 18 appendices. Tokyo etc. 1906. **Mu.**

1473 **Pfoundes, C.** Fu-So Mimi Bukuro. A budget of Japanese notes. Reprinted from the Japan Mail. Yokohama 1875. **Mu.**

1474 **Pompe van Meerdervoort, J. L. C.** Vijf jaren in Japan (1857—1863). Bijdragen tot de kennis van het japansche keizerrijk en zijne bevolking. 2 Deelen. Leiden 1867. 1868. **Cz.**

1475 **Psalmanaazaar, G.** Description de l'île Formosa en Asie; avec une ample et exacte relation de ses voyages dans plusieurs endroits de l'Europe etc., par N. F. D. B. R. Amsterdam 1705. **Cz. St.**

1476 — Historical and geographical description of Formosa, an island subject to the emperor of Japan. 2. ed. London 1705. **St.**

1477 — Historische und geographische Beschreibung von Formosa, aus d. Franz. übers. von P. G. Hübner. Frankfurt u. Leipzig 1716. **St.**

1478 **Rathgen, K.** Staat und Kultur der Japaner. (Monographien zur Weltgeschichte, Bd. 27.) Bielefeld u. Leipzig 1907. **Cz. St.**

1479 **Ratzeburg, J. A. H. C.** Skizzen aus dem Privattagebuche eines Seeoffiziers. 1. Heft. Aufgenommen in Japan an Bord S. Maj. Schiff G a z e l l e. Berlin 1864. **Cz. Pt.**

1480 **Rein, J. J.** Japan nach Reisen und Studien im Auftrage der Kgl. Preußischen Regierung dargestellt. Bd. 1: Natur u. Volk des Mikadoreiches. Bd. 2: Natur u. Volkswirthschaft, Industrie u. Handel. Leipzig 1881 bis 1886. **Cz. Mu. Pt. Sw.**

— Dasselbe. 2. Aufl. Bd. 1. Leipzig 1905. **Cz. Mu. Pt. Vk.**

1481 **Rikord.** Erzählung von seiner Fahrt nach den japanischen Küsten in den Jahren 1812, 1813 und von seinen Unterhandlungen mit den Japanern. A. d. Russ. v. (O.) v. Kotzebue. Leipzig 1817. **Cz. St.**

1482 **Saris, J.** The voyage of Capt. J. Saris to Japan 1613, ed. by E. M. Satow. London 1900. (S. Nr. 65.) **Cz.**

1483 **Satow, E. M.,** and **A. G. S. Hawes.** A handbook for travellers in Central and Northern Japan being a guide to Tokio, Kioto Ozaka etc. 2. ed. rev. London 1884. **Mu.**

1484 **Scidmore, E. R.** Jinrikiska days in Japan. New York 1900. **Cz. Mu.**

1485 — Westward to the Far East, 10. edition. Issued by the Canadian Pacific Railway Company. o. O. 1902. **Mu.**

1486 **Siebold, P. F. v.** Nippon. Archiv zur Beschreibung v. Japan u. dessen Neben- u. Schutzländern: Jezo m. den südlichen Kurilen, Krafto, Kooraï u. den Liukiu-Inseln, nach japanischen und europäischen Schriften und eigenen Beobachtungen bearbeitet. 1—20. Hft. Leyden u. Amsterdam 1832—52. **Cz.**

1487 — Nippon. Archiv zur Beschreibung von Japan u. dessen Neben- u. Schutzländern. Jezo mit den südlichen Kurilen, Sachalin, Korea u. den Liukiu-Inseln. 2. Aufl. 2 Bde. Würzburg und Leipzig 1897. **Mu. Pt.**

1488 — On Japan and the adjacent countries. London 1839. **Sw.**

1489 **Smith, G.** Ten weeks in Japan. London 1861. **Cz.**

1490 **Spalding, J. W.** The Japan expedition. Japan, and around the world: an account of three visits to the Japanese empire, with sketches of Madeira, etc., Singapore, China and Loo-Choo. London 1856. **Cz.**

1491 **Steger, F., u. H. Wagner.** Die Nippon-Fahrer oder das wiedererschlossene Japan. In Schilderungen der bekanntesten älteren und neueren Reisen, insbes. der amerik. Expedition unter Führung des Commodore Perry in d. J. 1852—54. Leipzig 1861. **Pt.**

1492 **Steinmetz.** Japan and her people. London 1859. **Bü.**

1493 **Thunberg, C. P.** Voyages au Japon. (S. Nr. 272.)

1494 **Varenius, B.** Descriptio Regni Japoniae cum quibusdam affinis materiae ex variis auctoribus collecta et redacta per Bernh. Varenium. Amstelod. 1649. (S. Nr. 329.) **St.**

1495 **Villaret, E. de.** Dai Nippon (le Japon). Paris 1889. **St.**

1496 **Weston, W.** Mountaineering and exploration in the Japanese Alps. London 1896. **Cz.**

b. Karten und Ansichten.

1497 **Karte der Bai von Jeddo.** Zusammengestellt aus den im Jahre 1860 u. 1861 von den Officieren S. M. S. Arcona ausgeführten Vermessungen von 35° 23′ N. Br. an nach Norden hin, und aus der im Jahre 1854 von Nord-Amerikanischen Seeofficieren construirten Karte dieser Bai von 35° 23′ N. Br. an nach Süden hin. (Letztere berichtigt durch Capitain Gogh von der königlich Holländischen Brigg Cachelot.) **Cz.**

1498 **Karte vom japanschen Reiche** nach Originalkarten u. astronomischen Beobachtungen der Japaner. Die Inseln Kiu Siu, Sikok u. Nippon. Hrsg. von v. Siebold (1841). **Cz.**

1499 **Karte des russischen Schutzgebietes** auf der Halbinsel Liautung. 1 : 200000. (K. Pr. Landesaufn.) 1904. **Cz.**

1500 **Nippon (Japan.) 1876.** Compiled from native maps and the notes of recent travellers by R. H. Brunton. London 1877. **Cz.**

1501 **Special-Karte der Bucht von Jocuhama.** **Cz.**

1502 **Archenhold, F. S.** Japans Kartenwesen. o. O., o. J. **Ge.**

1503 **Hassenstein, B.** Atlas von Japan. 7 Blätter im Maassstabe 1 : 1000000 und eine Uebersichtskarte im Maassstabe 1 : 7500000. Gotha 1885—87. **Cz. Oa.**

---

4. Geschichte.*)

a. Im Allgemeinen.

1504 **Nipon o dai itsi ran, ou Annales des empereurs du Japon** traduites par M. Isaac Titsingh, ouvrage revu par M. J. Klaproth. Paris u. London 1834. **St.**

*) Siehe auch Nr. 217, 339, 340, 357, 377, 383, 384.

1505 **Wa-Nen-Kei oder Geschichtstabellen von Japan** von Zin Mu, dem Eroberer u. ersten Mikado bis auf die neueste Zeit. (667 v. Chr. bis 1822 n. Chr. Geb.) Aus dem Originale übersetzt v. Dr. J. Hoffmann. (Leiden 1834.) **Mu.**

1506 **Adams, F. O.** The history of Japan from the earliest period to the present time. Vol. 1. To the year 1864. Vol. 2. 1865 to 1871. London 1874. 1875. **Cz. Mu.**

1507 — Geschichte von Japan von den frühesten Zeiten bis auf die Gegenwart, übers. von E. Lehmann. Bd. 1 bis zum Jahre 1864. Gotha 1876. **Ha. Mu.**

1508 **Bramsen, W.** Japanese chronological tables. Tokio 1880. **Mu.**

1509 **De La Mazelière, le marquis.** Essai sur l'histoire du Japon. Paris 1899. **Mu. St.**

1510 **Kaempfer, E.** The history of Japan. 2 vols. London 1727. **St.**

1511 — Histoire naturelle, civile et ecclésiastique de l'empire du Japon. Composée en allemand et trad. en françois sur la version angloise de J. G. Scheuchzer (p. Naudé). Av. figg., dessinées par l'auteur. 2 tms. La Haye 1729. **Cz. Mu.** Amsterdam 1732. **St.**

1512 — Geschichte und Beschreibung von Japan. Aus den Originalhandschriften des Verfassers hersg. durch C. W. (v.) Dohm. 2 Bde. Lemgo 1777. 1779. (S. Nr. 724.) **Cz.**

1513 **McFarlane, C.** Japan; an account, geographical and historical, from the earliest period at which the islands composing this empire were known to Europeans, down to the present time; and the expedition fitted out in the United States, etc. London 1853. **Cz.**

1514 **Nachod, O.** Geschichte von Japan. Bd. 1. Gotha 1906. **Cz. Vk.**

1515 **Reed, E. J.** Japan: Its history, traditions and religions with the narrative of a visit in 1879. 2 Bde. London 1880. **Mu.**

b. Im Einzelnen.

1516 **Heike Monogatari.** Récits de l'histoire du Japon au 12e siècle. Part 1. trad. du Japonais par François Turrettini. (Aus Atsume Gusa.) Paris 1871. **Mu.**

1517 **Memorials of the Empire of Japan** in the XVI and XVII centuries with a commentary by T. Rundall. London 1850. (S. Nr. 65.) **Cz.**

1518 **Newe warhaffte außführliche Beschreibung** der jüngst abgesandten Japonischen Legation gantzen Reiß auß Japon biß gen Rom. Aus dem Italianischen. Dillingen 1587. **St.**

1519 **Recueil des actes et protocoles** concernant le litige entre l'Allemagne, la France et la Grande Bretagne d'une part et le Japon d'autre part. Tribunal d'arbitrage constitué en vertu de protocoles signés à Tokyo le 28 août 1902 entre les Puissances susmentionnées. La Haye novembre 1904—mai 1905. La Haye 1905. **Cz.**

1520 **Albertinus, A.** Historische Relation, was sich in etlichen Jahren hero im Königreich Japon zugetragen hat etc. München 1609. **St.**

1521 **Amati, S.** Historia del regno di Voxu del Giapone, dell' antichità, nobilità e valore del suo re Idate Masamune. Roma 1615. **Cz.**

1522 **Appert, G.** (Avec la collaboration de **H. Kinoshita.**) Ancien Japon. Ses mœurs, ses arts, sa littérature, sa noblesse, les principaux faits de son histoire. Tokio 1888. **Mu. Vk.**

1523 **Asakawa, K.** The early institutional life of Japan. A study in the reform of 645 a. D. Tokyo 1903. **Cz. Vk.**

1524 **Baring, M.** With the Russians in Manchuria. 2. ed. London 1905. **Cz.**

1525 **Baumgarten, O. v.** Wie Port Arthur fiel! Tagebuch. Aus dem Russischen von L. v. Baumgarten. Straßburg u. Leipzig 1906. **Cz.**

1526 **Behrmann, M. Th. S.** Hinter den Kulissen des mandschurischen Kriegstheaters. Berlin 1905. **Cz.**

1527 **Black, J. R.** Young Japan. Yokohama and Yedo. A narrative of the settlement and the city from the signing of the treaties in 1858 to the close of the year 1879, with a glance at the progress of Japan during a period of 21 years. 2 vols. London & Yokohama 1880. **Cz.**

1528 **Bousquet, G.** Le Japon de nos jours et les échelles de l'extrême Orient. 2 tms. Paris 1877. **Cz. Mu.**

1529 **Brandt, M. von.** S. Nr. 347—350.

1530 **Brinkley, F.** Japan. Its history, arts and literature. London 1903. 04. (S. Nr. 304.) **Mu.**

1531 **Bronsart v. Schellendorff.** Sechs Monate beim japanischen Feldheer. Berlin 1906. **Cz.**

1532 **Charlevoix, P. F. X. de.** Histoire et description générale du Japon. (S. Nr. 1419.)

1533 **Cocks, R.** Diary in Japan 1615—1622, ed. by E. M. Thompson. 2 vols. London 1833. (S. Nr. 65.) **Cz.**

1534 **Dickson, W.** Japan. Being a sketch of the history, government and officers of the Empire. Edinburgh and London 1869. **Cz.**

1535 **Fukuda, T.** Die gesellschaftliche und wirtschaftliche Entwicklung in Japan. (Münchener volkswirtsch. Studien, Stück 42.) Stuttgart und Berlin 1900. **Cz.**

1536 **Gädke, R.** Kriegsbriefe aus der Mandschurei 1904. Berlin und Leipzig 1905. **Cz.**

1537 **Garnot.** L'expédition française de Formose 1884—1885. Mit Atlas. Paris 1894. **Cz.**

1538 **Gertsch, F.** Vom russisch-japanischen Kriege. Bern 1907. **Cz.**

1539 **Heco, J.** Erinnerungen eines Japaners. Schilderung der Entwicklung Japans vor und seit der Eröffnung bis auf die Gegenwart. Bearbeitet, übersetzt und mit Einleitung von E. Oppert. Stuttgart (1898). **Bü. Cz.**

1540 **Helfferich, K.** Das Geld im russisch-japanischen Kriege. Ein finanzpolitischer Beitrag zur Zeitgeschichte. Berlin 1906. **Cz.**

1541 **Janson, A. v.** Das Zusammenwirken von Heer und Flotte im russisch-japanischen Kriege 1904/05. Berlin 1905. **Cz.**

1542 **Inagaki, M.** Japan and the Pacific, and a Japanese view of the eastern question. London 1890. **Cz. St.**

1543 **Kambe, M.** Der russisch-japanische Krieg und die japanische Volkswirtschaft. (Wirtschafts- u. Verwaltungsstudien, hrsg. von G. Schanz, 24.) Leipzig 1906. **Cz.**

1544 **Klado, N. L.** Die Kämpfe zur See im russisch-japanischen Kriege. Übersetzung von Hasse. Berlin 1907. **Cz.**

1545 **Koch, W.** Japan. Geschichte nach japanischen Quellen, und ethnographische Skizzen. Dresden 1904. **Cz.**

1546 **Krebs, W.** Der Korea-Krieg in seinen natürlichen Beziehungen zu den Witterungs- und den Bevölkerungsverhältnissen Ostasiens. (Samml. gemeinverst. wiss. Vorträge N. F. X, 232.) Hamburg 1895. **St. Sw.**

1547 **Lawrence, T. J.** War and neutrality in the far East. 2. ed. London 1904. **Cz.**

1548 **Layrle, J.** La restauration impériale au Japon. Paris (1893). **Cz.**

1549 **Lieven, H.** Hurra — Bansai! Erlebnisse eines Arztes während des russisch-japanischen Feldzuges. Berlin 1905. **Cz. Ha.**

1550 **Löffler.** Der russisch-japanische Krieg in seinen taktischen und strategischen Lehren. 1. Teil. Berlin 1905. **Pt.**

1551 **McLeod, N.** Illustrations to the Epitome of the ancient history of Japan. Kyoto 1877. **Mu.**

1552 **Martynow, E. J.** Die Ursachen der russischen Niederlagen. N. d. Russ. von O. v. Schwartz. Berlin 1907. **Cz.**

1553 **Meurer, J.** Der russisch-japanische Krieg in seinen Rückwirkungen auf den Weltfrieden. 1. u. 2. Aufl. Halle a. S. 1905. **Pt.**

1554 **Mitford, A. B.** Tales of Old Japan. 2 Bde. London 1871. **Mu.**

— Dasselbe, deutsch v. J. G. Kohl. 2 Bde. Leipzig 1875. **Bü.**

1555 **Nirutaka.** Der „Akazuki" vor Port Arthur. Heilbronn 1904. **Cz.**

1556 **Nörregaard, B. W.** Die Belagerung von Port Arthur. Aus dem Norwegischen von W. Schmidt. Leipzig 1906. **Cz.**

1557 **Oettingen, E. v.** Unter dem roten Kreuz im russisch-japanischen Kriege. Leipzig 1905. **Cz.**

1558 **Papinot, M. A. E.** Dictionnaire d'histoire et de géographie du Japon. (S. Nr. 1472.)

1559 **Passek, W.** Ein deutscher Kaufmann in der Mandschurei während des russisch-japanischen Krieges. Hrsg. v. H. Passek. Berlin 1906. **Cz.**

1560 **Plehn, H.** Nach dem englisch-japanischen Bündniss. Berlin 1907. **Cz.**

1561 **Politovsky, E. S.** From Libau to Tsushima. A narrative of the voyage of Admiral Rojdestvensky's fleet to eastern seas. Transl. by F. R. Godfrey. London 1906. **Cz.**

1562 **Ransome, J. St.** Japan in transition. A comparative study of the progress, policy, and methods of the Japanese since their war with China. London u. New York 1899. **Cz.**

1563 **Rathgen, K.** Die Entstehung des modernen Japan. Dresden 1896. **Bü. Pt.**

1564 — Die Japaner und ihre wirtschaftliche Entwicklung. (Aus Natur u. Geisteswelt.) Leipzig 1905. **Bü. Cz. St.**

1565 **Recouly, R.** Zehn Kriegsmonate in der Mandschurei. Eindrücke eines Augenzeugen. A. d. Franz. Bremerhaven 1905. **Cz.**

1566 **Reventlow, Graf E.** Der russisch-japanische Krieg. Berlin 1906. **Sw.**

1567 **Roussin, A.** Une campagne sur les côtes du Japon. Paris 1866. **Cz.**

1568 **Schwartz, O. v.** Zehn Monate Kriegskorrespondent beim Heere Kuropatkins. Persönliche Erlebnisse und kritische Betrachtungen aus dem russisch-japanischen Kriege. Berlin 1906. **Cz.**

1569 **Sieben, J. F. M.** Verhetzte Japaner. Von einem alten „Chinesen". Berlin 1905. **Cz.**

1570 **Spaits, A.** Mit Kosaken durch die Mandschurei. Erlebnisse im russisch-japanischen Kriege. Wien 1906. **Cz.**

1571 **Ssemenow, W.** Die Schlacht bei Tsuschima. Übersetzt von Gercke. Berlin 1907. **Cz.**

1572 **Takekoshi, Y.** Japanese rule in Formosa. With preface by S. Goto. Transl. by G. Braithwaite. London 1907. **Cz.**

1573 **Tanera, K.** Der russisch-japanische Kampf um die Vorherrschaft im Osten. 1. Teil. Lahr i. B. 1905. **Bü.**

1574 — Zur Kriegszeit auf der sibirischen Bahn und durch Russland. Reisebriefe. Berlin 1905. **Bü. Ha. Pt.**

1575 **Tettau, von.** Achtzehn Monate mit Rußlands Heeren in der Mandschurei. 2 Bde. Berlin 1907. **Cz.**

1576 **Titsingh, (J.)** Mémoires et anecdotes sur la dynastie régnante des Djogouns, souverains du Japon; avec la description des fêtes et cérémonies observées aux différentes époques de l'année à la cour de ces princes et un appendice contenant les détails sur la poésie des Japonais, leur manière de diviser l'année; ouvrage orné de planches, tirées des originaux japonais; publ. avec des notes et d'éclaircissements p. (J. P.) Abel Rémusat. Paris 1820. **Cz.**

— Dasselbe englisch, u. d. T. Illustrations of Japan. London 1822. **Mu.**

1577 **Trotha, Th. von.** Port Arthur als Festung und Kriegshafen. Eine Studie nach Aufsätzen des Wojennij Sbornik. Berlin 1905. **Cz.**

1578 **Villiers, F.** Port Arthur. Three months with the besiegers. A diurnal of occurrents. London 1905. **Cz.**

1579 **Wirth, A.** Geschichte Formosas. Bonn 1898. **Vk.**

c. Zur Geschichte der Berührungen Japans mit europäischen Mächten.

1580 **Ambassade de la Compagnie Hollandaise** vers l'Empereur du Japon. Leyde 1686. **St.**

1581 **Letters written by the English residents in Japan 1611—1623** with other documents on the English trading settlement in Japan in the seventeenth century edited by N. Murakami and K. Murakawa. Tokyo 1900. **Cz.**

1582 **Fitger, E.** Die Rückwirkung des ostasiatischen Krieges auf das Völkerrecht. (Volkswirtschaftliche Zeitfragen, Jg. 26, 6/7.) Berlin 1904. (S. auch Nr. 343.) **Cz.**

1583 **Krahmer.** Die Beziehungen Rußlands zu Japan mit besonderer Berücksichtigung Koreas. (Rußland in Asien, 7.) Leipzig 1904. **Cz.**

1584 **Montanus, A.** Gedenkwerdige Gesantschappen aen de Keiseren van Japan. Amsterdam 1669. **St.**

— Denkwürdige Gesandtschaften der Ostindischen Gesellschaft in den Vereinigten Niederländern an unterschiedliche Kaiser von Japan. Amsterdam 1670. **Cz. St.**

— Ambassades de la Compagnie Hollandaise des Indes d'Orient vers l'empereur du Japon. Avec une relation des guerres civiles dans ce pays là. (Trad. du flamand.) 2 ts. Paris 1722. **Cz.**

1585 **Nachod, O.** Die Beziehungen der Niederländischen Ostindischen Kompagnie zu Japan im siebzehnten Jahrhundert. Leipzig 1897. **Cz.**

1586 **Siebold, A. Frhr. v.** Der Eintritt Japans in das europäische Völkerrecht. Berlin 1900. **Cz.**

1587 **Stead, A.** Japan, our new ally. London 1902. **Cz. Sw.**

1588 **Sydacoff, B. v.** Aus dem Reiche des Mikado und die asiatische Gefahr. Leipzig (1904). **Cz.**

---

5. Staatsverträge. Staatswesen.*)

1589 **Traktaat** (zwischen den Niederlanden und Japan 18. Aug. 1858). Desima 1859. **St.**

1590 **De Japansche Traktaten** met Nederland, Rusland, Engeland, de Verenigde Staten en Frankrijk in 1858 de Jedo gesloten. — Fac-simile van den Japanschen Tekst. 's Gravenhage 1862. **Cz.**

1591 **Treaties and conventions** between the empire of Japan and other powers, compiled by the foreign office. Tokio 1899. **Oa.**

1592 **Japanische Verträge.** (5 Hefte in einer Mappe, betitelt): Treaty with Holland, American Treaty, English Treaty, French Treaty, Russian Treaty. (In japan. Sprache.) o. O. (1861). **St.**

1593 **Baba, T.** The treaty between Japan and England. London 1876. **Cz.**

1594 **Lönholm, L.** The condition of foreigners under the new treaties. A digest written for the international committee of Yokohama, printed as Ms. Tokio 1898. **Oa.**

1595 — Supplement to the digest on the condition etc., printed as Ms. Tokio 1899. **Oa.**

1596 **Matsudaira, Y. v.** Die völkerrechtlichen Verträge des Kaiserthums Japan in wirthschaftlicher, rechtlicher und politischer Bedeutung. Stuttgart, Leipzig, Berlin, Wien 1890. **Cz. St.**

---

*) Spez.: Der kaiserliche Hof. Gesetzgebung. Staatshaushalt und Volkswirtschaft. Agrarverhältnisse. Wehrkraft.

1597 **Mohl, O. v.** Am japanischen Hofe. Berlin 1904. **Cz.**

1598 **The Japanese criminal code.** Translated from the original Japanese text by J. E. de Becker. Yokohama 1899. **Oa.**

1599 **Das bürgerliche Gesetzbuch für Japan.** Uebersetzt von L. Lönholm. Bd. 1—3. Tokyo 1897. 1898. **Cz. Oa.**

1600 **Das japanische Handelsgesetzbuch.** 1. Wechselgesetz. 2. Fallimentsgesetz. 3. Gesetz, betr. die Handelsgesellschaften, übersetzt und mit Anmerkungen versehen von O. Borchardt. (A. Die Handelsgesetze des Erdballs, Nachtrag III.) Berlin 1896. **Cz.**

1601 **Japanisches Handelsgesetzbuch,** nebst Einführungsgesetz. Übersetzt von L. Lönholm. Bremen, Tokyo u. Yokohama (1899). **Cz.**

1602 **Tax laws of Japan.** Translated into English and Chinese. Published by the Yokohama Revenue administration bureau. Yokohama 1900. **Oa.**

1603 **New tax laws of Japan.** Translated into English by the Yokohama Revenue administration bureau. Vol. 1 u. 2. Yokohama 1901. **Oa.**

1604 **Blasius, R.** Das neue japanische und russische Jagdgesetz vom Standpunkte des Vogelschützers aus betrachtet. (A. d. Ornith. Monatsschrift d. Ver. z. Schutze d. Vogelwelt, 18. Jahrg.) Merseburg 1893. **Mu.**

1605 **Gareis, C., und A. Werner.** Patentgesetzgebung. Sammlung der wichtigeren Patentgesetze, Ausführungsvorschriften, Verordnungen, welche gegenwärtig in Geltung stehen. (Bd. 5 enth. u. A.: Japan.) Berlin 1891. **Cz.**

1606 **Ikeda, R.** Die Hauserbfolge in Japan. Berlin 1903. **Vk.**

1607 **Rudorff, O.** Tokugawa-Gesetz-Sammlung. (Suppl. zu Mitt. O. A. G., Bd. 5.) Yokohama 1889. **St.**

1608 **Spörry, H.** Das Stempelwesen in Japan. Zürich 1901. **Vk.**

1609 **Tokio, Kaiserliches Finanz-Ministerium (Department of Finance).**

Financial and economical Annual of Japan. Nr. 1—3. Tokio 1901—03. **Cz. (Oa. unvollst.)**

Annuaire financier et économique du Japon. Nr. 3. Tokio 1903. **Cz.**

Finanzielles und wirtschaftliches Jahrbuch für Japan. Jahrg. 4. 5. Tokio 1904—05. **Cz.**

1610 **Dumolard, H.** Le Japon politique économique et social. Paris 1903. **Cz.**

1611 **Mayet, P.** Die japanische Staatsschuld. Zwei Vorträge. (A. Mitt. O. A. G., Bd. 2.) Yokohama 1879. **Cz.**

1612 **Ota-Nitobe, J.** Ueber den japanischen Grundbesitz, dessen Verteilung und landwirthschaftliche Verwertung. Eine historische und statistische Studie. Berlin 1890. **Cz.**

1613 **Rathgen, K.** Japans Volkswirthschaft und Staatshaushalt. (Staats- u. socialwissenschaftl. Forsch., hrsg. v. G. Schmoller, 4.) Leipzig 1891. **Cz. St.**

1614 **Takasaka, K.** Die innere Kolonisation Japans. (Staats- u. socialwissenschaftl. Forsch., hrsg. v. G. Schmoller, Bd. 23, H. 3.) Leipzig 1904. **Cz.**

1615 **Ariga, N.** La Croix-Rouge en Extrême-Orient. Paris 1900. **Mu.**

1616 **Jane, F. T.** The Imperial Japanese Navy. London 1904. **Cz.**

1617 **Janson, A. von.** Die Wehrkraft Japans begründet in der Eigenart von Land und Leuten. Berlin 1904. **Cz.**

---

6. Bewohner und natürliche Verhältnisse.

(Anthropologische, physikalische und naturhistorische Schriften.)

a. Bewohner.

1618 **Tokio, Bureau de la Statistique Générale** (Cabinet Impérial). Mouvement de la population de l'Empire du Japon 1899, 1900, 1902, 1903, 1904. Tokio 1902 bis 1907. **Cz.**

— Etat de la population ... au 31 Decembre 1903. Tokio 1906. **Cz.**

1619 **Yokohama Social Club.** General rules. — Bye-laws. Yokohama 1905. **Oa.**

1620 **Bacon, A. M.** Japanese girls and women. London 1902. **Cz.**

1621 **Batchelor, J.** The Ainu and their Folk-Lore. (Rel. Tract. Soc.) London 1901. **Vk.**

1622 **Bigot, G.** Ohayo. Album (Tokio 1882). **Mu.**

1623 **Gottsche, C.** Die Japanischen Frauen. (A. Mitth. Geogr. Ges.) Hamburg 1890. **Mu. Vk.**

1624 **Haberlandt, M.** Volk und Kultur von Japan. Erläuterungen zur Japan-Sammlung in Wien. Wien 1894. **Vk.**

1625 **Hearn, L.** Kokoro. Hints and echoes of Japanese inner life. Popular edition. London 1905. **Cz.**

— Dasselbe, deutsch von Berta Franzos. Mit Vorwort von Hugo von Hofmannsthal. Frankfurt a. Main 1905. **Bü. Ha.**

1626 — Lotos. Blicke in das unbekannte Japan. Übers. von Berta Franzos. Frankfurt a. M. 1906. **Bü. Ha. Vk.**

1627 — Izumo. Blicke in das unbekannte Japan. Übers. von Berta Franzos. Frankfurt a. M. 1907. **Bü. Ha.**

1628 **Kleist, H.** Bilder aus Japan. Schilderung des japanischen Volkslebens. Leipzig (1890). **Cz. Pt.**

1629 **Koch, W.** Japan. Geschichte nach japanischen Quellen, und ethnographische Skizzen. Dresden 1904. **Cz.**

1630 **Langegg, F. A. Junker von.** Japanische Theegeschichten. Fu-so cha-wa. Wien 1884. (S. Nr. 1452.) **Mu. Vk.**

1631 **Mayet, P.** Japanische Bevölkerungsstatistik, historisch, mit Hinblick auf China, und kritisch betrachtet. (A. Mitt. O. A. G., Bd. 4.) Yokohama 1888. **Cz.**

1632 **Mohnike, O.** Die Japaner. Eine ethnographische Monographie. Münster 1872. **Cz.**

1633 **Morse, E. S.** A curious Aino toy. (A. Bull. Essex Institute. Vol. 25.) Salem 1892. **Mu.**

1634 — Latrines of the East. (Repr. from the American Architect. Boston 1893. **Mu.**

1635 — Shell mounds of Omori. (A. Memoirs of the Science Department, University of Tokio. Vol. 1. Part 1.) Tokio 1879. **Mu.**

1636 — Traces of an early race in Japan. (A. Popular Science Monthly.) New York 1879. **Mu.**

1637 **Müller-Beeck, F. G.** Die japanischen Schwerter. (Aus Zeitschrift f. Ethnologie, Bd. 14.) Berlin 1882. **Mu.**

1638 **Netto, C., und G. Wagener.** Japanischer Humor. Leipzig 1901. **Mu.**

1639 **Scheube, B.** Die Ainos. (A. Globus 1893.) Braunschweig 1893. **Vk.**

1640 **Titsingh, M.** Cérémonies usitées au Japon pour les mariages, les funérailles etc. 3 Bde. Paris 1822. **Vk.**

1641 **Winkler, H.** Japaner und Altaier. Berlin 1894. **Mu. St.**

b. Meteorologie. Klimatologie. Pathologie.

1642 **Bericht S. M. Corvette Arcona** über die im Nov. 1860 in der Bai von Jeddo angestellten Beobachtungen von Ebbe und Fluth etc. (lithographiert). o. O., o. J. **Cz.**

1643 **Decima.** Meteorologische Waarnemingen, gedaan op het eiland Decima, bij de stad Nangasaki. Jan. 1845 bis Sept. 1848. o. O., o. J. **Sw.**

1644 **Mizusawa, International latitude observatory.** Annual report of the meteorological and seismological observations for the year 1902. 1903. 1904. 1905. Mizusawa 1903—1906. **Sw.**

1645 **Nemuro, Japan, Meteorological Station.** Report of the meteorological observations. Tokio 1889—90. **Sw.**

1646 **Sapporo, Meteorol. Station.** Meteorological observations 1890. — Results of hourly observations for the lustrum 1891—95. Tokio 1891—96. **Sw.**

1647 **Taihoku (Formosa), Met. Observatory.** Meteorological observations in Formosa. Taihoku 1896—1903. **Sw.**

1648 **Tokio. Hofmarschallamt S. K. H. des Prinzen Jamashina.** Ergebnisse der meteorologischen Beobachtungen auf dem Tsukubasan 1902. Tokio 1905. **Sw.**

1649 **Tokio, Imperial Japanese Meteorological Observatory** (später **Central Met. Obs. of Japan**). Organisation du service météorologique au Japon. Tokio 1899. **Sw.**

— Dasselbe, englisch. Tokio 1904. **Sw.**

1650 **Tokio, Imp. Japanese Meteorol. Obs.** Tridaily weather maps 1883—1897. Tokio 1883—1897. **Sw.**

1651 — Hourly meteorological observations 1890—91.
Monthly and yearly means 1883—85.
Monthly summaries and means 1883—1890.
Report of the meteorological observations 1876—1891.
Annual meteorological Report 1885—1902.
Monthly Reports of the meteorolog. observations 1892—1906. Tokio 1877—1907. **Sw.**

1652 — Results of meteorological observations made at the meteorological stations in China, 1904. Tokio 1906. **Sw.**

1653 — Results of the meteorological observations made at the Japanese meteorological stations in Korea, 1904—1905. Tokio 1906. **Sw.**

1654 — **Naval Observatory.** Report of the meteorological and magnetical observations for the years 1886—1888. Tokio 1887—89. **Sw.**

1655 — **Meteorological Society of Japan.** Journal, vol. 22, 23. Tokio 1903—04. **Sw.**

1656 **Knipping, E.** Wettertelegraphie in Japan. (A. Mitt. O. A. G., Bd. 4.) Yokohama 1884. **Sw.**

1657 **Tizard, T. H.** Contributions to the meteorology of Japan. London 1876. **Sw.**

1658 **Rein, J. J.** Das Klima Japans. (Rektoratsrede.) Marburg 1876. **Pt. St.**

1659 **Rémy, Ch.** Notes médicales sur le Japon. (Aus Archives générales de médecine, vol. 1.) Paris 1883. (S. auch Nr. 424 u. 428.) **Mu.**

c. Geologie. Mineralogie.*)

1660 **Tokio, Earthquake Investigation Committee.** Publications, Nr. 1—18. Tokio 1897—1904. **Sw.**

1661 — **Seismological Society of Japan.** Transactions, vol. 5. Tokio 1883. **Sw.**

*) S. auch Nr. 438, 441, 442.

1662 **Harada, T.** Die Japanischen Inseln, eine topographisch-geologische Uebersicht. Berlin 1890. **Cz. St.**

1663 **Jimbo, K.** Notes on the minerals of Japan. Tokio 1899. **Nh.**

1664 **Koto, B.** Studies on some Japanese rocks. London 1884. **St.**

1665 **Wada, T.** The minerals of Japan. Tokio 1904. **Nh.**

d. Flora.

1666 **Abbildungen japanischer Waldbäume.** (Mappe, enthaltend 88 kolorierte Tafeln; Titel japanisch.) **Bo.**

1667 **Franchet, A., et L. Savatier.** Enumeratio plantarum in Japonia sponte nascentium hucusque rite cognitarum adjectis descriptionibus specierum pro regione novarum, quibus accedit determinatio herbarum in libris japonicis So Mocou Zoussetz xylographice delineatarum. 2 voll. Paris 1874—1879. **Bo.**

1668 **Holmes, E. M.** New marine Algae from Japan. (A. Journ. Linn. Soc. Vol. 31.) London 1895. **Bo.**

1669 **Kaempfer, E.** Icones selectae plantarum, quas in Japonia collegit et delineavit Engelb. Kaempfer, ex archetypis in Mus. Brit. asservatis. London 1791. **St.**

1670 **Kjellman, F. R.** Japanska arter af slägtet Porphyra. Marina Chlorophyceer från Japan. (A. Bih. Vet. Akad. Handl. Bd. 23.) Stockholm 1897. **Bo.**

1671 **Matsumura, J.** Nippon Shokubutsumeji, or Nomenclature of Japanese plants in Latin, Japanese and Chinese, supervised by R. Yatabe. Tokio 1884. **Mu.**

1672 — Shokubutsu Mei-J. Enumeration of selected scientific names of both native and foreign plants, with romanized Japanese names and in many cases Chinese characters. Tokio 1895. **Mu.**

1673 — Revisio Alni specierum japonicarum. Tokio 1902. **Bo.**

1674 — et **B. Hayata.** Enumeratio plantarum in insula Formosa sponte crescentium. Tokio 1906. **Bo.**

1675 **Möbius, M.** Der japanische Lackbaum, Rhus vernicifera. Frankfurt a. M. 1899. **Bo.**

1676 **Schultes, J. H.** Beiträge zur Nomenclatur der Flora Japans. München 1855. **St.**

1677 **Shimoyama, Y.** Beiträge zur Kenntniß des japanischen Klebreises (Mozigome). Diss. Straßburg 1886. **St.**

1678 **Siebold, Ph. Fr. von, J. G. Zuccarini, F. A. G. Miquel.** Flora Japonica, sive plantae, quas in imperio Japonico collegit, descripsit, ex parte in ipsis locis pingendas curavit, digessit Dr. J. G. Zuccarini. Cent. I. — Vol. II ab auctoribus inchoatum relictum ad finem perduxit F. A. G. Miquel cont. Cent. II. Lugd. Bat. 1835—1870. **Mu. St.**

1679 **Thunberg, C. P.** Flora japonica. Leipzig 1784. **St.**

1680 — Icones plantarum japonicarum. Upsala 1794—1805. **Bo. St.**

1681 **Zollinger, H.** Systematisches Verzeichniss der im Indischen Archipel in den Jahren 1842—1848 gesammelten, sowie der aus Japan empfangenen Pflanzen. Zürich 1854. **Bo.**

e. Fauna.*)

1682 **Tokio, Zoological Society.** Annotationes zoologicae Japonenses, vol. 1—4. Tokio 1897—1901. **Nh.**

1683 **Bates, H. W.** On a collection of Coleoptera from Formosa, sent home by R. Swinhoe. London 1866. **Pt.**

1684 **Blasius, W.** Der japanische Nörz, Foetorius Itatsi. (A. Festschrift zur Halbsäkularfeier der Naturf. Ges.) Bamberg 1884. **Nh.**

1685 **Bleeker, P.** Neuvième notice sur la faune ichthyologique du Japon. (A. Med. Kon. Akad.) Amsterdam 1869. **Nh.**

1686 **Boulenger, G. A.** On a collection of Reptiles and Batrachians from the Loo Choo Islands. (A. Proceed. Zool. Soc.) London 1887. **Nh.**

1687 **Dunker, W.** Mollusca japonica descripta et tabulis tribus iconum illustrata. Stuttgart 1861. **Nh.**

1688 — Index molluscorum maris Japonici. Cassel 1882. **Nh. St.**

1689 **Kobelt, W.** Fauna Molluscorum extramarinorum Japoniae. Nach den von Prof. Rein gemachten Sammlungen bearbeitet. (Abh. Senck. Ges. Bd. 11.) Frankfurt a. M. 1879. **St.**

---

*) S. auch Nr. 454, 461, 464, 468, 470, 471.

1690 **Kuwana, S. J.** The San José Scale in Japan (Contr. to Biol. fr. the Hopkins Seaside Labor. of the Leland Stanford jr. Univ., Nr. XXV.) Palo Alto 1901. **Bo.**

1691 — Coccidae (Scale Insects) of Japan. (Contrib. to Biol. fr. Hopkins Seaside Labor. Leland Stanford jr. University, Nr. XXVI). Palo Alto 1902. **Bo.**

1692 **Kuwana, S. J., S. Onuki** u. **S. Hori.** The San José Scale in Japan. Tokio 1904. **Bo.**

1693 **Lischke, C. E.** Japanische Meeres-Conchylien. 3 Thle. in 2 Bänden. (Novitates Conchologicae Suppl. 4.) Cassel 1869—1874. **Nh. St.**

1694 **Lucae, Ch. G.** Der Schädel des japanischen Maskenschweines und der Einfluß der Muskeln auf dessen Form. (A. Abh. Senck. Ges. Bd. 7.) Frankfurt 1870. **Nh.**

1695 **Marenzeller.** Südjapanische Anneliden. 2 Tle. (A. Denkschr. Ak. Natw. Kl. Band 41 und 49.) Wien 1879 u. 1884. **Nh.**

1696 **Nehring, A.** Ueber den japanischen Dachs (Meles Anakuma). (A. Zool. Garten, Bd. 26.) Frankfurt a. M. 1885. **Nh.**

1697 **Ortmann, A.** Bericht über die von Herrn Dr. Döderlein in Japan gesammelten Pycnogoniden. (A. Zool. Jahrb. Abt. Syst. Bd. 5.) Jena 1890. **Nh.**

1698 — Die japanische Bryozoenfauna. (A. Arch. Naturgesch. Jahrg. 56. Bd. 1.) Berlin 1890. **Nh.**

1699 **Pilsbry, H. A.** Catalogue of the marine molluscs of Japan etc., collected by Fred. Stearns. Detroit 1895. **Nh.**

1700 **Reh, L.** Die San José-Schildlaus in Japan. (Zeitschr. f. Pflanzenkrankh. Bd. 12.) Stuttgart 1902. **Nh.**

1701 **Sasaki, C.** On the Japanese species allied to the San José Scale in America. Tokyo 1901. **Bo.**

1702 **Schoenfeldt, H. v.** Catalog der Coleopteren von Japan. 3. Nachtrag. (A. Jahrb. Nassau. Ver. Nat. Bd. 50.) Wiesbaden 1897. **Nh.**

1703 **Siebold, Ph. de.** Fauna Japonica (conjunctis studiis C. J. Temminck & N. Schlegel pro vertebratis atque W. de Haan pro invertebratis). Lugd. Bat. 1833—50. **St.**

1704 **Steindachner, F., und L. Döderlein.** Beiträge zur Kenntnis der Fische Japans, 1—3. Wien 1883—84. **Nh.**

1705 **Stejneger, L.** A new opisthoglyph snake from Formosa. (A. Proc. Biol. Soc. Washington Vol. 20.) Washington 1902. **Nh.**

1706 — Herpetology of Japan and adjacent territory. (U. S. National Museum Bull. 58.) Washington 1907. **Nh.**

---

7. Natürliche und industrielle Erzeugnisse. Handwerk. Kunstgewerbe.*)

1707 **International Exhibition 1876.** Official Catalogue of the Japanese Section and descriptive notes on the industry and agriculture of Japan. Philadelphia 1876. **Mu.**

1708 **Régamey, F.** Le Japon pratique. Cent dessins par l'auteur. Paris (1891). **Mu.**

1709 **Tokyo, Imp. University, College of Agriculture.** Bulletin. Vol. 5, Nr. 1. 3. Tokyo 1902—03. **Bo.**

1710 **Useful plants of Japan** described and illustrated. (Agric. Soc. of Japan.) Tokyo 1895. **Bo.**

1711 **Yuyo shokubutsu zusetsu mokuroku oyobi sakuin** or Contents of and indices to useful plants of Japan described and illustrated. 3 Bde. Tafeln u. 4 Bde. Text. (Agric. Soc. of Japan.) Tokyo 1902. **Bo.**

1712 **Conder, J.** The flowers of Japan and the art of floral arrangement. With ill. by japanese artists. Tokio 1891. **Mu.**

1713 **Fesca, M.** Beiträge zur Kenntniss der japanischen Landwirthschaft. Hrsg. von der kais. geol. Reichsanst. Theil 1. Mit Atlas. Berlin 1890. **Cz.**

1714 **Gaertner, M.** Die japanischen Ackergeräthe. (A. „Der Export“.) Berlin 1882. **Mu.**

1715 **Gaertner, R.** Die ersten deutschen Obstbäume in Japan. (A. Garten-Zeitung.) Berlin 1882. **Mu.**

1716 **Liebscher, G.** Japans landwirthschaftliche und allgemein wirthschaftliche Verhältnisse. Nach eigenen Beobachtungen dargestellt. Jena 1882. **Cz.**

---

*) Umfassende Schriften s. unter Kunst (Nr. 1866 ff.)

1717 **Maumené, A.** Les arbres nains japonais. Paris 1902. **Bo.**

1718 **Mayr, H.** Aus den Waldungen Japans. Beiträge zur Beurtheilung der Anbaufähigkeit und des Werthes der japanischen Holzarten im deutschen Walde und Vorschläge zur Aufzucht derselben im forstlichen Kulturbetriebe. München 1891. **Cz.**

1719 **Nagai, S.** Die Landwirthschaft Japans, ihre Gegenwart und ihre Zukunft. Dresden 1887. **Cz.**

1720 **Spörry, H.** Die Verwendung des Bambus in Japan und Katalog der Spörry'schen Bambus-Sammlung; mit einer botanischen Einleitung von Prof. Dr. C. Schröter. Zürich 1903. **Bo. St.**

1721 **Tsudsioka, S., und J. Murai.** Catalogue of the Collection of Japanese and Chinese drugs. (S. Nr. 427.) Tokio 1883. **Bo.**

1722 **Ussèle, L.** A travers le Japon. (Mission du Ministère de l'Agriculture.) Paris 1891. **Cz.**

1723 **Kishinouye, K.** The fishing industry in Japan. Bergen 1898. **Mu.**

1724 **Möbius, K.** Über den Fang und die Verwertung der Walfische in Japan. (A. Sitzber. Kgl. Preuss. Akad. Wiss.) Berlin 1893. **Nh.**

1725 **Bavier, E. von.** Japans Seidenzucht, Seidenhandel und Seidenindustrie. Zürich 1874. **Cz.**

1726 **Bolle, J.** Der Seidenbau in Japan. Nebst Anhang: Die Gelb- oder Fettsucht der Seidenraupe, eine parasitäre Krankheit. Budapest, Wien, Leipzig 1898. **Cz.**

1727 **Brandt, M. v.** Mitteilungen aus Japan über die Zucht des japanischen Eichenspinners, Bombyx Yama-mai. Berlin 1870. **Nh.**

1728 **Brunat, Davison** u. **Piquet.** Die japanische Seidenzucht. Berlin 1871. **Nh.**

1729 **Miyoshi, M.** Untersuchungen über die Schrumpfkrankheit des Maulbeerbaumes. Tokio 1901. **Bo.**

1730 **Le Papier au Japon.** Paris 1885. **Mu.**

1731 **Gaertner, R.** Das Seilergewerbe in Japan. (A. d. Dtsch. Seiler-Ztg.) Berlin 1882. **Mu.**

1732 **Müller, F. W. K.** Japanisches aus Java (über japan. Zündholzschachtel-Etiketten). Aus Feestbundel van Taal-, Letter-, Geschied- en Aardrijkskundige Bijdragen ter Gelegenheid van zijn tachtigsten Geboortstag aan Dr. P. J. Veth. o. O. 1894. **Mu.**

1733 **Catalogue de la collection des gardes de sabre japonaises** au Musée du Louvre, don de M. Tadamasa Hayashi. Paris 1894. **Mu.**

1734 **Catalogue of signatures of japanese makers** of Lacquer, Metal Work, Netsukés etc. London 1888. **Mu.**

1735 **Quelques gardes de sabre japonaises** du XIIe au XVIe siècle de la Collection Ch. Gillot. Paris 1898. **Mu.**

1736 **Katalog der Spörry'schen Bambus-Sammlung** aus Japan. (S. auch Nr. 1720.) Zürich o. J. **Mu.**

1737 **Sammlung V. Zuckerkandl.** Japanisches Kunstgewerbe. Hamburg (1905). **Mu.**

1738 **Been, Ch.** Japanske Kurve. (A. Tidsskrift for Industri.) o. O. 1900. **Mu.**

1739 **Bowes, J. L.** Japanese marks and seals. Part I. Pottery. — Part II. Illuminated mss. and printed books. — Part III. Lacquer, enamels, metals, wood, ivory etc. London 1882. **Mu.**

1740 **Brinckmann, J.** Sammlungen des Herrn Alfr. Beit in London. Japanische Netsuké und Kagamibuta. London 1905. **Mu. St.**

1741 — Sammlungen des Herrn Alfr. Beit in London. Japanische Schwertzieraten: Tsuba, Fuchikashira, Menuki, Kozuka, Kogai. London 1906. **Mu. St.**

1742 **Brockhaus, A.** Netsuké. Versuch einer Geschichte der japanischen Schnitzkunst. Leipzig 1905. **Mu. Vk.**

1743 **Elkan, W.** Über japanische Bronzen. (A. Verh. d. Ver. z. Bef. d. Gewerbefleisses.) Berlin 1899. **Mu.**

1744 **Gowland, W.** The art of casting bronze in Japan. (A. Journ. Soc. of Arts.) London 1895. **Mu.**

1745 — Japanese Metallurgy. Part I. Gold and silver and their alloys. London 1896. **Mu.**

1746 **Hara, S.** Die Meister der japanischen Schwertzieraten. Ueberblick ihrer Geschichte, Verzeichnis der Meister mit Daten über ihr Leben und mit ihren Namen in der Urschrift. Eingeleitet von Justus Brinckmann. Hamburg 1902. **Bü. Mu. St. Vk.**

1747 **Holme, Ch.** A course of instruction in wood-carving according to the Japanese method. London o. J. **Mu.**

1748 **Jacoby, G.** Japanische Schwertzieraten. Beschreibung einer kunstgeschichtlich geordneten Sammlung, mit Charakteristiken der Künstler und Schulen. Leipzig 1904. **Mu.**

1749 — Die Schwertzieraten der Provinz Higo. Hamburg 1905. **Mu.**

1750 **Lüer, H.** Über japanische Stichblätter. Diss. Heidelberg 1897. **Mu.**

1751 **Sichel, Ph.** Notes d'un bibeloteur au Japon. Avec une préface de M. Edmond de Goncourt. Paris 1883. **Mu.**

1752 **Katalog der Japansammlung** des Privatgelehrten Herrn Hans Weidenbusch zu Wiesbaden. Töpfereien, Arbeiten in Glas etc. Versteigerung zu Köln 1900. Köln 1900. **Mu.**

1753 **Audsley, G. A.,** and **J. L. Bowes.** Keramic art of Japan. 2 vls. Liverpool u. London 1875. **Mu.**

1754 **Baxter, S.** The Morse collection of japanese pottery. (A. American Architect and Building News, vol. 21.) Boston 1887. (S. Nr. 1763.) **Mu.**

1755 **Bowes, J. L.** Japanese Enamels. Liverpool 1884. **Mu.**

1756 — Notes on Shippo. A sequel to Japanese Enamels. Liverpool 1895. **Mu.**

1757 — Japanese Pottery. Liverpool 1890. **Mu.**

1758 — A vindication of the decorated pottery of Japan. (Liverpool) 1891. **Mu.**

1759 **Brinckmann, J.** Kenzan. Beiträge zur Geschichte der japanischen Töpferkunst. (A. d. Jahrb. d. Hamb. Wissensch. Anstalten 14.) Hamburg 1897. **Mu.**

1760 **Burty, Ph.** La poterie et la porcelaine au Japon. (A. Revue des arts décoratifs.) Paris 1885. **Mu.**

1761 **Bushell, S. W.** Oriental ceramic art. Collection of W. T. Walter. Textedition to accompany the complete work. New York 1899. **Mu.**

1762 **Franks, A. W.** Japanese pottery being a native report with an introduction and catalogue. London 1880. **Mu.**

1763 **Morse, E. S.** Catalogue of the Morse Collection of Japanese pottery. (Museum of fine Arts, Boston.) Cambridge 1901. **Mu.**

1764 — Old Satsuma. (A. Harper's Monthly Mag.) New York 1888. **Mu.**

1765 **Ninagawa, N.** Kwan-ko-dzu-setzu. Notice historique et descriptive sur les arts et industries japonaises. Art céramique. Ie Partie: Poterie. Tokio 1876. **Mu.**

1766 **Ouéda, T.** La céramique japonaise. Les principaux centres de fabrication céramique au Japon. — Avec une préface rélative aux cérémonies de thé au Japon et à leur influence par E. Deshayes. Paris 1895. **Mu.**

8. Handel und Verkehr.*)

1767 **Official Customs Tariff.** Yokohama 1900. **Oa.**

1768 **Das japanische Handelsgesetzbuch.** 1. Wechselgesetz. 2. Fallimentsgesetz. 3. Gesetz, betr. die Handelsgesellschaften. In das Deutsche übertragen und mit Anmerkungen versehen von O Borchardt. (A. Die Handelsgesetze des Erdballs, Nachtrag III.) Berlin 1896. **Cz.**

1769 **Japanisches Handelsgesetzbuch,** nebst Einführungsgesetz. Übersetzt von L. Lönholm. Bremen, Tokio u. Yokohama 1899. (S. Nr. 1601.) **Cz.**

1770 **The Japan Correspondence (Shoko Joho).** The Exports- and Imports-Guide for Japan and foreign countries for the year 1903. Publ. by the Shoko Joho Office. Tokyo 1902. **Cz.**

1771 **General view of commerce and industry** in the Empire of Japan. Publ. by the Department of Agriculture and Commerce. Tokyo 1893. **Mu.**

— Dasselbe. Tokyo 1897. **Cz.**

1772 **The annual statistical report** of the Tokyo Chamber of Commerce 1904. Tokyo 1905. **Cz.**

*) S. auch Nr. 483, 485, 505, 507, 509, 510.

1773 **Annual returns of the foreign trade** of the Empire of Japan. Published by the Bureau of Customs. 1882—1904. Tokio 1883—1905. **Cz.**

1774 **Monthly returns of the customs** of Japan 1882. 1883. Tokio 1882—84. **Cz.**

1775 **Returns of the foreign trade** of Japan for the twenty-five years from 1868 to 1892 incl. publ. by the Bureau of Revenue. Tokyo 1894. **Cz.**

— Dasselbe, for the thirty-two years from 1868—1899 incl. publ. by the Department of Finance. Tokyo 1901. **Oa.**

1776 **Rules of the Osaka Commercial Museum.** Commercial and industrial directory of Osaka. Osaka 1899. **Cz.**

1777 **Tokio Stock Exchange.** Yearbook for 1906. Tokio 1906. **Cz.**

1778 **Yokohama Chamber of Commerce.** Monthly reports 1896—1904. Yokohama. **Cz.**

1779 **Yokohama Foreign Chamber of Commerce.** Annual report for the year 1898, and minutes of the annual general meeting. Yokohama 1899. **Cz.**

1780 **Brennwald, C.** Generalbericht, betreffend den kommerziellen Theil der schweizerischen Abordnung nach Japan. Bern 1865. **Cz.**

1781 **Exner, A. H.** Japan. Skizzen von Land und Leuten mit besonderer Berücksichtigung kommerzieller Verhältnisse. Leipzig 1891. **Cz. Pt.**

1782 **Hattori, Y.** The foreign commerce of Japan since the restoration. (J. Hopkins Univ. Stud. in hist. and polit. science, vol. 22, part 9/10.) Baltimore 1904. **Cz.**

1783 **Kinosita, Y.** The past and present of Japanese commerce. (Studies in history, economics, and public law ed. by the Univ. Faculty of political science of Columbia College, vol. 16, part 1.) New York 1902. **Cz.**

1784 **Meylan, G. F.** Geschichte des Handels der Europäer in Japan. Deutsch v. F. W. Diederich. Leipzig 1861. **Cz. Pt.**

1785 **Morris, J.** Japan and its trade. London 1902. **Cz.**

1786 **Münsterberg, O.** Japans auswärtiger Handel 1542—1854. (Münch. volkswirthsch. Stud. 10.) Stuttgart 1896. **Cz. Mu.**

1787 **Siebold, P. F. v.** Urkundliche Darstellung der Bestrebungen von Niederland und Russland zur Eröffnung Japans für die Schifffahrt und den Seehandel aller Nationen. Bonn 1854. **Cz.**

1788 **Tayui, R.** The commercial guide and trade directory of Japan. With a preface by K. Mochizuki. London, New-York 1895. **Cz.**

1789 **The law for the organization and the articles of association of the Hypothec-Bank** of Japan, with appendix. o. O. 1898. **Cz.**

1790 **Report of the Commissioner of the Imperial Mint** for the year ending the 30th of the 6th month of the 16th year of Meiji (30th june 1883). Hiogo 1883. **Cz.**

1791 **Kiga, K.** Das Bankwesen Japans. (Diss.) Leipzig 1903. **Cz. St.**

1792 **Matsukata, Count M.** Report on the adoption of the gold standard in Japan. Tokio 1899. **Cz. Mu.**

1793 **Stöpel, K. T.** Ueber japanisches Bankwesen und Deutschlands Antheil am Welthandel und der Industrie Japans. Halle 1898. **Cz.**

1794 **Takaki, M.** History of Japanese paper currency. (J. Hopkins University Stud. in hist. and polit. science, vol. 21, part 5.) Baltimore 1903. **Cz.**

1795 **Goto, R.** Die japanische Seeschiffahrt. (Rechts- u. staatswissenschaftl. Studien, veröffentl. v. E. Ebering, 15.) Berlin 1902. **Cz. Sw.**

1796 **Kodama, R.** Railway transportation in Japan. Ann Arbor, Michigan. 1898. **Cz.**

1797 **Trevithick, F. H.** The history and development of the railway system in Japan. (A. Trans. Asiatic Society of Japan, vol. 22.) Yokohama 1894. **Cz.**

---

9. Kultur.

a. Kultur im Allgemeinen. Unterrichtswesen. Wissenschaft.

1798 **Appert, G.** (Avec la collaboration de **H. Kinoshita.**) Ancien Japon. Ses mœurs, ses arts, sa littérature, sa noblesse, les principaux faits de son histoire. Tokio 1888. (S. Nr. 1522.) **Mu. Vk.**

1799 **Haberlandt, M.** Volk und Kultur von Japan. Erläuterungen zur Japan-Sammlung in Wien. Wien 1894. **Vk.**

1800 **Itchikawa, D.** Die Kultur Japans. Berlin 1907. **Cz.**

1801 **Munzinger, C.** Die Japaner. Wanderungen durch das geistige, soziale und religiöse Leben des japanischen Volkes. Berlin 1898. **Cz. Pt.**

1802 **Reed, E. J.** Japan: Its history, traditions and religions. 2 vols. London 1880. **Mu.**

1803 **Rosny, L. de.** La civilisation japonaise. Conférences faites à l'École Spéciale des Langues Orientales. Paris 1883. **Mu.**

1804 **Bericht über das Schulwesen** der Stadt Tokyo 1902/03, 1903/04. Tokyo 1903. 1904. **St.**

1805 **Kyoto, Imperial University.** Calendar 1900/1901. **Nh. Sw.**

1806 **Tokio, Imperial University.** Calendar for the years 1891—92, 93—95, 96—98, 99—1900, 1901—02, 1903 bis 1904. Tokio 1890—1903. **Ge.** (1892—93. **Mu.** 1905—06. **Sw. St.**)

1807 — — Catalogue of the Library. 2 Thle. Tokio 1896/97. **Sw.**

1808 — — **College of Science.** Journal, vol. 1—22. Tokio 1886—1906. (Wird fortgesetzt.) **Nh. St. Sw.**

1809 — — **Literature College.** Memoirs, vol. 1. Tokyo 1887. (Nicht mehr erschienen.) **St.**

1810 **Tokyo, Ohashi Public Library.** Annual Reports 1902/03, 1905/06. Tokyo 1903—1906. **St.**

1811 **Bather, F. A.** Natural science in Japan. (A. Natural Science, vol. 4.) London 1894. **Mu.**

1812 **Harzer, P.** Die exakten Wissenschaften im alten Japan. (Festrede.) Kiel 1905. **Sw.**

1813 **Inouyé, T.** Sur le développement des idées philosophiques au Japon, avant l'introduction de la civilisation européenne. (Congrès International des Orientalistes. 11e Session.) Paris 1897. **Mu.**

— Dasselbe, deutsch von Dr. A. Gramatzky. Berlin 1897. **Mu.**

b. Sprache.

1814 **Japanisch-Holländisches Lexikon.** (2 Hefte in e. Kps.; Titel japanisch.) **St.**

1815 **Brinkley, F.** Japanese-English dictionary. Tokio 1896. **Vk.**

1816 **Fukumi, H.,** und **K. Ogurusu.** Vollständigstes deutsch-japanisches Wörterbuch. Tokio 1885. **Mu.**

1817 **Hepburn, J. C.** A Japanese-English and English-Japanese dictionary. 2. edition. Shanghai 1872. **Mu.**

1818 — Japanese-English and English-Japanese Pocket-dictionary. Abridged by the author, in Roman characters only. New-York and London 1873. **Cz.**

1819 **Papinot, E.** Dictionnaire japonais-français des noms principaux de l'histoire et de la géographie du Japon. Hongkong 1899. **Vk.**

1820 **Pfizmaier, A.** Kritische Durchsicht der von Davidson verfaßten Wörtersammlung der Ainosprache. Wien 1851. **St.**

1821 — Wörterbuch der japanischen Sprache. Lief. 1. Wien 1851. **St.**

1822 **Chamberlain, B. H.** A simplified grammar of the Japanese language. London 1886. **St.**

1823 — The language, mythology, and geographical nomenclature of Japan, viewed in the light of Aino studies. Including an Aino grammar by John Batchelor and a catalogue of books relating to Yezo and the Ainos. (Mem. Lit. Coll.) Tokio 1887. **Ge. St.**

1824 **Colladus Didacus.** Ars grammaticae japonicae linguae. Rom 1632. **St.**

1825 **Hoffmann, J. J.** Japanische Sprachlehre. Translation of the Dutch. Leiden 1877. **Vk.**

1826 **Lange, R.** Lehrbuch der japanischen Umgangssprache. (Lehrb. d. Sem. für orient. Spr. 1.) Stuttgart u. Berlin 1890. (S. Nr. 518.) **St.**

1827 — Einführung in die japanische Schrift. (Lehrb. d. Sem. für orient. Spr. 15.) Stuttgart u. Berlin 1896. (S. Nr. 518.) **St.**

1828 **Lange, R.** Übungs- und Lesebuch zum Studium der japanischen Schrift. (Lehrb. d. Sem. für orient. Spr. 19.) Stuttgart u. Berlin 1904. (S. Nr. 518.) **St.**

1829 **Noack, Ph.** Lehrbuch der japanischen Sprache. Leipzig 1886. **Mu. St.**

1830 **Plaut, H.** Japanische Konversationsgrammatik. Heidelberg 1904. **Mu.**

— Schlüssel zur jap. Konvers.-Gr. Heidelberg 1904. **Mu.**

1831 — Japanisches Lesebuch. (Lehrb. d. Sem. für orient. Spr. 4.) Stuttgart und Berlin 1891. (S. Nr. 518.) **St.**

1832 **Rodriguez, J.** Élémens de la grammaire japonaise, trad. du portugais. Paris 1825. **St.**

1833 **Rosny, L. L. de.** Introduction à l'étude de la langue japonaise. Paris 1856. **Cz.**

c. Literatur.

1834 **Japanese Books and Albums of Prints in Colour** in the National Art Library South-Kensington. London 1893. **Mu.**

1835 **Rosny, L. de.** Catalogue de la bibliothèque japonaise de Nordenskiöld. Paris 1883. **Mu.**

1836 **Serrurier, L.** Bibliothèque japonaise. Catalogue raisonné des livres et des manuscrits japonais enrégistrés à la Bibliothèque de l'Université de Leide. Leide 1896. **Mu.**

1837 — Catalogue des livres japonais de feu M. le docteur A. J. C. Geerts. Leide 1887. **Mu.**

1838 **Siebold, Ph. F. von.** Isagoge in bibliothecam japonicam et studium literarum japonicarum. Lugd. Bat. 1841. **St.**

1839 **Florenz, K.** Geschichte der japanischen Literatur. (S. Nr. 520.) Leipzig 1906. **St.**

1840 **Okasaki, T.** Geschichte der japanischen Nationalliteratur von den ältesten Zeiten bis zur Gegenwart. Leipzig 1899. **Bü. Mu.**

1841 **Chiushingura,** or the Loyal League, a Japanese romance. Transl. by F. V. Dickins. Yokohama 1875. **Mu.**

— Dasselbe. New York 1876. (S. Nr. 1860.) **Ge.**

1842 **Genji Monogatari.** The most celebrated of the classical Japanese romances, translated by Suyematz Kenchio. London 1882. **Mu.**

1843 **Hyaku Nin Is'shiu** or Stanzas by a century of poets being Japanese lyrical odes, translated into English by F. V. Dickins. London 1866. **Mu.**

1844 **Imperial Songs.** Poems by T. M. the Emperor and Empress of Japan and other Imperial and distinguished personages, translated by A. Lloyd. Tokyo 1905. **St.**

1845 **Japanische Märchen** von A. L. (A. d. Gegenwart.) Berlin 1884. **Mu.**

1846 **Japanese olden time tales** for little people. Yokohama o. J. **Mu.**

1847 **Bakin, T.** In Liebesbanden. Nach Bakin's japanischem Roman Kumono Tayema Ama Yo No Tsuki (Der in einer regnerischen Nacht durch einen Wolkenriß erscheinende Mond), ins Deutsche übertragen von H. Werner. Stuttgart 1888. **Bü.**

1848 **Brauns, D.** Japanische Märchen und Sagen. Leipzig 1885. **Mu.**

1849 **Cassel, P.** Aus dem Lande des Sonnenaufgangs. Japanische Sagen, aus originaler Mittheilung niedergeschrieben und gedeutet von Paulus Cassel. Berlin 1885. **Mu.**

1850 **Chamberlain, B. H.** The classical poetry of the Japanese. London 1880. **Mu.**

1851 **Doenitz, M.** Aus fremder Welt. Japanische Erzählungen. Berlin o. J. **Mu.**

1852 **Florenz, K.** Dichtergrüsse aus dem Osten. Aus dem Japanischen übertragen. Leipzig o. J. **Bü. Mu.**

1853 **Gramatzky, A.** Altjapanische Winterlieder aus dem Kokinwakashu. Diss. Halle a. S. 1892. **Mu.**

1854 **Kitasato, T.** Fumio. Japanisches Originalschauspiel in 4 Aufzügen. In deutscher Sprache verfaßt von Takeshi Kitasato aus Osaka. Dresden u. Leipzig 1900. **Mu.**

1855 — Namah amitabha. Ein japanisches Drama in 1 Akt. München 1899. **Mu.**

1856 **Lange, R.** Altjapanische Frühlingslieder aus der Sammlung Kokinwakashu. Berlin 1884. **Mu.**

1857 **Lange, R.** Sommergedichte aus der Sammlung Kokinwakashu (Aus T'oung pao.) Leiden 1891. **Mu.**

1858 **Langegg, Junker F. A. von.** Vasallentreue. Nationalroman aus Japan. (Bd. 1 von Nr. 1452: Segenbringende Reisähren.) Leipzig 1880. **Cz. Mu. Vk.**

1859 **McClatchie, R. H.** Japanese Plays (versified). Yokohama 1879. **Mu.**

1860 **Mitford, A. B.** Die Geschichte der 47 Ronin. A. d. Engl. von J. G. Kohl. Leipzig 1875. (S. auch Nr. 1841, 1858 u. 1863.) **Ge.**

1861 **(Pfizmaier, A.)** Sechs Wandschirme in Gestalten der vergänglichen Welt. Ein japanischer Roman im Originaltexte sammt den Facsimiles von 57 japanischen Holzschnitten, übersetzt und herausgegeben von Dr. A. Pfizmaier. (Japan. Chrestomathie, 1.) Wien 1847. **St.**

1862 **Rosny, L. de.** Si-Ka-Zen-Yo, Anthologie japonaise. Poésies anciennes et modernes etc. avec une préface par Ed. Laboulaye. (Desselben Cours de Japonais 19.) Paris 1871. **Mu.**

1863 **Tamenaga (Schunsui).** Treu bis in den Tod. Historischer Roman aus Japan. Nach der Bearbeitung von E. Grey und Schiuitschiro Saito, übersetzt von A. Hensel. Stuttgart 1895. (S. Nr. 1860.) **Pt.**

1864 **Ehmann, P.** Die Sprichwörter und bildlichen Ausdrücke der japanischen Sprache. (A. Mitt. O. A. G., Suppl.) Tokyo 1897. **Ge. Mu. Pt. St. Vk.**

1865 **Steenackers, F., et T. Uéda.** Cent proverbes japonais. Paris (1885). **Mu.**

d. Kunst.

(S. auch Nr. 524—539, 541—546.)

1866 **Japanischer Formenschatz,** gesammelt von S. Bing. Deutsche Ausgabe unter Mitarbeiterschaft von Dr. Just. Brinckmann, Prof. C. Graff, Dr. G. Hirth u. A. 3 Jahrgänge in 6 Bden. Leipzig 1888—1891. **Mu. Pt.**

1867 **Kokkwa,** eine Zeitschrift, enth. Reproduktionen von Kunstwerken der Malerei und Skulptur, seit 1889 in monatlichen Heften erscheinend; Text japanisch, neuerdings auch englisch. Tokio seit 1889. (W. fortges.) **Mu.**

1868 **Nippon Bijutsu.** Monatliches Magazin für japanische Kunst. Tokio. Seit 1898 (w. fortges.). **Mu.**

1869 **Shimbi Taikwan,** Selected relics of Japanese art. Edited by S. Tajima. Vol. 1—15. Kyoto 1899—1907. **Mu.**

1870 **Berlin, Kunstgewerbemuseum.** Ausstellung Japanischer Kleinkunst. Sammlung Gustav Jacoby. Berlin 1905. **Mu.**

1871 — — Japanische Malereien aus dem Besitz des Prof. Dr. H. Gierke zu Breslau. Berlin 1882. **Mu.**

1872 — — Japanische Farbendrucke. Sonderausstellung. Berlin 1905. **Mu.**

1873 **Boston, Museum of fine arts.** Special Exhibition of the Pictorial Art of Japan and China. Nr. 1. Hokusai and his school. Boston 1893. **Mu.**

1874 **Dresden, Kunstsalon Ernst Arnold.** Der Japanische Holzschnitt. Ausstellung im Kunstsalon von Ernst Arnold. Dresden 1895. **Mu.**

1875 **Dresden, Kgl. Kupferstichkabinet.** Ausstellung japanischer Farbendrucke. Dresden 1897. **Mu.**

1876 **Elberfeld, Städtisches Museum.** Katalog der Ausstellung alter und neuer japanischer Kunst 9.—30. October 1904. **Mu.**

1877 **Frankfurt a. M., Kunstgewerbemuseum.** Ausstellung japanischer Farbenholzschnitte aus Privatbesitz. Frankfurt a. M. 1899. **Mu.**

1878 **Leyden, Rijks Ethnograph. Museum.** Tentoonstelling van japanische Kunst. Gids voor den Bezoeker bewerkt door Dr. J. D. E. Schmeltz. Harlem 1899. **Ge. Mu.**

1879 **Paris, l'Art Nouveau.** Peintures de la société Nihon Gwakaï de Tokio à „l'Art Nouveau" Bing. Paris 1901. **Mu.**

1880 —, **École Nationale des Beaux Arts.** Exposition de la gravure japonaise. Catalogue. Paris 1890. **Mu.**

1881 —, **Exposition Rétrospective** de l'art japonais organisée par L. Gonse. Catalogue. Paris 1883. **Mu.**

1882 —, **Galéries Durand-Ruel.** Estampes d'Outamaro-Hiroshigé exposées dans les Galéries Durand-Ruel. Paris 1893. **Mu.**

1883 **Tokio, Ikao Onsen.** Catalogue of the Exhibition of Ukioye. Paintings and prints. Tokio 1898. **Mu.**

1884 **Collection P. Barboutau.** Peintures, estampes et objets d'art du Japon. Vente à Paris. Biographies des artistes japonais dont les œuvres figurent dans la collection. 2 tms. Paris 1904. **Mu.**

1885 **The Bowes Collection** of Japanese art. Auction: Liverpool 6th Mai 1901. **Mu.**

1886 **Collection Ch. Gillot.** Deuxième Partie. Estampes japonaises et livres illustrés. Vente à Paris 1904. (S. Nr. 530.) **Mu.**

1887 **Collection Hayashi.** Dessins, estampes, livres illustrés du Japon. Vente à Paris 1902. (S. Nr. 533, 534.) **Mu.**

1888 **Catalogue des estampes japonaises anciennes,** peintures, sourimonos, masques, statuettes de la librairie W. P. van Stockum & fils à la Haye. Vente le 2 Juin 1905. **Mu.**

1889 **Catalogue d'estampes japonaises.** Oeuvres de choix etc. Provenant d'une grande collection parisienne. Vente à Paris le 17.—19. Avril 1893. **Mu.**

1890 **Catalogue de peintures et d'estampes japonaises** formant la collection d'un amateur. Vente à l'Hôtel Drouot. Paris 1891. **Mu.**

1891 **Estampes japonaises anciennes.** Collection d'un amateur. Vente à Amsterdam 1903. **Mu.**

1892 **Japanische Farbenholzschnitte.** Katalog 17 von Zahn & Jaensch. Dresden 1907. **Mu.**

1893 **Versteigerung der japanischen Gemäldesammlung** der Pariser Weltausstellung (1900) am 14. Dez. 1901 in Wien. **Mu.**

1894 **Histoire de l'art du Japon.** Ouvrage publié par la Commission Impériale du Japon à l'Exposition universelle de Paris, 1900. Paris 1900. **Mu.**

1895 **Alcock, R.** Art and art industries in Japan. London 1878. **Mu.**

1896 **Anderson, W.** The pictorial arts of Japan. London 1886. **Mu.**

1897 **Audsley, G. A.** The ornamental arts of Japan. 2 Bde. London 1882—1884. **Mu.**

1898 **Bowes, J. L.** Japanese marks and seals. II. Illuminated mss. and printed books. London 1882. (S. Nr. 1739). **Mu.**

1899 **Brinckmann, J.** Kunst und Kunstgewerbe in Japan. (Vortrag.) Hamburg 1883. **Bü. Pt.**

1900 — Kunst und Handwerk in Japan. Berlin 1889. **Bü. Cz. Mu. Pt. St.**

1901 — Japanische Flächenornamente. 48 Tafeln in Farbendruck und 5 Originalvignetten nach japanischen Färberschablonen im Ethnologischen Museum in Aarau. Aarau 1892. **Mu.**

1902 — Einführung in die altjapanische Kunst. — (Sammlung Oeder.) o. O. (1902). **Bü. Mu.**

1903 — Sammlungen des Herrn Alfred Beit in London. Japanische Farbendrucke. London 1906. (S. Nr. 1740, 1741.) **Mu. St.**

1904 **Cutler, Th. W.** A grammar of Japanese ornament and design. London 1880. **Mu.**

1905 **Deneken, F.** Japanische Motive für Flächenverzierung. Ein Formenschatz für das Kunstgewerbe. Berlin 1896/97. **Mu. St.**

1906 **Fischer, A.** Wandlungen im Kunstleben Japans. Berlin 1900. **Bü.**

1907 **Fraipont, G.** L'Album Japonais. Motifs inédits de décoration japonaise d'après les originaux. 2e édition. Paris 1880. **Mu.**

1908 **Franck, G.** Altjapanische Kunst (Sammlung Oeder) auf der Düsseldorfer Ausstellung. Düsseldorf 1902. **Mu.**

1909 **Gonse, L.** L'Art japonais. 2 Bde. Paris 1883. **Mu.**

1910 — Dasselbe, kleine Ausgabe. Paris (1886). (A. Bibliothèque de l'enseignement des beaux arts.) **Mu. St.**

1911 **Hartmann, S.** Japanese art. Boston 1904. **Mu.**

1912 **Huish, M. B.** Notes on Japan. (A. The Art Journal.) London 1888. **Mu.**

1913 — Japan and its art. 2. edition. London 1893. **Mu.**

1914 **Migeon, G.** Chefs-d'œuvre d'art japonais. Paris, Ateliers photomécaniques V. A. Longuet (1905). **Mu.**

1915 **Münsterberg, O.** Die Japanische Kunst und das Japanische Land. Ein Beitrag zur Kunstwissenschaft. Leipzig 1896. **Mu.**

1916 — Japanische Kunstgeschichte. Bd. 1—3. Braunschweig 1904—1907. **Mu. Vk.**

1917 **Okakura, K.** The ideals of the East; with special reference to the art of Japan. 2. edition. London 1904. **Mu.**

1918 **Perzynski, F.** Der japanische Farbenholzschnitt. Seine Geschichte — Sein Einfluß. 2. Auflage. („Die Kunst", hrsg. von R. Muther, Bd. 13.) Berlin, o. J. **Mu.**

1919 **Schmeltz, J. D. E.** Toespraak (Japansche Kunst). Leiden 1899. **Ge.**

1920 **Schur, E.** Von dem Sinn und von der Schönheit der japanischen Kunst. Berlin 1901. **Bü.**

1921 **Seidlitz, W. von.** Geschichte des japanischen Farbenholzschnitts. Dresden 1897. **Mu.**

1922 — Die Versteigerung Hayashi. (A. d. Repertor. f. Kunstw., Bd. 24.) Berlin 1902. (S. Nr. 1887.) **Mu.**

1923 **Strange, E. F.** Japanese Illustration. A history of the arts of woodcutting and colourprinting in Japan. London 1897. **Mu.**

1924 — Japanese colour prints. (In the South Kensington Victoria and Albert Museum.) London 1904. **Mu.**

1925 **Stratz, C. H.** Die Körperformen in Kunst und Leben der Japaner. Stuttgart 1902. **Mu.**

1926 **Tajima, S.** (S. Nr. 1869, 1936, 1937, 1941.)

1927 **Tei-San,** Notes sur l'art japonais. La peinture et la gravure. Paris 1905. **Mu.**

1928 **Tuer, A. W.** Das Buch reizender und merkwürdiger Zeichnungen, bestehend in 100 Facsimile-Reproduktionen von Kunstwerken japanischer Schablonenschneider, mit welchen den freundlichen Leser ein gewisser Andrew W. Tuer F. S. A., der aber nichts von Alledem versteht, bekannt machen will. London (1892). **Mu.**

1929 **Fenollosa, E. F.** Review of the chapter on painting in Gonse's „L'Art Japonais". (Reprinted from the Japan Weekly Mail.) Boston 1885. **Mu.**

1930 **Fenollosa, E. F.** The Masters of Ukioye. A complete historical description of Japanese paintings and colour prints of the Genre School. New York 1896. **Mu.**

1931 — An outline of the history of Ukiyo-ye, illustrated with twenty reproductions in Japanese wood engravings. Tokyo 1901. **Mu.**

1932 **Goncourt, E. de.** La Maison d'un artiste. 2 Bde. Paris 1881. **Mu.**

1933 — Outamaro, le peintre des maisons vertes. Paris 1891. **Mu.**

1934 — Hokousai. Paris 1896. **Mu.**

1935 **Hokusai.** Fugaku Hiyaku-Kei or a hundred views of Fuji (Fusiyama). Introductory and explanatory prefaces, with translations from the Japanese and description of the plates by F. V. Dickins. London 1880. **Mu.**

1936 **Jakuchû.** Masterpieces. With biographical sketch of the artist by S. Tajima. Osaka 1904. **Mu.**

1937 **Kōrin-ha Gwashū** (d. h. Sammlung der Bilder der Kōrin-Schule). Hrsg. von S. Tajima. (Titel u. Text japanisch.) Bd. 1—5. Tokio 1903—1906. **Mu.**

1938 **Kurth, J.** Utamaro. Leipzig 1907. **Mu.**

1939 **Lanckoronski, K. Graf.** Etwas von japanischer Malerei. Vortrag. Wien 1901. **Mu.**

1940 **Perzynski, F.** Hokusai. (Künstler-Monographien, hrsg. v. H. Knackfuß. 68.) Bielefeld u. Leipzig 1904. **Mu. St.**

1940a — Korin und seine Zeit. („Die Kunst", hrsg. von R. Muther, Bd. 63/64.) Berlin (1907). **Mu.**

1941 **Tajima, S.** Masterpieces selected from the Ukiyoyé School with brief history of the development of the School, biographical sketches of the artists and some critical descriptions. Vol. 1. 2. Tokyo 1906—07 (wird fortges.). **Mu.**

1942 **Baltzer, F.** Das Japanische Haus. Eine bautechnische Studie. Berlin 1903. **Mu. Vk.**

1943 — Die Architektur der Kultbauten Japans. (Erweiterter Sonderabdruck aus Zeitschr. für Bauwesen.) Berlin 1907. **Pt. Vk.**

1944 **Dresser, Ch.** Japan, its architecture, art and art manufactures. London 1882. **Mu.**

1945 **Gaertner, R.** Die Shiba Tempel. (A. Vom Fels zum Meer. Bd. 2.) Stuttgart 1883. **Mu.**

1946 **Morse, E. S.** Japanese homes and their surroundings. London 1886. **Mu.**
— Dasselbe. New York 1889. **Mu.**

1947 **Guimet, E., et F. Régamey.** Le théatre au Japon. Paris 1886. **Mu.**

1948 **Kraus, A.** La musique au Japon. Florence 1878. **Mu.**

1949 **Müller, F. W. K.** Ikkaku sennin, eine mittelalterliche japanische Oper. (A. d. Bastian-Festschrift.) Berlin 1896. **Mu.**

e. Religion. Mission.*)

1950 **Florenz, K.** Japanische Mythologie. Nihongi, das Zeitalter der Götter. (A. Mitt. O. A. G. Suppl.) Tokio 1901. **Ge. St. Vk.**

1951 **Pfizmaier, A.** Die Theogonie der Japaner. (A. Sitzber. Kais. Akad.) Wien 1864. **St.**

1952 **Brevis Japoniae insulae descriptio** ac rerum . . . a Patribus Soc. Jesu nuper (1577) gestarum succincta narratio. Col. 1582. **St.**

1953 **Canonizationis seu Declarationis Martyrii** venerandorum servorum Dei Alphonsi Navarrete, Petri de Avila, Petri de Zunica, Caroli Spinulae ac sociorum pro fide catholica in Japponia interemptorum. Romae 1675. **St.**

1954 **Cartas que os padres escreverao** dos Reynos de Japão desdo anno de 1549 ate o de 1580. Evora 1598. **St.**

1955 **Drey newe Relationes,** 1. Auß Japon, was sich darinn 1606 denckwürdigs zugetragen. 2. Von Missionibus 1607 in das Königreich Mexico. 3. Von Ableiben deß mächtigen Königs Mogor etc. Auß lateinischen, italianischen und portugesischen Schreiben verteutscht. Augspurg 1611. **St.**

---

*) Vergleiche auch Nr. 583, 588, 594, 595, 1301, 1521, 1522.

1956 **Epistolae Japonicae** de multorum gentilium . . . conversione. P. 1. 2. Lovanii 1569. **St.**

1957 **Fortsetzung der Zeytungen** und historischen Berichts auss den japonischen etc. Königreichen. Ingolstadt 1593. (S. Nr. 578.) **Cz.**

1958 **Histoire de ce qui s'est passé** au royaume du Japan ès années 1625—1627, trad. d'ital. Paris 1633. **Cz.**

1959 **Newe warhaffte außführliche Beschreibung** der jüngst abgesandten Japonischen Legation gantzen Reiß auß Japon biß gen Rom. Aus dem Italianischen. Dillingen 1587. (S. Nr. 1518.) **St.**

1960 **Wunderbarliche Geschicht der grausamen und erschrecklichen Marter,** womit 23 Religiosen des Ordens S. Francisci in Japonia gekreuziget. Wien 1628. **St.**

1961 **Caravaglio, V.** Japponiensis imperii admirabilis comutatio. Antv. 1604. **St.**

1962 **Cardim, A. F.** Narratio persecutionis adversus Christianos excitatae in variis Japoniae regnis 1628—30. Italice Romae excusa, latine reddita Antverp. 1635. **Cz. St.**

1963 — Relatione della provincia del Giappone. Roma 1645. **Cz.**

— Dasselbe, franz. Tournay 1645. **Cz.**

1964 **Crasset, J.** Histoire de l'église du Japon. 2 vols. Paris 1715. **St.**

1965 **Cysatus, R.** Historischer Bericht, was sich 1577—1581 in Bekehrung der Landschaft und Insel Japan theils in polit., theils in geistl. Sachen zugetragen. Dillingen 1585. **St.**

1966 — Warhafftiger Bericht von den neu erfundenen Japonischen Insuln und Königreichen. Freyburg 1586. (S. auch Nr. 1398.) **St.**

1967 **Dalton, H.** Auf Missionspfaden in Japan. Bremen 1895. **Cz.**

1968 **Frois, L.** De rebus Japonicis historica relatio triplex 1. de gloriosa morte 26 crucifixorum. 2. de legatione regis Chinensium ad regem Japoniae. 3. de rebus per Japoniam anno 1596 a Patribus Soc. J. durante persecutione gestis. Moguntiae 1599. **St.**

1969 **Haas, H.** Geschichte des Christentums in Japan. 1. 2. (A. Mitt. O. A. G. Suppl.) Tokyo 1902. 1904. **Ge. St. Vk.**

1970 **Haren, Onno-Swier de.** Recherches historiques sur l'état de la religion chrétienne du Japon relativement à la nation Hollandaise, trad. du Hollandais. London u. Paris 1718. **St.**

1971 **Hayus, J.** De rebus Japonicis, Indicis . . . epistolae. Antwerpen 1605. (S. Nr. 585.) **St.**

1972 **(Maffei, J. P.)** Rerum a societate Jesu in oriente gestarum volumen continens historiam jucundam lectu omnibus Christianis. Coloniae 1574. (S. Nr. 589.) **Cz. St.**

1973 **Marini, G. F. de.** Delle missioni dei Padri della Compagnia di Giesu, nella provincia del Giappone etc. Rom 1663. (S. Nr. 591.) **Cz. St.**

1974 **Pagès, L.** Histoire de la religion chrétienne au Japon depuis 1598 jusqu'à 1651 comprenant les faits relatifs aux deux cents cinq martyrs béatifiés le 7 juillet 1867. 2 vols. Paris 1869/70. **St.**

1975 **Pasius, F.** Litterae annuae Japoniae ad Claud. Acquavivam a. 1601 datae, Romae primum 1603 italico idiomate excusae. Mogunt. 1604. **Cz.**

1976 — Relatio historica rerum in Japonia. 1603—1606. Mogunt. 1610. **St.**

1977 **Pigneyra, L.** La nouvelle histoire du Japon. Paris 1618. **St.**

1978 **Ritter, H.** Dreißig Jahre protestantischer Mission in Japan. M. Abb. u. Karte von B. Hassenstein. Berlin 1890. **Cz.**

1979 **Soteius, L.** De ecclesiae Japonicae statu relatio. o. O. 1634. **St.**

1980 **Trigautius, N.** De Christianis apud Japonios triumphis sive de gravissima ibidem contra Christi fidem persecutione exorta anno 1612 usque ad annum 1620 libri V. Monachii 1623. **St.**

1981 — Rei Christianae apud Japonios commentarius ex litteris annuis Soc. J. annorum 1609—1612 collectus. Aug. Vind. 1615. **St.**

1982 **Widenfeld, A.** De Ecclesia Japonica, Japoniae situ . . . epistola ad P. J. Paulum Oliva. (Appendix zu Sancti Franc. Xaverii Epistolae.) Coloniae 1692. **St.**

VI. Philippinen.

1. Bibliographie.

1983 **Blumentritt, F.** Bibliotheca Philippina. Alphabetisch geordnete Sammlung einer Anzahl von Druckschriften und Manuscripten linguistischen, geographischen, historischen und naturwissenschaftlichen Inhalts, die auf die Philippinen Bezug haben. Leitmeritz 1882. (S. Nr. 2099.) **Cz.**

1984 — Neuere Werke über die Philippinen. (A. Mitt. k. k. geogr. Ges.) Wien 1895. **St.**

---

2. Zeitschriften.

1985 **Manila. Boletin oficial de Filipinas.** Eine Serie von Nummern vom 9. Dec. 1852 bis 8. Aug. 1855. **Cz.**

1986 — **The Philippine Journal of Science,** ed. by P. C. Freer, published by the Bureau of Science. vol. 1, 2 and Supplement. Manila seit 1906. (wird fortgesetzt.) **Nh.**

---

3. Geographie und Vermischtes.

(Vgl. Abschn. I, 3; insbes. Nr. 65, 101, 129, 154, 169, 191, 204, 241, 299, 327.)

a. Reisen. Ortsbeschreibungen. Vermischtes.

1987 **Comisión central de estadística de Filipinas.** 1. 2. cuaderno. Manila 1855. **Cz. St.**

1988 **Guia de forasteros** en las islas Filipinas para el año de 1857. Manila. **Cz.**

1989 **The geographical names** in the Philippine islands. Washington 1901. **Ge.**

1990 **Benko, J. Frhr. von.** Das Datum auf den Philippinen. Wien 1890. **Ge.**

1991 **Blumentritt, F.** Die Philippinen. (Samml. gem. verst. wiss. Vorträge N. F. 15, 337/38.) Hamburg 1900. **Cz. St.**

1992 **Bowring, J.** A visit to the Philippine islands. London 1859. Cz.

1993 **Buzeta, M., y F. Bravo.** Diccionario geografico, estadistico, historico de las islas Filipinas. 2 tms. Madrid 1850. 51. Cz.

1994 **Careri, G. und F.** Giro del mondo. Bd. 5. Isole Filippine. (S. Nr. 120.) Cz. St.

1995 **Comyn, T. de.** State of the Philippine islands. (Madr. 1820.) Transl. from the Span. w. notes and a preliminary discourse by W. Walton. London 1821. Cz. St.

1996 **Foreman, J.** The Philippine islands. A historical, geographical, ethnographical, social and commercial sketch of the Philippine Archipelago and its political dependencies. London, Hongkong, Shanghai, and Singapore 1890. Cz.

— Dasselbe, 2. edit. London 1899. Cz.

1997 **Frauenfeld, G. Ritter von.** Der Aufenthalt auf Manila während d. Weltreise der k. k. Fregatte Novara. (A. Verh. d. k. k. zool. bot. Ges.) Wien 1861. St.

1998 **Gironière, P. de la.** Aventures d'un gentilhomme breton aux îles Philippines. Avec un aperçu sur la géologie et la nature du sol de ces îles, sur ses habitants, sur le règne minéral, le règne végétal et le règne animal; sur l'agriculture, l'industrie et le commerce de cet archipel. Illustrations d'après documents et croquis originaux par H. Valentin. 2. ed. Paris 1857. Cz. St.

1999 **Jagor, F.** Reisen in den Philippinen. Berlin 1873. Bü. Cz. Sw.

2000 **Koner, W.** Der Suluh-Archipel. (A. Zeitschr. Ges. f. Erdkunde, Bd. 2.) Berlin 1867. Ge.

2001 **MacMicking, R.** Recollections of Manila and the Philippines, during 1848, 1849 and 1850. London 1851. Cz.

2002 **Mallat, J.** Les Philippines. Histoire, géographie, moeurs, agriculture, industrie et commerce des colonies espagnoles dans l'Océanie. 2 tms. u. Atlas. Paris 1846. Cz.

2003 **Man, J. de.** Souvenirs d'un voyage aux îles Philippines. Anvers 1875. Cz.

2004 **Marche, A.** Luçon et Palaouan. Six années de voyages aux Philippines. Paris 1887. Cz.

2005 **Montano, J.** Rapport etc. sur une mission aux îles Philippines et en Malaisie (1879—1881). (A. Archives des missions scientifiques et littéraires.) Paris 1885. Cz.

2006 **Montero y Vidal, J.** El Archipiélago Filipino y las islas Marianas, Carolinas y Palaos, su historia, geografia y estadistica. Madrid 1886. Cz.

2007 **Rajal y Larré, J.** Exploración del territorio de Davao (Filipinas). Madrid 1891. Ge.

2008 **Semper, C.** Die Philippinen und ihre Bewohner. Sechs Skizzen. Würzburg 1869. Cz. Pt.

2009 **Stevens, J. E.** Yesterdays in the Philippines. London 1898. Cz.

2010 **Worcester, C.** The Philippine islands and their people. A record of personal observation and experience, with a short summary of the more important facts in the history of the Archipelago. New York-London 1898. Cz.

2011 **Zúñiga, F. J. M. de.** Estadismo de las islas Filipinas ó mis viajes por este país. Publ. esta obra por primera vez extensamente anotada W. E. Retana. 2 tomos. Madrid 1893. Cz.

b. Karten.

2012 **Washington, War Department.** Map of the Philippine islands. 4 Bl. Washington 1903. Cz.

2013 **Almonte y Muriel, E. d'.** Isla de Luzon y sus adyacentes 1 : 800000. Madrid 1887. Cz.

2014 **Berghaus, H. C. W.** Reducirte Karte von den Philippinen und den Sulu-Inseln, mit geo-hydrographischem Memoir. Gotha 1832. (S. Nr. 331.) Cz.

---

4. Geschichte.

(Vergl. Abschn. I, 4; sowie Nr. 344, 366, 376, 392, 413, 1993, 1996, 2002, 2010.)

2015 **Colección de documentos inéditos** relativos al descubrimiento, conquista y organización de las antiguas posesiones españolas de América y Oceania sacados de los archivos del Reino, y muy especialmente del de Indias. T. 1—42. Madrid 1864—1884. Cz.

Colección de documentos inéditos. Segunda Serie u. d. Titel: Colección de documentos inéditos relativos al descubrimiento, conquista y organización de las antiguas posesiones españolas de Ultramar. Segunda Serie, publ. p. l. Real Academia de la historia. Tomos 1—13. Madrid 1885—1900. (S. Nr. 338.) Cz.

2016 **Blumentritt, F.** Die maritimen Entdeckungen der Spanier im Archipel der Philippinen. (Anhang bei Nr. 2027.) Gotha 1882. Bü.

2017 **Morga, A. de.** The Philippine islands, Moluccas, Siam, Cambodja, Japan and China at the close of the 16th century, transl. and ed. by H. E. J. Stanley. (Hakluyt Soc., vol. 39.) London 1868. Cz.

2018 **Puente, J. Martinez de la.** Compendio de las historias de los descubrimientos, conquistas y guerras de la India oriental y sus islas. Madrid 1681. (S. Nr. 380.) Cz.

2019 **Raynal, G. T.** Histoire philosophique et politique des établissemens et du commerce des Européens dans les deux Indes. Genève 1780. (S. Nr. 381, 382.) Cz. Pt.

2020 **Rinne, F.** Zwischen Filipinos und Amerikanern auf Luzon. Hannover 1901. Bü. Cz.

2021 **San Roman, A.** Historia general de la Yndia oriental. Valladolid 1603. (S. Nr. 389.) Cz.

2022 **Soltau, D. W.** Geschichte der Entdeckungen und Eroberungen der Portugiesen im Orient von 1415—1539, nach Anleitung der Asia des J. de Barros. Braunschweig 1821. (S. Nr. 391.) Cz.

2023 **Willis, H. P.** Our Philippine problem. New York 1905. Cz.

---

5. Bewohner und natürliche Verhältnisse.

(Anthropologische, physikalische und naturhistorische Schriften.)

a. Bewohner.

(S. auch Nr. 423, 1986, 1996, 1998, 2002.)

2024 **Album of Philippine Types** (found in Bilibid prison 1903). Christians and Moros (including a few Non-Christians). Eighty plates, representing thirty-seven provinces and islands. Prepared and publ. under the auspices of the Philippine Exposition Board by Daniel Folkmar, D. U. Paris. Manila 1904. St.

2025 **Estados de la población** de Filipinas correspondiente a el año de 1818. Manila 1820. **Cz.**

2026 **Behn, W.** Ueber die Bevölkerungsverhältnisse der Philippinen. Heidelberg 1852. **Cz. St.**

2027 **Blumentritt, F.** Versuch einer Ethnographie der Philippinen. Nebst einem Anhang: Die maritimen Entdeckungen der Spanier im Archipel der Philippinen. (Petermanns Mitteilungen, Ergänzungsheft 67.) Gotha 1882. **Bü.**

2028 **Hamy, E. T.** Études sur un squelette d'Aëta des environs de Binangonan, N.-E. de Luçon. (A. Nouv. Archives du Mus. 2e Sér. t. 2.) Paris 1879. **Nh.**

2029 **Koeze, G. A.** Crania ethnica philippinica. Ein Beitrag zur Anthropologie der Philippinen. Beschreibung der Schädelsammlung von † Dr. A. Schadenberg. Mit Einleitung und unter Mitwirkung von Prof. J. Kollmann zu Basel. (Publicatien uit's Rijks Ethnogr. Museum, Ser. II, Nr. 3.) Haarlem 1901—1904. **St.**

2030 **Meyer, A. B.** The distribution of the Negritos in the Philippine islands and elsewhere. Dresden 1899. **Nh.**

2031 **Sawyer, F. H.** The inhabitants of the Philippines. London 1900. **Cz.**

2032 **Schadenberg, A.** Über die Negritos der Philippinen. (A. Ztschr. f. Ethnologie.) Berlin 1880. **Vk.**

2033 **Schmeltz, J. D. E.**, und **Koeze, G. A.** Crania ethnica philippinica. Zur Abwehr einer Besprechung des Werkes im Anthropol. Zentralbl. 1905 durch F. v. Luschan. Leiden 1906. **St.**

2034 **Semper, C.** (S. Nr. 2008.)

2035 **Worcester, C.** (S. Nr. 2010.)

b. Meteorologie.

2036 **Manila, Observatorio meteorológico del Ateneo Municipal,** bajo la dirección de la Compañia de Jesus. Observaciones verificadas y curvas meteorográficas 1865—1869, 1878—1888, 1890—1893. Manila 1865—1894. **Sw.**

2037 — — Boletin mensual 1894—1901. Manila 1894—1902. **Sw.**

2038 — — Resumen general des los temporales del Año 1893. Manila. **Sw.**

2039 **Manila observatorio meteorológico del Ateneo Municipal.** La meteorologia en la exposición colombina de Chicago (1893). Barcelona 1894. Sw.

2040 — — El servicio meteorológico del Observatorio de Manila. Manila 1899. Sw.

2041 — — El magnetismo terrestre en Filipinas (por el P. Rich. Cirera). Manila 1903. Sw.

2042 — — Magnetical dip and declination in the Philippine islands. Manila 1901. Sw.

2043 — **Philippine Weather Bureau (Manila Central Observatory).** Bulletin for 1902—1905. Manila 1903—06. Bo. Sw.

2044 — — Report of the director. 1901/02, 1902, Parts 4 u. 5. 1903, Parts 2 u. 3. 1904, Parts 1 u. 2. Manila 1902—04. Sw.

2045 — — Sturmsignale. Manila. 2 Bl. Sw.

2046 — — Interesting climatological data concerning the weather of Manila. Manila 1903. Sw.

2047 **Washington, Bureau of Insular Affairs. War Department.** Report of the director of the Philippine Weather Bureau for the year ending Aug. 31. 1904. Washington 1905. Sw.

2048 **Algué, P. J.** Ground temperature observations at Manila 1896—1902. Manila 1902. Sw.

2049 — Baguios y tifones filipinos. Manila 1897. Sw.

2050 — Las Nubes en el archipiélago filipino. Manila 1899. Sw.

2051 **Doyle, P. J.** Tifones del archipiélago filipino 1895 und 1896. Manila 1899. Sw.

c. Geologie.

2052 **Manila, Observatorio.** La seismologia en Filipinas. Manila 1895. Sw.

2053 — — La actividad seismica en el archipiélago Filipino 1897. (J. Coronas.) Manila 1899. Sw.

2054 **Drasche, R. von.** Fragmente zu einer Geologie der Insel Luzon. Wien 1878. St.

d. Flora. Fauna.

2055 **Blanco, F. M.** Flora de Filipinas, segun el sistema sexual de Linneo. Manila 1837. St.

— Dasselbe, Segunda impresión, corr. y augment. Manila 1845. **Bo. Cz.**

— Dasselbe, Gran edición. 4 Bde. Text, 2 Bde. Tafeln. Manila 1877—1880. **Bo.**

2056 **Llanos, A.** Fragmentos de algunas plantas de Filipinas. Manila 1851. **St.**

2057 **Bergh, R.** Malakologische Untersuchungen. (C. Semper, Reisen im Archipel der Philippinen. II. Teil, Bd. 2.) Wiesbaden 1870 u. ff. **Nh.**

2058 **Böttger, O.** Aufzählung der von den Philippinen bekannten Reptilien und Batrachier. (A. Ber. d. Senckenb. Ges.) Frankfurt a. M. 1886. **Nh.**

2059 **Brauer, F.** Neue und wenig bekannte vom Herrn Dr. Semper gesammelte Odonaten. Wien 1868. **Pt.**

2060 — Dritter Bericht über die von Herrn G. Semper mitgeteilten, von dessen Bruder auf den Philippinen gesammelten Neuropteren und Beschreibung einer neuen Libellen-Gattung. (A. Verhdl. d. k. k. zool.-bot. Ges.) Wien 1868. **Nh.**

2061 **Chapuis, F.** Diagnoses des espèces du genre Aulacophora recueillies aux îles Philippines par le Dr. Semper. Bruxelles 1875. **Pt.**

2062 **Felder, C.** und **R.** Lepidoptera nova a Dr. Carolo Semper in insulis Philippinis collecta. Series prima. Angeb.: C. Felder. Lepidopterorum Amboinensium a Dre. L. Doleschall annis 1856—1858 collectorum species novae diagnosibus collustratae 1. 2. Wien 1880. **Pt.**

2063 **Grube, E.** Annelidenfauna der Philippinen. St. Petersburg 1878. **Nh.**

2064 **Hidalgo, J. G.** Obras malacológicas: Estudios preliminarias sobre la fauna malacológica de las Islas Filipinas, T. 2. Fasc. 1. (Mem. R. Acad. C. Madrid. T. 21.) Madrid 1903. **Nh.**

2065 **McGregor, R.** On birds from Luzon, Mindoro, Masbate, Ticas, Cuyo, Culion, Cagayan Sulu, and Palawan. (Bull. Philippine Mus. Nr. 1.) Manila 1903. **Nh.**

2065a — Birds from Benguet province, Luzon and from the islands of Lubang, Mindoro, Cuyo and Cagayancillo. (Bull. Phil. Mus. Nr. 3.) Manila 1904. **Nh.**

2065b **McGregor, R.** The birds of Calayan and Fuga, Babuyan group. (Bull. Phil. Mus. Nr. 4.) Manila 1904. **Nh.**

2065c — Birds from the islands of Romblon, Sibuyan and Cresta de Gallo. (Bureau Gov. Laboratories Nr. 25.) Manila 1905. **Nh.**

2065d — Birds from Mindoro and small adjacent islands. (Bureau Gov. Lab. Nr. 34.) Manila 1905. **Nh.**

2065e — and **C. Worcester.** A handlist of the birds of the Philippine Islands. (Bureau of Government Laboratories Nr. 36.) Manila 1906. **Nh.**

2066 **Marshall, W.,** u. **A. B. Meyer.** Über einige neue und wenig bekannte Philippinische Hexactinelliden. (A. Mitt. zool.-ethnogr. Mus.) Dresden 1876. **Nh.**

2066a **Meyer, A. B.** Säugethiere von Celebes und dem Philippinen-Archipel 1. 2. (A. Bericht Zool.-Ethnogr. Mus.) Dresden 1896—99. **Nh.**

2067 **Mocquard, F.** Sur une collection de Reptiles et de Batraciens des îles Bornéo et Palawan. (A. Compte-Rendu Congrès Internat. de Zool.) Paris 1889. **Nh.**

2067a **Möllendorff, O. F. von.** Die Landschnecken-Fauna der Insel Cebu. (A. Ber. Senckenb. Ges.) Frankfurt 1890. **Nh.**

2068 **Osten-Sacken, C. R.** Diptera from the Philippine islands brought home by Dr. Carl Semper. (A. Berl. Entomol. Zeitschrift Bd. 27.) Berlin 1882. **Nh.**

2069 **Semper, C.** Reisebericht. Briefliche Mittheilung an A. Kölliker. (A. Zeitschrift f. wissenschaftliche Zoologie, Bd. 13.) Leipzig 1863. **Cz.**

2070 — Reisen im Archipel der Philippinen. Th. II. (Wiss. Resultate.) Leipzig und Wiesbaden 1867—1902. Bd. I: **Nh. St**; II, H. 1—6, III, H. 1—3, IV, Abt. 2: **Nh**; V. VI.: **St.**

Enth: Holothurien, Malakolog. Untersuchungen, Landschnecken; Tagfalter, Nachtfalter.

2071 — Trochosphaera aequatorialis, das Kugelrädertier der Philippinen. (A. Zeitschr. f. wiss. Zool. Bd. 22.) Leipzig 1872. **Nh.**

2072 **Semper, G.** Die Schmetterlinge der Philippinischen Inseln. 1. Tagfalter, 2. Nachtfalter. (C. Semper, Reisen T. II, Bd. 5. 6.) Wiesbaden 1886—1902. **St.**

2073 **Smith, E. A.** On the Land-Shells of the Sulu Archipelago. (A. Ann. and Mag. Ser. VI, Vol. 13.) London 1894. **Nh.**

2074 **Smith, E. A.** On a collection of Land Shells from Sarawak, British North Borneo, Palawan and other neighbouring islands. (A. Proc. Zool. Soc. London.) London 1895. **Nh.**

2075 **Walden, A.** A List of the birds known to inhabit the Philippine Archipelago. (A. Transact. Zool. Soc. 9.) London 1875. **Nh.**

---

6. Produktion.

(S. auch Nr. 1998, 2002.)

2076 **Bureau of Agriculture of the Philippine Islands.** Report for the year ended August 1, 1902. (A. Report of the Philippine Commission.) Washington 1902. **Bo.**

2077 **Bureau of Forestry of the Philippine Islands.** Report from July 1, 1901, to September 1, 1902. (A. Report of the Philippine Commission.) Washington, 1902. **Bo.**

2078 **Philippine Commission.** Report Vol. 3. 4. Washington 1901. **Bo.**

— 2d, 3d, 4th Annual Report of the Superintendent of Government Laboratories. Washington 1904. Manila 1906. **Nh.**

2079 **Ahern, G. P.** Compilation of notes on the most important timber tree species of the Philippine islands. (Forestry Bureau, Manila P. I.) Manila 1901. **Bo.**

2080 **Boudreau, W. J.** Modern rice culture. (Philippine Bureau of Agriculture. Farmer's Bulletin Nr. 3.) Manila 1903. **Bo.**

2081 **Lyon, W. S.** Cacao culture in the Philippines. (Philippine Bureau of Agriculture. Farmer's Bulletin Nr. 2.) Manila 1902. **Bo.**

2082 — A primer on the cultivation of sugar cane. (Philippine Bureau of Agriculture. Farmer's Bulletin Nr. 1.) Manila 1902. **Bo.**

2083 **Maffei y Puigdulles, E.** Ultima legislación española de aprovechamientos forestales en Filipinas. Manila 1895—1900. **Bo.**

2084 **Sherman, P. L.** The Gutta Percha and Rubber of the Philippine islands. (Bureau of Government Laboratories, Chemical Laboratory.) Manila 1903. **Bo.**

---

7. Handel und Verkehr.

(Vergl. Nr. 486, 502, 1996, 1998, 2002.)

2085 **Balanza general del comercio** de las islas Filipinas. Año de 1851. Manila 1852. **Cz.**

2086 **Circular letter of Governor Taft** and information and instructions for the preparation of the Philippine Exhibit for the Louisiana Purchase Exposition to be held at St. Louis 1904. (Publ. of the Philippine Exposition Board. Act. Nr. 514.) Manila 1902. **Bo.**

2087 **Estatutos y reglamento del banco español-filipino** de Isabel II. Manila 1851. **Cz.**

2088 **Extracto historial** del expediente que pende en el consejo real y supremo de las Indias, a instancia de la ciudad de Manila y demás de las islas Philipinas, sobre la forma en que se hà de hacer y continuar el comercio, y contratación de los texidos de China en Nueva España etc. Formado y ajustado de orden del rey etc. Madrid 1736. **Cz.**

2089 **Instrucción reglamentaria** para el servicio de la aduana de Manila. Manila 1859. **Cz.**

2090 **Manila, Camera de Comercio Filipina,** Boletin, Año 1—4 (unvollst.) Manila 1903—07. **Cz.**

2091 **Monthly summary of commerce of the Philippine Islands.** Oktober 1902. Manila 1902. **Bo.**

2092 **Nueva real cédula de la Compañia de Filipinas** de 12. de Julio de 1803. Madrid o. J. **Cz.**

2093 **(Henrici.)** Einige Worte über China, die Philippinen und den Malayischen Archipel in ihren Handelsbeziehungen zu Deutschland. (Als Ms. gedruckt.) Hamburg 1845. (S. Nr. 496.) **Cz. Pt. St.**

2094 **J. C. S.** Vollständige Beschreibung der spanischen Handlung, welche zwischen der Stadt Manila auf der philippinischen Insel Luçon und dem Hafen Acapulco auf der mexikanischen Küste getrieben wird, nebst einer umständlichen Nachricht von der Beschaffenheit dieser beiden Städte und dem Reichthume, welchen das zwischen ihnen hin- und hergehende Schiff gemeiniglich bei sich führt. (Dresden) 1763. **Cz.**

2095 **Renouard de Sainte-Croix, Marq. C. L. F.** Voyage commercial et politique aux Indes orientales, aux îles Philippines etc. Paris 1810. (S. Nr. 241.) **Cz.**

2096 **Tornow, M. L.** Die wirthschaftliche Entwickelung der Philippinen. Berlin 1901. **Cz.**

2097 **Moreno y Jerez, L.** Los ferro-carriles en Filipinas. Manila 1895. **Cz.**

---

8. Sprache.

2098 **Bergaño, D.** Bocabulario de Pampango en Romance y Diccionario de Romance en Pampango. Manila 1732. **St.**

2099 **Blumentritt, F.** Vocabular einzelner Ausdrücke und Redensarten, welche dem Spanischen der philippinischen Inseln eigenthümlich sind. M. e. Anhange: Bibliotheca Philippina. (S. Nr. 1983.) Leitmeritz 1882. **Cz.**

2100 **Domingo de los Santos.** Vocabulario de la lengua Tagala. (Reimpreso.) Manila 1835. **St.**

2101 **Martin, J.** Diccionario Hispano-Bisaya. Manila 1842. **St.**

2102 **Mentrida, A. de.** Diccionario de la lengua Bisaya, Hiligueina y Haraya de la isla de Panay. Manila 1841. **St.**

2103 **Noceda, J. de, y P. Sanlucar.** Vocabulario de la lengua Tagala. Valladolid 1832. **St.**

2104 **Alter, F. C.** Über die tagalische Sprache. Wien 1803. **St.**

2105 **Calzado, F. E. A.** Arte de la lengua Zebuana. o. O. 1836. **St.**

2106 **Mentrida, A. de.** Arte de la lengua Bisaya, Hiliguayna de la isla de Panay. Manila 1818. **St.**

2107 **San Agustin, F. G. de.** Compendio de la arte de la lengua Tagala. (Seg. impr.) Sampaloc 1787. **St.**

2108 **Totanes, S. de.** Arte de la lengua Tagala y Manual Tagalog. (Reimpreso.) Sampaloc 1796. **St.**

---

9. Mission.

(S. auch Nr. 389, 578—580, 595.)

2109 **Misión de la Compañia de Jesus en las Islas Filipinas.** El Archipiélago Filipino. (2 Bde. u. 1 Atlas.) Washington 1900. **Sw.**

2110 **La Croze, M. V.** Histoire du Christianisme des Indes. La Haye 1724. (S. Nr. 587.) St.

2111 **Maffeius, J. P.** Historiarum indicarum libri XVI. Selectarum epistolarum ex India libri IV. Viennae 1751. (S. Nr. 589. 590.) Cz.

2112 **Ribadeneyra, M. de.** Historia de los reynos de la gran China, Tartaria, Cochinchina, Malaca, Sian, Camboxa y Japon, y de lo sucedido en ellos a los religiosos descalços de la orden del Seraphico padre S. Francisco, de la provincia de San-Gregorio de las Philipinas. Barcelona 1613. (S. Nr. 384.) Cz.

2113 **Stöcklein, J.** Der neue Welt-Bott mit allerhand Nachrichten, welche von denen Missionarien Soc. Jesu aus beyden Indien seit 1642—1726 in Europa angelangt seynd. Augsburg, Grätz und Wien 1728—1755. (S. Nr. 79.) Cz.

VII. Indischer Archipel.

1. Bibliographie.

2114 **Hartmann, A.** Repertorium op de Literatuur betreffende de Nederlandsche Koloniën voor zoover zij verspreid is in Tijdschriften en Mengelwerken. I. Oost-Indië 1866—1893. II. West-Indië 1840—1893. 's Gravenhage 1895. Eerste Vervolg 1894—1900. 's Gravenhage 1901. **Cz.**

2115 **Hooykaas, J. C.** Repertorium op de Koloniale Litteratuur of Systematische Inhoudsopgaaf van hetgeen voorkomt over de Koloniën (beoosten de Kaap) in mengelwerken en tijdschriften van 1595 tot 1865 uitgegeven in Nederland en zijne overzeesche bezittingen. Ter perse bezorgd door W. N. Du Rieu. Amsterdam 1874. **Cz.**

2116 **Kan, C. M.** Proeve eener geographische Bibliographie van Nederlandsch Oost-Indië voor de Jaren 1865—80. Utrecht 1881. **Ge.**

---

2. Zeitschriften.

(Vergl. auch Nr. 2361, 2540, 2596, 2597.)

2117 **Amsterdam. Indische Mercuur.** Orgaan voor handel, landbouw, nijverheid en mijnwezen in Nederlandsch Oost- en Westindië. Jg. 26—28. Amsterdam 1903—1905. (Wird fortgesetzt.) **Bo.**

2118 **Batavia. Indisch Archief.** Tijdschrift voor de Indiën, uitgeg. door S. A. Buddingh. Jaarg. 1. 2. Batavia 1849—51. **Cz.**

2119 — **(Groningen, Zalt-Bommel). Tijdschrift voor Neêrland's Indië.** Jaarg. I—XVIII. Uitgeg. door W. R. van Hoëvell. Batavia, Groningen, Zalt-Bommel 1838—1856. **Cz.**

2120 **'s Gravenhage. Bijdragen tot de Taal-, Land- en Volkenkunde van Nederlandsch-Indië.** Uitgegeven door het Kon. Instituut voor de Taal-, Land- en Volkenkunde van Nederlandsch-Indië. (Vollständig m. Register op de eerste 50 deelen.) 's Gravenhage, seit 1853. **Cz.**

2121 **Samarang (Jogjakarta). Tijdschrift van het Indisch Aardrijkskundig Genootschap.** I, 1 u. 4. Samarang u. Jogjakarta 1883. **Ge.**

2122 **Sarawak Museum.** Report for 1892—1900 by R. Shelford. Sarawak 1901. **Nh.**

---

3. Geographie und Vermischtes.

(Vergl. auch Nr. 62, 65, 69, 76, 135, 138, 174, 248, 295, 299, 314, 324, 327, 2596 u. 2599.)

a. Reisen. Ortsbeschreibungen. Vermischtes.

2123 **Batavia,** de hoofdstad v. Nederlandsch Oost-Indië, in derzelver gelegenheid, opkomst, voortreffelijke gebouwen, hooge en lage regeering, geschiedenissen, kerkzaken, koophandel, zeden, luchtsgesteldheid, ziekten, dieren en gewassen beschreven. 4 deelen. Amsterdam 1782. 83. **Cz.**

— Dasselbe, deutsch v. J. J. Ebert u. d. T. Beschreibung und Geschichte der Hauptstadt in dem holländischen Ostindien, Batavia; nebst geographischen, politischen und physikalischen Nachrichten von der Insel Java. 4 Thle. Leipzig 1785. 86. **Cz.**

2124 **Beschreibung des Hafens von Batavia „Tandjong Priok".** Haag 1888. **Cz.**

2125 **Catalogus der afdeeling „Nederlandsche Koloniën"** van de internationale koloniale en uitvoerhandel tentoonstelling 1883 te Amsterdam. 1.—3. groep. Leiden 1883. **Cz. Vk.**

2126 **Deli in Wort und Bild.** Amsterdam 1905. **Cz.**

2127 **Eenige aanteekeningen betreffende Lombok.** Met 3 kaarten. Uitgeg. met toestemming van z. E. den Minister van Koloniën. 's Gravenhage 1894. **Cz.**

2128 **Encyclopaedie van Nederlandsch-Indië.** Samengesteld door P. A. van der Lith, A. J. Spaan, F. Fokkens, J. F. Snelleman. 1.—3. deel. 's Gravenhage-Leiden (1898—1900). **Cz.**

2129 **Le moniteur des Indes-orientales et occidentales,** recueil de mémoires et de notices scientifiques et industrielles, de nouvelles et de faits importants concernant les possessions néerlandaises d'Asie et d'Amérique. Publ. av. la coopération de plusieurs membres de la société des arts et des sciences de Batavia, p. P. F. de Siebold et P. Melvill de Carnbee. Rédaction française confiée aux soins de F. E. Fraissinet. La Haye 1846. **Cz.**

2130 **Naaukeurige versameling** der gedenkwaardigste zee- en land-reysen na Oost- en West-Indien van 1246—1696. 28 Theile. Leyden 1707. (S. Nr. 63.) **Cz.**

2131 **Nederlandsch India,** in haaren tegenwoordigen Toestand beschouwd. Batavia (1780). **Cz.**

2132 **Pulo Weh, Sabang Bay Coaling Station.** (Mit 3 Karten.) Batavia o. J. **Sw.**

2133 **Reise durch die Insel Java.** (Kritiken, Bibliographie, Chronik.) o. O. o. J. **Sw.**

2134 **The narrative of D. Woodard and four seamen,** who lost their ship while in a boat at sea, and surrendered themselves up to the Malays in the island of Celebes; also an account of the manners and customs of the country, and a description of the harbours and coasts. 2. ed. London 1805. (S. Nr. 61.) **Cz.**

2135 **The voyage of Sir H. Middleton** to Bantam and the Maluco islands from the edition of 1606, annot. and ed. by B. Corney (Hakluyt Soc. vol. 19). London 1855. **Cz.**

2136 **Anderson, J.** Mission to the east coast of Sumatra in 1823, under the direction of the government of Prince of Wales Island. Edinburgh and London 1826. **Cz.**

2137 — Acheen and the ports on the north and east coasts of Sumatra; with incidental notices of the trade in the Eastern Seas and the aggressions of the Dutch. London 1840. **Cz.**

2138 **Bastian, A.** Indonesien oder die Inseln des Malayischen Archipels. 5 Lfgen. (1. Die Molukken. 2. Timor und umliegende Inseln. 3. Sumatra und Nachbarschaft. 4. Borneo und Celebes. 5. Schlussheft unter Bezugnahme auf Java.) Berlin 1884—94. **Cz. Pt. Vk.**

2139 — Reisen im indischen Archipel. (S. Nr. 101.)

2140 **Beccari, O.** Wanderings in the great forests of Borneo. Wanderings and researches of a naturalist in Sarawak. Transl. by E. H. Giglioli, revised and edited by F. H. H. Guillemard. London 1904. **Cz. Vk.**

2141 **Beeckman, D.** A voyage to and from the island of Borneo in the East-Indies. London 1718. **Cz.**

2142 **Behr, J. von der.** Diarium oder Tagebuch einer neunjährigen Reise zu Wasser und zu Lande im Dienste der Niederländisch Ost-Indianischen Compagnie. Jena 1688. (S. Nr. 105.) **Cz.**

2143 **Bickmore, A. S.** Travels in the East-Indian archipelago. London 1868. **Cz.**

— Reisen im ostindischen Archipel in den Jahren 1865 und 1866. Aus dem Englischen. Jena 1869. **Bü. Ha. Nh.**

2144 **Biervillas, J. de.** Voyage à la côte de Malabar, Goa, Batavia et autres lieux des Indes orientales (Réd. par Saunier de Beaumont) 2 pts. Paris 1736. (S. Nr. 113.) **Cz.**

— Dasselbe, deutsch u. d. T. Allerneueste Reisen nach Malabar etc. Berlin 1836. **St.**

2145 **Bock, C.** The head-hunters of Borneo. A narrative of travel up the Mahakkam and down the Barito, also journeys in Sumatra. London 1881. **Cz.**

— Unter den Kannibalen auf Borneo. Eine Reise auf dieser Insel und auf Sumatra. A. d. Engl. v. R. Springer. M. e. Vorw. v. A. Kirchhoff. Jena 1882. **Pt. Vk.**

2146 **Bollingius, F.** Ostindiske Reisebog. Kopenhagen 1678. **St.**

2147 **Bosch, J. van den.** Nederlandsche bezittingen in Azië, Amerika en Afrika, in derzelver toestand en aangelegenheid voor dit ryk, wysgeerig, staatshuishoudkundig en geographisch beschouwd. M. byvoeging der noodige tabellen en eenen atlas nieuwe kaarten. (2 deelen.) 's Gravenhage en Amsterdam 1818. **Cz. St.**

2148 **Boudyck-Bastiaanse, J. H. de.** Voyages faits dans les Moluques, à la Nouvelle-Guinée et à Célèbes, à bord de la goëlette royale l'Iris. Paris 1845. **Cz.**

2149 **Brau de St.-Pol Lias.** Ile de Sumatra. Chez les Atchés. Lohong. Paris 1884. **Cz.**

2150 — La côte du poivre. Voyage à Sumatra. Paris 1891. **Cz.**

2151 **Breitenstein, H.** 21 Jahre in Indien. Aus dem Tagebuche eines Militärarztes. 3 Theile. Leipzig 1899. 1900. 1902. **Cz.**

2152 **Brenner, J. v.** Besuch bei den Kannibalen Sumatras. Erste Durchquerung der unabhängigen Batak-Lande. Würzburg 1894. **Bü. Cz. Pt. Vk.**

2153 **Brooke, Ch.** Ten years in Sarawak. With an introduction by the Rajah Sir James Brooke. 2 vols. London 1866. **Cz.**

2154 **Buys, M.** Twee jaren op Sumatra's Westkust. Amsterdam 1886. **Cz.**

2155 **Carthaus, E.** Aus dem Reich von Insulinde. Sumatra und der malayische Archipel. Leipzig 1891. **Bü. Cz. Pt. Sw.**

2156 **Chailley-Bert, J.** Java et ses habitants. Paris 1900. **Cz.**

2157 **Constantin, de.** Recueil des voyages qui ont servi à l'établissement et aux progrèz de la Comp. des Indes Orientales formée dans les Prov. Unies des Pais Bas. Amsterdam, Rouen 1725. (S. Nr. 71.) **Cz. St.**

2158 **Courret, C.** A l'est et à l'ouest dans l'océan indien. — Sumatra; la côte du poivre; massacre de la mission Wallon à Atjeh. — Zanzibar etc. Paris 1884. **Cz.**

2159 **Crawfurd, J.** History of the Indian Archipelago, containing an account of the manners, arts, languages, religions, institutions and commerce of its inhabitants. 3 vols. Edinburgh and London 1820. **Cz. St.**

2160 **Domis, H. J.** De residentie Passoeroeang op het eiland Java. 's Gravenhage 1836. **Cz.**

2161 **Doren, J. B. J. van.** Fragmenten uit de reizen in den Indischen Archipel. 2 deelen. Amsterdam 1854. 56. **Cz.**

— Herinneringen en schetsen van Nederlandsch Oost-Indië. Vervolg op de „Fragmenten uit de reizen". 2 deelen. Amsterdam 1857. 58. **Cz.**

2162 **Dorn, A. Ritter von.** Javanische Häfen. (In Dorn, Die Seehäfen des Weltverkehrs, Bd. 2.) Wien 1892. **Bü.**

2163 **Duymaer van Twist, A. J.** Aanteekeningen betreffende eene reis door de Molukken in de maanden September en October 1855. 's Gravenhage 1856. **Cz.**

2164 **Elten, N. van.** Iets over den voorgaanden en tegenwoordigen staat van Nederlandsch Indië, vergezeld van eene beoordeeling van 2 vlugschriften getiteld: „Kort overzigt der finanziële resultaten van het stelsel van kultures onder den g. g. J. van den Bosch“ en „Blik op het bestuur van Nederl. Indië onder J. van den Bosch“ etc. M. voorkennis v. J. van den Bosch. 'sGravenhage en Amsterdam 1835. (S. Nr. 2492.) **Cz.**

2165 **Epp, F.** Schilderung aus Ostindiens Archipel. Heidelberg 1841. **Cz.**

— Schilderungen aus holländisch Ostindien. Heidelberg 1852. **Cz.**

2166 **Eschels-Kroon, A.** Beschreibung der Insel Sumatra; besonders in Ansehung des Handels etc. Nebst einer neuen Originalkarte; mit einer Vorrede hersg. v. G. B. v. Schirach. Hamburg 1781. **Cz.**

2167 **Forbes, H. O.** Wanderungen eines Naturforschers im Malayischen Archipel von 1878—83. A. d. Engl. von R. Teuscher. 2 Bde. Jena 1886. **Bü. Pt.**

2168 **Forrest, T.** A voyage to New-Guinea and the Moluccas from Balambangan etc., during the years 1774—76. To which is added a vocabulary of the magindano tongue. 2. ed. London 1780. **Cz.**

2169 **Friedmann, S.** Niederländisch Ost- und Westindien. Ihre neueste Gestaltung in geographischer, statistischer und culturhistorischer Hinsicht, mit besonderer Darstellung der klimatischen und sanitärischen Verhältnisse. München 1860. **Cz. Pt.**

2170 — Die ostasiatische Inselwelt. 2 Bde. (Malerische Feierstunden, Buch der Reisen u. Entdeckungen, Asien, Bd. 4 u. 5.) Leipzig 1868. **Bü.**

2171 **Gerstäcker, F.** Reisen, Bd. 5: Java. Stuttgart und Tübingen 1854. (S. Nr. 148.) **Bü. Ha.**

2172 **Gibson, W. M.** The prison of Weltevreden; and a glance at the east indian Archipelago. — Illustrated from original sketches. — New-York 1855. **Cz.**

2173 **Giesenhagen, K.** Auf Java und Sumatra. Streifzüge und Forschungen im Lande der Malaien. Leipzig 1902. **Bü. Cz. Nh. Vk.**

2174 **Graaf, N. de.** Voyages aux Indes orientales et en d'autres lieux de l'Asie (1639—1687); avec une relation de la ville de Batavia. Amsterdam 1719. **Cz.**

2175 **Haeckel, E.** Aus Insulinde. Malayische Reisebriefe. Bonn 1901. **Bü. Cz. Nh. St. Sw.**

2176 **Hagen, B.** Die Gajo-Länder auf Sumatra. Frankfurt a. M. 1903. **Vk.**

2177 **Hanneken, W. von.** Sumatra. (Auch u. d. T.: Kreuz und quer durchs Leben 1.) Berlin 1902. **Cz.**

2178 **Hatton, F.** North-Borneo. Exploration and adventures on the equator. With biographical sketch and notes by J. Hatton and preface by W. Medhurst. London 1885. **Cz.**

2179 **Hatton, J.** The new Ceylon, being a sketch of British North Borneo or Sabah. From official and other exclusive sources of information. London 1881. **Cz.**

2180 **Heinze, K.** Reise nach Batavia. Köln 1841. **St.**

2181 **Hesse, E.** Ost-Indische Reisebeschreibung (Benjamin Olitzsch, 1680, von Dresden bis Sumatra). Dresden 1687. 2. Aufl. Leipzig 1690. **St.**

2182 **Hoëvell, W. R. van.** Reis over Java, Madura en Bali in het midden van 1847. D. 1. 2. 3. 1. Afl. Amsterdam 1849—54. **Cz.**

2183 **Hogendorp, Comte C. S. W. de.** Coup d'oeil sur l'île de Java et les autres possessions néerlandaises dans l'Archipel des Indes. Bruxelles 1830. **Cz.**

— Beschouwing der Nederlandsche bezittingen in Oost-Indië. Amsterdam 1833. **Cz.**

2184 **Hogendorp, D. v.** Bericht v. den tegenwoordigen toestand der Bataafsche bezittingen in Oost-Indië en den handel op dezelve. 2. druk. Delft 1800. **Cz.**

2185 **Hollander, J. J. de.** Handleiding bij de beoefening der Land- en Volkenkunde van Nederlandsch-Oost-Indië. 2 Bde. 3. Aufl. Breda 1874 u. 77. **Vk.**

2186 **Jacobs, J.** Eenigen tijd onder de Baliërs. Eene Reisbeschrijving met aanteekeningen betreffende Hygiëne, Land- en Volkenkunde van de eilanden Bali en Lombok. Batavia 1883. **Cz.**

2187 **Jacobsen.** Reise in die Inselwelt des Banda-Meeres. Bearbeitet von P. Roland. Mit einem Vorwort von R. Virchow. Berlin 1896. **Cz.**

2188 **(Jasper, J. E.)** Verslag van de eerste Tentoonstelling-Jaarmarkt te Soerabaya. Batavia 1906. **Mu.**

2189 **Jizerman, J. W., J. F. van Bemmelen, S. H. Koorders, L. A. Bakhuis.** Dwars door Sumatra. Tocht van Padang naar Siak. Haarlem—Batavia 1895. **Cz.**

2190 **Jukes, J. B.** Narrative of the surveying voyage of H. M. S. Fly ...... together with an excursion into the interior of the eastern part of Java. London 1847. (S. Nr. 178.)

2191 **Junghuhn, F.** Die Battaländer auf Sumatra. Im Auftrage des General-Gouverneurs von Niederländisch-Indien in den Jahren 1840 und 1841 untersucht und beschrieben. Berlin 1847. **Cz. Vk.**

2192 — Java. (S. Nr. 2366.)

2193 **Keppel, H.** A visit to the Indian archipelago in H. M. ship Maeander. With portions of the private journal of J. Brooke. 2 vols. London 1853. **Cz.**

2194 **Kükenthal, W.** Forschungsreise in den Molukken und Borneo etc. (S. Nr. 2367.)

2195 **Kussendrager, R. J. L.** Natuur- en aardrijkskundige beschrijving van het eiland Java. Groningen 1841. **Cz.**

2196 **Lahure, le général baron.** Souvenirs. — Indes orientales. — L'île de Célèbes. Bruxelles 1880. **Cz.**

2197 **Langen, H. G.** Die Key- oder Kii-Inseln. Aus dem Tagebuche eines Colonisten. Wien 1902. **Cz. Sw.**

2198 **Linschoten, J. H. van.** Itinerario, voyage ofte schipvaert naer Oost ofte Portugaels Indien. Amsterdam 1596. **Cz.**

— Dasselbe, lat. Haag 1599 **Cz**; franz. Amsterdam 1638 **Cz**; engl. (s. Nr. 65) London 1885 **Cz.**

2199 **Lith, P. A. van der.** Nederlandsch Oost-Indië, beschreven en afgebeeld voor het Nederlandsche volk. 2. druk. 2 deelen. Leiden 1893. 94. **Cz.**

2200 **Low, H.** Sarawak; its inhabitants and productions: being notes during a residence in that country with J. Brooke. London 1848. **Cz.**

2201 **Maass, O.** Quer durch Sumatra. Berlin 1904. **Bü.**

2202 **Marryat, F. S.** Borneo and the Indian archipelago. W. drawings of costume and scenery. London 1848. **Cz.**

2203 **Marsden, W.** The history of Sumatra, containing an account of the government, laws, customs and manners of the native inhabitants etc. M. 1 Karte u. dem in Kupfer gestochenen Rejang Alphabet. 2. ed. London 1784. **Cz.**

— Natürliche u. bürgerliche Beschreibung der Insel Sumatra. A. d. Engl. M. 1 Karte. Leipzig 1785. **Cz.**

2204 **Martin, K.** Reisen in den Molukken, in Ambon, den Uliassern, Seran (Ceram) und Buru. Eine Schilderung von Land und Leuten. Leiden 1894. **Cz.**

— Dasselbe. Geolog. Teil. Leiden 1897—1903. **Cz.**

2205 **Meister, A.** Bilder aus Java. Zürich 1875. **Cz.**

2206 **Meyer, A. B.** Der Minahassa auf Celebes. Berlin 1876. **Bü. Ge. St.**

2207 **Modigliani, E.** Un viaggio a Nías. Milano 1890. **Cz.**

2208 — Fra i Batacchi indipendenti. 2. ed. Roma 1892. **Cz.**

2209 **Mohnike, O.** Banka und Palembang nebst Mittheilungen über Sumatra im Allgemeinen. Münster 1874. **Cz.**

2210 **Müller, J.** Beschreibung der Insel Java nach den Berichten R. J. L. Kussendragers und andern neuen Quellen. A. d. Holl. freibearbeitet. Berlin 1860. **Cz. Pt.**

2211 **Müller, S.** Verhandelingen over de natuurlijke geschiedenis der Nederlandsche overzeesche bezittingen. (Deel 3.) Land en Volkenkunde door S. Müller. Leiden 1839—44. **Vk.**

2212 — Bijdragen tot de kennis van Sumatra, bijzonder in geschiedkundig en ethnographisch opzigt. Leiden 1846. **Cz.**

2213 — Reizen en onderzoekingen in den Indischen archipel, gedaan op last der Nederlandsch Indische Regeering, tusschen de jaren 1828 en 1836. Nieuwe uitgave. 2 Thle. Amsterdam 1857. **Cz.**

2214 **Nahhuis.** Brieven over Bencoolen, Padang, het rijk van Menang-Kabau, Rhiouw etc. (S. Nr. 210.)

2215 **Nieuwenhuis, A. W.** In Centraal Borneo. Reis van Pontianak naar Samarinda. Leiden 1900. **Cz. Vk.**

2216 **Nieuwenhuis, A. W.** Quer durch Borneo. Ergebnisse seiner Reisen in den Jahren 1894, 96, 97 und 1898—1900. 2 Tle. Leiden 1904—1907. **Cz. Pt. Vk.**

2217 **Nieuwenkamp, W. O. J.** Bali en Lombok. Uitvoerige geillustreerde reisherinneringen en studies omtrent land en volk, kunst en kunstnijverheid. Afl. I. Edam (1906). **Mu.**

2218 **Nijland, A. A.** Total eclipse of the sun, Mai 18, 1901. Report on the Dutch expedition to Kavang-Sago, Sumatra. Amsterdam 1904. **Sw.**

2219 **Olivier, B. J.** Land- und Seereisen in Niederländisch-Indien und einigen britischen Niederlassungen 1817 bis 1826. (S. Nr. 61.)

2220 **Pfeiffer, J.** Meine zweite Weltreise. 4 Bde. (Bd. 1. 2: Borneo, Java, Molukken). Wien 1856. (S. Nr. 222.) **Cz.**

2221 **Pfyffer de Neüeck.** Esquisses de l'île de Java et de ses divers habitants, recueillies pendant un séjour de 8 années fait dans cette ile. Trad. de l'allem. p. Girodz du Villard, revu et mis en ordre p. G. Guénot Lecointe. Bruxelles 1837. **Cz.**

2222 **Pina, A. de.** Deux ans dans le pays des épices (îles de la Sonde). Paris 1880. **Cz.**

2223 **Planten, H. O. W., J. C. M. Wertheim** en **C. M. Pleyte.** Verslagen van de wetenschappelijke Opnemingen en onderzoekingen op de Key-Eilanden 1889—90. 2 Bde. (A. Tijdschr. Nederl. Aardrijksk. Gen. Ser. II D. 9. 10.) Leiden 1893. **Vk.**

2224 **Posewitz, Th.** Borneo. Entdeckungsreisen und Untersuchungen, gegenwärtiger Stand der geolog. Kenntnisse, Verbreitung der nutzbaren Mineralien. Berlin 1889. **Cz. Nh. St.**

2225 **Preyer, A.** Indo-Malayische Streifzüge. Beobachtungen und Bilder aus Natur und Wirtschaftsleben im tropischen Südasien. Leipzig 1903. (S. Nr. 236.) **Bü. Cz.**

2226 **Pyrard, F.** (aus Laval). Voyage, contenant la navigation aux Indes orientales, Maldives, Moluques et au Brésil. Av. des observations géographiques etc. Nouv. ed. revue et augm. par P. Du-Val, géographe ordinaire du Roy. Paris 1679 (S. Nr. 190). **Cz.**

— Dasselbe, transl. into English from the third French edition of 1619 and ed. by Albert Gray and H. C. P. Bell (Hakluyt Soc. vol. 76, 77, 80). London 1887—1890. **Cz.**

2227 **Reinwardt, C. G. C.** Reis naar het oostelijk gedeelte van den Indischen archipel in het jaar 1821. — Uit zijne nagelaten aanteekeningen opgesteld, met een levensberigt en bijlagen vermeerderd; door W. H. de Vriese. Amsterdam 1858. **Cz.**

2228 **Rinne, F. u. E.** Kasana, Kamari. Eine Celebesfahrt. Hannover u. Leipzig 1900. **Bü. Cz.**

2229 **Roorda van Eijsinga, P. P.** Iets over Nederlandsch Indië. Kampen 1836. **Cz.**

2230 — Handboek der land- en volkenkunde, geschied-, taal-, aardrijks- en staatkunde v. Nederlandsch Indië. Amsterdam 1841—50. **Cz.**
1. boek. Oorzaken v. vestiging, beschrijving v. Amboina, of: de hoofdgroep der Molukkos. — 2. boek. De kleine Sunda-eilanden, of: de hoofdgroep v. Sumbava. — 3. boek. Java.

2231 **Rosenberg, C. B. H. von.** Reistogten in de afdeeling Gorontalo, gedaan op last der Nederlandsch-Indische regeering. (Werken van het Kon. Instituut voor Taal-, Land- en Volkenkunde van Nederlandsch Indië. 2. Afdeel.) Amsterdam 1865. **Cz.**

2232 — Der Malayische Archipel. Land und Leute in Schilderungen gesammelt während eines dreissigjährigen Aufenthaltes in den Kolonien. M. Ill. u. e. Vorworte von P. J. Veth. Leipzig, Amsterdam und London 1878/9. **Cz. Nh. Pt. Vk.**

2233 **Roy, J. de.** Merkwürdiges Leben und Reisen. (Borneo, Atchin 1691.) 2. Aufl. o. O. 1746. **St.**

2234 **St. John, H.** Life in the forests of the far east. (Borneo.) 2 vols. London 1862. **Cz.**

2235 **Sarasin, P. u. F.** Entwurf einer geographisch-geologischen Beschreibung von Celebes. (P. u. F. Sarasin, Materialien z. Natgesch. d. I. Celebes, Bd. 4.) Wiesbaden 1901. (S. Nr. 2369.) **Cz. St.**

2236 — Reisen in Celebes, ausgeführt in den Jahren 1893—1896 u. 1902—1903. 2 Bde. Wiesbaden 1905. **Cz. Nh. Vk.**

2237 **Schankweiler, H.** Reise nach Java, den übrigen Sunda-Inseln u. Aufenthalt daselbst in den Jahren 1829—38. Lüdenscheid 1845. **Cz.**

2238 **Schlegel, G.** The Old States in the island of Sumatra. (A. T'oung-pao, ser. II, 2.) Leyden 1901. Ge.

2239 **Schröder, J. H.** Der Seefahrer. Oder J. H. S's merkwürdige Reisen nach Ostindien und verschiedenen orientalischen Inseln, mit der Erzählung des Aufstandes in Batavia 1740. Leipzig u. Gotha 1749. (S. Nr. 252.) Cz.

2240 **Schulze, L. F. M.** Führer auf Java. Ein Handbuch für Reisende. Mit Berücksichtigung der socialen, commerziellen, industriellen und naturgeschichtlichen Verhältnisse. Mit Eisenbahnkarte. Leipzig 1890. Cz.

2241 **Schweitzer, C.** Journal und Tagebuch seiner sechsjährigen Ost-Indianischen Reise 1675—1682. Tübingen 1688. (S. Nr. 254.) Cz.

2242 **Seelhorst, G.** Australien in seinen Weltausstellungsjahren 1879—81. Nebst Anhang: Eine Reise in's Innere von Sumatra. Augsburg 1882. Pt.

2243 **Selberg, E.** Reise nach Java u. Ausflüge nach den Inseln Madura u. St. Helena. M. e. Plan v. Batavia u. Umgebungen. Oldenburg 1846. Cz.

2244 **Selenka, E. und L.** Sonnige Welten. (S. Nr. 255.)

2245 **Spengler, J. A.** De Nederlandsche Oost-Indische Bezittingen. Utrecht 1863. St.

2246 **Stavorinus, J. S.** Reise nach dem Vorgebürge der guten Hoffnung, Java u. Bengalen, in den Jahren 1768—71. A. d. Holländ. v. Lueder. Berlin 1796. Cz.

— Voyage par le Cap de Bonne-Espérance et Batavia, à Samarang, à Macassar, à Amboine, et à Surate, en 1774—78. Trad. du hollandois. 2 tms. Paris An VII (1799). Cz.

2247 **Steck, F. G.** Reise nach Java. Erlebnisse auf derselben u. Winke über den Militärdienst in der holländisch-ostindischen Armee. Darmstadt 1861. Cz. St.

2248 **Stöhr, E.** Die Provinz Banjuwangi in Ost-Java mit der Vulkangruppe Idjen-Raun. Reiseskizzen. (A. Abh. Senckenb. Ges.) Frankfurt 1874. Cz.

2249 **Temminck, C. J.** Coup d'oeil général sur les possessions néerlandaises dans l'Inde archipélagique. T. 1—3. Leide 1846—49. Cz.

2250 **Tombe, C. F.** Voyage aux Indes orientales, pendant les années 1802—6, contenant la description du Cap de Bonne-Espérance etc., Java, Banca et la ville de Batavia, des observations sur le commerce es les productions de leurs pays etc. Revu et augmenté de plusieurs notes et éclaircissemens p. (C. N. S.) Sonnini (de Manoncour). Av. un atlas. 2 vols. Paris 1810. **Cz.**

2251 **Transsylvanus, M.** De Moluccis insulis atque aliis pluribus mirandis quae novissima Castellanorum navigatio Imperatoris Caroli V auspicio suscepta nuper invenit ad Rev. Cardinalem Saltzburgensem epistola lectu perquam iucunda. In: Simon Grynaeus, Novus orbis regionum ac insularum veteribus incognitarum. Basil. 1537 (fehlt in der Ausgabe von 1532). **St.**

— Dasselbe, Facsimile-Druck nach der Kölner Ausgabe von 1523 mit Übersetzung. In: Henry Stevens, Johann Schöner, Professor of Mathematics at Nuremberg, ed. by C. H. Coote. London 1888. **Cz.**

2252 **Vermeer, L.** Reizen en lotgevallen in de Nederlandsch-Oostindische bezittingen. Amsterdam 1843. **Cz.**

2253 **Veth, P. J.** Borneo's wester afdeeling, geographisch, statistisch, historisch, voorafgegaan door eene algemeene schets des ganschen eilands. 2 deelen. Zalt Bommel 1854. 56. **Cz.**

2254 — Java, geographisch, ethnologisch, historisch. Deel 1. 2. Haarlem 1875. **Cz.**

2255 **W., H. de.** On the Equator. London (1882). **Cz.**

2256 **Walbaum, C. F.** Ausführliche und merkwürdige Historie der ostindischen Insel Gross-Java und aller übrigen holländischen Colonien in Ostindien. Leipzig u. Jena 1754. **Cz.**

2257 **Wallace, A. R.** The Malay archipelago, the land of the orang-utan and the bird of paradise. A narrative of travel with studies of man and nature. 2 vols. London 1869. **Cz.**

— Dasselbe, deutsch von A. B. Meyer. 2 Bde. Braunschweig 1869. **Bü. Nh. Pt. St.**

2258 **Weber - van Bosse, Frau A.** Ein Jahr an Bord I. M. S. Siboga. Beschreibung der holländischen Tiefsee-Expedition im Niederländisch-Indischen Archipel 1899—1900. Nach der 2. Aufl. a. d. Holl. von Frau E. Ruge-Baenziger. Leipzig 1905. **Cz.**

2259 **Wichmann, A.** Bericht über eine im Jahre 1888—89 im Auftrage der Niederländischen Geographischen Gesellschaft ausgeführte Reise nach dem Indischen Archipel. 3 Teile. (A. Tijdschr. Nederl. Aardrijkskundig Genootschap.) Leiden 1890—92. Cz. Ge.

2260 **Wida, B. von.** Die batavische Seefahrt, das ist: Poetischer Außzug und Abriß einer Seefahrt nach Batavia. o. O. 1715. St.

— Dasselbe. Mit poetischer Feder vorgestellet. o. O. 1725. St.

2261 **Wilde, A. de.** De Preanger Regentschappen op Java gelegen. Amsterdam 1830. Cz.

2262 **Willer, T. J.** Het eiland Boeroe, zijne exploitatie en halfoersche instellingen. Uitgegeven met bijdragen en toelichtingen in verband tot europesche kolonisatie in Nederlandsch-Indië, door J. P. Cornets de Groot van Kraaijenburg. Met eene schets van Boeroe. Amsterdam 1858. Cz.

2263 **Yvan.** Voyages et récits. 2 tomes (T. 1: De Brest à Bourbon. T. 2: Six mois chez les Malais). Bruxelles 1853. Cz.

b. Karten.

2264 **Allgemeene kaart van Nederlandsch Ostindië** volgens echte bescheiden, grootendeels in handschrift berustende bij de archieven van het koloniaal bestuur te 's Gravenhage en te Batavia, mitsgaders uit mededeelingen van geleerden, beambten, zee- en landofficieren in Nederlandsch Indië, tesamengesteld door G. F. Baron von Derfelden van Hinderstein. 12 Bl. Amsterdam (1836—41) mit: Mémoire analytique pour servir d'explication à la carte générale des possessions néerlandaises etc. La Haye et Amsterdam 1841. Cz.

2265 **Atlas der nederlandsche bezittingen in Oost-Indië,** samengesteld door J. W. Stemfoort en J. J. ten Siethoff. (14 Bll.) 's Gravenhage 1883—85. Cz.

2266 **Hamburg, Deutsche Seewarte.** Die durch den Ausbruch auf Krakatau bewirkten Veränderungen. Karte der Sundastrasse, herausg. v. d. Deutschen Seewarte. Hamburg 1884. (S. Nr. 2389.) Sw.

2267 **Bas, F. de.** De Residentie-Kaarten van Java en Madoera. 2 Bl. Amsterdam 1876. Ge.

2268 **Junghuhn, F.** Kaart van het eiland Java. 4 Bl. Breda 1855. Cz.

2269 **Petermann, A.** Map of Borneo. 1 Bl. London 1851. **Ge.**

2270 **Sohr-Berghaus.** Uebersichtskarte von Niederländisch-Indien. Maassstab: 1 : 13000000. Mit Specialkarte von Lombok, Bali und West-Sumbawa. Maassstab: 1 : 1500000. Nach holländ., franz., engl. und deutschen Quellen bearbeitet von A. Herrich. Glogau 1894. **Pt.**

---

4. Geschichte.

(Vergl. auch Nr. 346, 363, 380—82, 389, 391, 392 u. 404.)

2271 **Bijdrage tot de kennis van den voormaligen en tegenwoordigen staat** onzer Oostindische bezittingen. Amsterdam 1841. **Cz.**

2272 **Bouwstoffen voor de geschiedenis der Nederlanders in den Maleischen Archipel.** Deel 1. 2. uitgegeven door P. A. Tiele; deel 3. door J. E. Heeres. 's Gravenhage 1886—95. **Cz.**

2273 **Dagh-Register gehouden int Casteel Batavia** vant passerende daer ter plaetse als over geheel Nederlandts-India. Anno 1624—29. Uitg. d. h. Departement v. Koloniën onder toezicht van J. E. Heeres, m. inleiding v. Th. van Riemsdijk. 's Gravenhage 1896. **Cz.**

— Anno 1640—41, 1653, 1659, 1661, 1663, 1664, 1665, 1666—67, 1668—69, uitg. o. t. van J. A. van der Chijs. Batavia-'s Gravenhage 1887—1897. **Cz.**

2274 **Die holländischen Expeditionen gegen Atschin.** In ihren Hauptumrissen historisch kurz dargestellt von einem in der holländisch-ostindischen Colonial-Armee sich befindenden Militair. Leipzig 1875. **Cz.**

2275 **Een waer verhael** van de onlancksche, ongerechte, wreede ende onmenschelycke procedure teghen de Engelsche tot Amboyna in Oost-Indien door de Nederlanders ghemaeckt op een versierde pretentie van een Conspiratie van de selve Enghelschen. o. O. 1624. **St.**

Hieran angebunden:

Waerachtich verhael van de tidinghen ghecomen ut de Oost-Indien in Junio 1624. Aengaende de Conspiratie ontdeckt inde Eylanden van Amboyna: ende de straffe by Justitie daer op ghevolcht. In Martio 1624 vervat by missive. o. O. 1624.

Ohne besonderes Titelblatt:

Antwoorde van de Duytsche Relatie, aengaende die ghepretendeerde Conspiratie van de Enghelschen in Amboyna in Oost-Indien. o. O. o. J.

2276 **État présent des Indes hollandoises.** Batavia (1780). Cz.

2277 **Handelingen der Regeering en der Staten-Generaal** betreffende het reglement op het beleid der regeering van Nederlandsch Indië. D. 1. Ontwerpen en wet, benevens registers. D. 2. Memorien en verslagen. D. 3. Beraadslagingen. Utrecht 1857. Cz.

2278 **Naamboekje** van de Heeren der Hoge Indische Regeeringe als geweest 1747 etc. Amsterdam 1749. St.

2279 **Naamlyst** van de resp. Gouverneurs, Directeurs, Commandeurs, item verdere Opperhoofden ets op de Buyten Comptoiren van Nederlands India als geweest 1746. Amsterdam 1748. St.

2280 **Verslag van het beheer en den staat der Nederlandsche Bezittingen** en Coloniën in Oost- en West-Indië en ter Kust van Guinea over 1849—54. Ingediend door den Minister van Coloniën. 6 Bde. Utrecht 1857. 58. Cz.

2281 **Verzameling van verscheide echte stukken van Batavia herwaards gezonden.** Concerneerende den opstand der Chineezen buiten, en de daar op gevolgde gruwelyke Massacre binnen gemelde Stad. 2. druk, veelzins verbetert. Dordrecht, Haarlem etc. (1741). Cz.

2282 **Argensola, B. L. de.** Conquista de las islas Malucas. Madrid 1609. Cz. St.

— Histoire de la conquête des îles Moluques par les Espagnols, par les Portugais et par les Hollandois. Trad. de l'espagn. et enrichie des figg. et cartes géogr. 3 tms. Amsterdam 1706. Cz.

— Beschreibung der Molukischen Insuln und derer zwischen den Spaniern, Portugiesen und Holländern geführten Kriege. Ins Hochdeutsche übers. Frankfurt u. Leipzig 1710. St.

2283 **Barfus, E. v.** Kriegsfahrten eines alten Soldaten im fernen Osten. Nach den Aufzeichnungen eines ehem. Offiziers der niederländisch-ostindischen Armee. Stuttgart, Leipzig, Berlin, Wien 1893. Cz. Pt.

2284 **Bokemeyer, H.** Die Molukken. Geschichte und quellenmäßige Darstellung der Eroberung und Verwaltung der ostindischen Gewürzinseln durch die Niederländer. Mit einem Anhange von bisher ungedruckten Aktenstücken. Leipzig 1888. Cz. St.

2285 **Brooke, J.** The private letters of J. Brooke, Rajah of Sarawak, narrating events of his life from 1838 to the present time. Ed. by J. C. Templer. 3 vols. London 1853. (S. Nr. 2153.) **Cz.**

2286 **Chijs, J. A. van der.** Nederlandsch-Indisch Plakaatboek. 1602—1811. 1.—17. deel. Uitgegeven door het Bataviaasch Genootschap van Kunsten en Wetenschappen met medewerking van de Nederlandsch-Indische Regering. Batavia-'s Hage 1885—1900. **Cz.**

2287 **Court, M. H.** An exposition of the relations of the british government with the sultan and state of Palembang etc., with descriptive accounts and maps of Palembang and the island of Banca. London 1821. **Cz.**

2288 **du Bois, J. B. J.** Vies des gouverneurs généraux, avec l'abrégé de l'histoire des établissemens hollandois aux Indes orientales. Ouvrage orné de leurs portraits en vignettes, enrichi de cartes, plans et figures, et suivi des considérations sur l'état présent de la compagnie p. le bar. (G. W.) d'Imhoff. Haye 1763. **Cz. St.**

2289 **Elten, N. van.** Iets over den voorgaanden en tegenwoordigen staat van nederlandsch Indië etc. S. Nr. 2164.

2290 **(Gervaise, N.)** Description historique du royaume de Macaçar. (Nouv. éd. augment.) Ratisbonne 1700. **Cz. St.**
(p. 201 der Titel:)
Relation de tout ce qui s'est passé de plus mémorable en la guerre que les Hollandois etc. ont eue contre le roi et les autres regents de Macaçar, 1666—1669 etc. sous la conduite de Corneille Speelmann. Le tout traduit sur la Coppie imprimée à Batavia.

2291 **Guyon, C. M.** Histoire des Indes orientales, anciennes et modernes. 3 tms. Paris 1744. (S. Nr. 366.) **Cz.**

2292 **Heyman, A.** De Timor-tractaten (1859 en 1893). Proefschrift. Leiden 1895. **Cz.**

2293 **Heyne, B.** Tracts historical and statistical on India etc., also an account of Sumatra, in a series of letters. London 1814. **Cz.**

2294 **Jarric, P. du.** L'histoire des choses plus mémorables advenues tant èz Indes orientales, qu'autres païs de la descouverte des Portugais. Valencienne 1611. (S. Nr. 369.) **Cz.**

2295 **Jonge, J. K. J. de, en L. van Deventer.** De opkomst van het Nederlandsch gezag in Oost-Indië. 1595—1811. Verzameling van onuitgegeven stukken uit het Oud-Koloniaal Archief. 13 deelen. 's Gravenhage 1862—88. Alphabetisch Register, bew. door J. W. G. van Haarst. 's Gravenhage 1888. Cz.

2296 **Keppel, H.** The expedition of the Dido for the suppression of piracy: with extracts from the journal of J. Brooke. 2 vols. London 1846. Cz.

2297 **Klerk de Reus, G. C.** Geschichtlicher Ueberblick der administrativen, rechtlichen und finanziellen Entwicklung der Niederländisch - Ostindischen Compagnie. (Verh. v. het Bat. Gen. v. K. en W. Deel 47. Stuk 3.) Batavia 1894. Cz.

2298 **Lauts, G.** Geschiedenis van de vestiging, uitbreiding, bloei en verval van de magt der Nederlanders in Indië. D. 1—7. (A. u. d. T. Geschiedenis van de Nederlandsche regeering in Indië, gedurende 1816—1858. D. 1. 2.) Amsterdam 1852—1866. Cz.

2299 **Massink, H.** Bijdrage tot de kennis van het vroeger en tegenwoordig bestuur op het eiland Madoera. Ac. Proefschrift. Leiden 1888. Cz.

2300 **Meinsma, J. J.** Geschiedenis van de Nederlandsche Oost-indische bezittingen. Deel I. II, 1 u. 2 stuck. 's Haage 1872—75. Cz.

2301 **Müller, S.** Bijdragen tot de kennis van Sumatra etc. S. Nr. 2212.

2302 **Mundy, R.** Narrative of events in Borneo and Celebes, down to the occupation of Labuan: from the journals of J. Brooke, Rajah of Sarawak, and governor of Labuan. Together with a narrative of the operations of H. M. S. Iris. 2 vols. London 1848. Cz.

2303 **(Raffles, Sophia.)** Memoir of the live and public services of Thomas Stamford Raffles, particulary in the government of Java 1811—13, and of Bencoolen and its dependencies in 1817—24; with details of the commerce and resources of the Eastern Archipelago, and selections from his correspondence. By his widow. M. Raffles' Portr. London 1830. Cz.

2304 **Raffles, T. St.** The history of Java. 2 vols. London 1817. Cz. Vk. (fehlt Bd. 1).

2305 **Rees, W. A. v.** — Montrado. — Geschied- en krijgskundige bijdrage betreffende de onderwerping der Chinezen op Borneo. — Naar het dagboek van een Indisch Officier over 1854—56. M. eene voorrede v. P. J. Veth. Hertogenbosch 1858. **Cz.**

2306 **Saalfeld, F.** Geschichte des holländischen Kolonialwesens in Ostindien. 2 Theile. Göttingen 1812. **Cz. Pt. St.**

2307 **St. John, H.** The Indian archipelago: its history and present state. 2 vols. London 1853. **Cz.**

2308 **St. John, S.** The life of Sir James Brooke, rajah of Sarawak; from his personal papers and correspondence. London 1879. **Cz.**

2309 **Selberg, E.** Ueber die vergangene u. gegenwärtige Lage der Insel Java. Nach holländischen u. englischen Quellen u. eigener Anschauung bearbeitet. Rinteln, Leipzig und Amsterdam 1840. **Cz.**

2310 **Stoll, F.** Meine Erlebnisse bei der holländischen Schutztruppe. Zwölf Jahre Dienstzeit in Ostindien. Leipzig (1902). **Bü. Cz.**

2311 **Stuers, J. J. L. Ridder de.** Vestiging en Uitbreiding der Nederlanders ter Westkust van Sumatra. Uitgeg. door P. J. Veth. 1. Deel. Amsterdam 1849. **Cz.**

2312 **Veth, P. J.** S. Nr. 2253, 2254.

2313 **Woofe, A.** The tyranny of the Dutch against the English. Sufferings of Woofe and others in the island of Banda. London 1660. **St.**

---

5. Staatswesen. Verwaltung. Rechtsverhältnisse.

2314 **Belangen van Nederland** en Nederlands Indië. Haarlem 1841. **Cz.**

2315 **Bussemaker, J. B.** Iets over het landbezit van den inlander in Nederlandsch-Indië. Proefschrift. Leiden 1887. **Cz.**

2316 **Deinse, H. K. J. van.** De toestand in de Vorstenlanden. Acad. Proefschrift. Leiden 1887. **Cz.**

2317 **Heijcop ten Ham, A. J. C. E. van.** De berechting van civiele zaken en van misdrijven op de terechtzitting der landraden op Java en Madoera. Acad. Proefschrift. Leiden 1888. **Cz.**

2318 **Hellwald, F. v.** Ueber Colonien und über die holländischen Niederlassungen in Ostindien insbesondere. Ein Beitrag zur niederländischen Colonialfrage. (Wien 1871.) Cz.

2319 **Ireland, A.** The far eastern tropics. Studies in the administration of tropical dependencies. Hong-kong, British North Borneo, Sarawak, Burma, The Federated Malay States, The Straits Settlements, French Indo-China, Java, The Philippine islands. Westminster 1905. (S. Nr. 413.) Cz.

2320 **Jooris, J.** Aperçu politique et économique sur les colonies néerlandaises aux Indes orientales. Bruxelles-Amsterdam 1884. Cz.

2321 **Kleyn, R. H.** Het gewestelijk bestuur op Java. Proefschrift. Leiden 1889. Cz.

2322 **Lens, A.** De rechtstoestand in Nederlandsch-Indië van vereenigingen in Nederland als rechtspersonen erkend. Proefschrift. Leiden 1889. Cz.

2323 **Matthes, H. J.** Eenige opmerkingen over de waarborgen, waarmede de doodstraf in Nederlandsch Oost-Indië omgeven is. Acad. Proefschrift. Leiden 1887. Cz.

2324 **Money, J. W. B.** Java or how to manage a colony, showing a practical solution of the questions now affecting British India. 2 vols. London 1861. Cz.

2325 **Pennink, H. C.** Het Reglement van 28. Februari 1836 (Nr. 19) voor de particuliere landerijen, gelegen ten westen der Rivier Tjimanoek op Java. Proefschrift. Groningen 1885. Cz.

2326 **Reijnst, J. C.** De afscheiding der rechterlijke en administratieve macht in Nederlandsch Oost-Indië. Academisch Proefschrift. Leiden 1878. Cz.

2327 **Roorda, F.** Javaansche Wetten. Uitgegeven door F. Roorda. Amsterdam 1844. St.

2328 **Scheuer, W. P.** Het grondbezit in de Germaansche Mark en de Javaansche Dessa. Rotterdam 1885. St.

2329 **Thomas, Th.** Eenige opmerkingen naar aanleiding van het pachtstelsel op Java. Leiden 1893. Cz.

2330 **Uhlenbeck, G. W.** Bijdrage tot de geschiedenis van de verhouding tuschen den Staat en de christelijke werkgenootschappen in Nederlandsch Oost-Indië. Academisch Proefschrift. Leiden 1887. Cz.

2331 **Winckel, C. P. K.** De Raad van Neerlandsch-Indië. Utrecht 1863. **St.**

2332 — Essai sur les principes régissant l'administration de la justice aux Indes orientales Hollandaises, surtout dans les îles de Java et de Madoura. Samarang-Amsterdam 1870. **Cz.**

---

6. Bewohner und natürliche Verhältnisse.

(Anthropologische, physikalische und naturhistorische Schriften.)

a. Bewohner.

(S. auch Nr. 2145, 2185, 2186, 2188, 2204, 2211, 2232.)

2333 **Almeida, W. B. d'.** Life in Java with sketches of the Javanese. 2 vols. London 1864. **Cz.**

2334 **Chailley-Bert, J.** Java et ses habitants. Paris 1900. (S. Nr. 2156.) **Cz.**

2335 **Chijs, J. A. van der.** Catalogus der ethnologische Verzameling van het Bataviaasch Genootschap van Kunsten en Wetenschappen. 4. Aufl. Batavia, 's Hage 1885. **Vk.**

2336 **Finsch, O.** Anthropolog. Ergebnisse einer Reise in die Südsee und den malayischen Archipel 1879—1882. Mit Vorwort von R. Virchow. (A. Ztschr. f. Ethnologie, Bd. 15.) Berlin 1884. **Cz. St.**

2337 — Gesichtsmasken von Völkertypen der Südsee und des Malayischen Archipels, nach Lebenden abgegossen. 1879—1882. Bremen 1887. **Ge.**

2338 **Haddon, A. C.** Head-Hunters, Black, White and Brown. London 1901. **Vk.**

2339 **Hasselt, A. L. van.** Ethnographische Atlas van Midden-Sumatra m. verklarenden Tekst. Leiden 1881. **Vk.**

2340 **Jacobs, J.** De Badoej's. (A. Internat. Arch. f. Ethnogr., Bd. 4.) Leiden 1891. **Ge.**

2341 — Het familie- en kampongleven op Groot-Atjeh. Eene bijdrage tot de Ethnographie van Noord-Sumatra. 2 deelen. Uitgegeven van wege het Kon. Nederl. Aardrijksk. Gen. Leiden 1894. **Cz.**

2342 **Maass, A.** Bei liebenswürdigen Wilden. Ein Beitrag zur Kenntnis der Mentawai-Insulaner, bes. der Eingeborenen von ši Oban auf Süd-Pora oder tobo lagai. Nach Tagebuchblättern. Berlin 1902. **Cz. Vk.**

2343 **Meyer, A. B.** Bemerkungen über den Werth, der im Allgemeinen den Angaben in Betreff der Herkunft menschlicher Schädel aus dem ostindischen Archipel beizumessen ist. Wien 1874. Nh.

2344 — Die Kalangs auf Java. (A. Leopoldina XIII, 13—14.) Dresden 1877. St.

2345 **Müller, F. W. K.** Beschreibung einer von Meissner mitgebrachten Batak-Sammlung. Berlin 1893. St.

2346 **Otto, E.** Pflanzer- und Jägerleben auf Sumatra. Berlin 1903. Bü.

2347 **Perelaer, M. T. M.** Ethnographische Beschrijving der Dajaks. Zalt-Bommel 1870. Vk.

2348 **Pleyte, C. M.** Bijdrage tot de kennis van het Mahâyâna op Java. (A. Bijdr. v. de Taal-, Land- en Volkenk. v. Ned.-Indië VI. Volg. 10.) 's Gravenhage 1901. Vk.

2349 **Richter, O.** Ueber Messingpanzer in der Molukken-See. (A. Ber. Zool.-Ethnogr. Mus., Bd. 10.) Dresden 1903. Vk.

2350 **Riedel, J. G. F.** De sluik- en kroesharige Rassen tuschen Selebes en Papua. 's Gravenhage 1886. St.

2351 **Schadee, M. C.** Bijdrage tot de kennis van de ethnographie der westerafdeeling van Borneo. (Leipzig 1896.) Pt.

2352 **Schmeltz, J. D. E.** Beiträge zur Ethnographie von Borneo. I. (A. Internat. Arch. Ethnogr. III.) Leiden 1890. Pt.

2353 — Indonesische Prunkwaffen. Leiden 1890. St.

2354 — Schnecken und Muscheln im Leben der Völker Indonesiens und Oceaniens. Ethnoconchologie. Leiden 1894. Cz. Pt. St.

2355 **Schreiber, A.** Die Battas in ihrem Verhältniß zu den Malaien von Sumatra. Barmen 1874. Ge. St.

2356 **Serrurier, L.** De Wajang Poerwå. Eene ethnologische Studie. Leiden 1896. Cz. St.

2357 **Snouck Hurgronje, C.** De Atjéhers. 2 deelen. Batavia-Leiden 1893—95. Cz.

2358 **Tonkes, H.** Volkskunde von Bali. Halle 1888. St.

2359 **Uhle, M.** Ueber die ethnologische Bedeutung der malayischen Zahnfeilung. (A. Abh. Zool.-Ethnogr. Mus.) Dresden 1887. Vk.

2360 **Veth, P. J.** Het paard onder de volken van het Maleische ras. (Intern. Arch. f. Ethnogr., Bd. 7, Suppl.) Leiden 1894. **Ge. Vk.**

b. Natürliche Verhältnisse im allgemeinen und Vermischtes.

2361 **Batavia, Natuurkundig Tijdschrift voor Nederl.-Indië.** Uitgeg. d. d. Natuurk. Vereenig. in Nederl.-Indië. Bd. 38—63. Batavia seit 1879. (Wird fortges.) **St.**

2362 **Siboga-Expeditie.** Uitkomsten op Zoologisch, Botanisch, Oceanographisch en Geologisch Gebied verzameld in Nederlandsch Oost-Indië 1899—1900 aan Boord H. M. Siboga onder Commando van Luitenant ter zee 1e Kl. G. F. Tydeman, uitgegeven door Dr. Max Weber. Bis jetzt 33 Hefte. Leiden seit 1902 (wird fortgesetzt). **Nh.**

2363 **Burbidge, F. W.** The gardens of the sun, or a naturalists journal on the mountains and in the forests and swamps of Borneo and the Sulu archipelago. London 1880. **Cz.**

2364 **Forbes, H. O.** Wanderungen eines Naturforschers etc. (S. Nr. 2167).

2365 **Hagen, B.** Die Pflanzen- und Thierwelt von Deli auf der Ostküste Sumatras. (A. Tijdschr. Kon. Aardrijksk. Gen.) Leiden 1890. **Nh.**

2366 **Junghuhn, F.** Java, deszelfs gedaante, bekleeding en inwendige structuur. 3 deelen. Amsterdam 1852—56. **Cz.**

— Java, seine Gestalt, Pflanzenkunde und innere Bauart. Nach der 2. verb. Aufl. des holländischen Originals ins Deutsche übertragen von J. C. Hasskarl. 3 Abth. Leipzig 1858. **Cz.**

2367 **Kükenthal, W.** Ergebnisse einer zoologischen Forschungsreise in den Molukken und Borneo im Auftrage der Senckenbergischen Naturforschenden Gesellschaft. I. Reisebericht (A. Abh. Senck. Ges., Bd. 22.) Frankfurt 1896. (S. Nr. 2455.) **Cz. Nh. St.**

2368 **Ludeking, E. W. A.** Natuur- en Geneeskundige Topographie van Agam (Westkust van Sumatra). 's Gravenhage 1867. **Nh.**

2369 **Sarasin, P. und F.** Materialien zur Naturgeschichte der Insel Celebes. Bd. 1—4. 5, 1. 2. Wiesbaden 1898—1907. **St.**

2370 **Semon, R.** Im australischen Busch und an den Küsten des Korallenmeeres. Reiseerlebnisse und Beobachtungen eines Naturforschers in Australien, Neu-Guinea und den Molukken. Leipzig 1896. **Cz. Nh.**

c. Meteorologie. Klimatologie. Pathologie.

2371 **Batavia, Magnetical and Meteorological Observatory.** Observations, vol. 1—28. Batavia seit 1871; Regenwaarnemingen in Nederlandsch-Indië, Jg. 1—28. Batavia seit 1880; Regenbuien waargenommen te Batavia met een zelfregistreerenden regenmeter 1879 bis 1901. Amsterdam 1905. **Sw.**

2372 — Meteorol. Waarnemingen te Batavia 1900. (Extra-Bijvoegsel der Javasche Courant.) Batavia 1900. **Sw.**

2373 **Buitenzorg.** Meteorologische Waarnemingen te Buitenzorg op het eiland Java. o. O. o. J. **Sw.**

2374 — **Institut Botanique.** Observations météorologiques. Année 1901—1904. Batavia 1902—05. **Sw.**

2375 **Utrecht, Kon. Ned. Meteorol. Instituut.** De Winden op de Kust van Atjeh. Utrecht 1878. **Sw.**

2376 **Blink, N.** Wind u. Meeresströmungen im Gebiet der kl. Sundainseln. (Diss. Straßb.) Stuttgart 1887. **St.**

2377 **Diemer, L.** Das Leben in der Tropenzone, speziell im Indischen Archipel. Nach van der Burgs „De geneesheer in Nederlandsch-Indië". Hamburg 1887. **Cz. St.**

2378 **Friedmann, S.** Niederländisch Ost- und Westindien etc. (S. Nr. 2169.)

2379 **Jacobs, J.** Eenigen tijd onder de Baliers etc. (S. Nr. 2186.)

2380 **Pecqueur, C. A. J.** De climatis tropici in corpus humanum efficacitate generatim et de epidemia febris in Batavia endemicae a me observata speciatim. (Diss.) Berlin 1853. **Sw.**

2381 **Vliet, W. F. van.** Winden en Regenverdeeling over Sumatra. (Diss. Strassb.) Beverwijk 1887. **St.**

d. Geologie. Mineralogie. Palaeontologie.

2382 **Geinitz, H. B., u. W. v. d. Marck.** Beiträge zur Geologie von Sumatra. Cassel 1876. **St.**

2383 **Junghuhn, F.** Catalog der geologischen Sammlung von Java, niedergelegt im Reichsmuseum zu Leiden. 's Gravenhage 1854. **St.**

2384 **Kiessling, J.** Untersuchungen über die Dämmerungserscheinungen zur Erklärung der nach dem Krakatau-Ausbruch beobachteten atmosphärisch-optischen Störung. Hamburg u. Leipzig 1888. (S. Nr. 433.) **Cz. Pt. St. Sw.**

2385 **Kronecker, F.** Von Javas Feuerbergen. Das Tengger-Gebirge und der Vulkan Bromo. Oldenburg u. Leipzig 1897. **Cz.**

2386 **Martin, K.** Die Fossilien von Java, auf Grund einer Sammlung von Dr. R. D. M. Verbeek bearbeitet. Hrsg. mit Unterstützung des Niederländischen Ministeriums der Colonien. 1. Bd. Gasteropoda. Mit einem Anhange über die Foraminiferen führenden Gesteine. (Sammlungen des Geolog. Reichs-Museums in Leiden. Neue Folge. Bd. 1, 1. Abth.) Leiden 1891—1906. (S. auch Nr. 2204.) **St.**

2387 **Posewitz, Th.** Die Zinninseln im Indischen Oceane. 1. Geologie von Bangka. Als Anhang: Das Diamantvorkommen in Borneo. 2. Das Zinnerzvorkommen und die Zinngewinnung in Bangka. Budapest 1885. 86. (S. auch Nr. 2224.) **Cz.**

2388 **Sarasin, P. u. F.** Entwurf einer geographisch-geologischen Beschreibung von Celebes. Wiesbaden 1901. (S. Nr. 2235.) **Cz.**

2389 **Verbeek, R. D. M.** Krakatau. Publié par ordre de Son Exc. le Gouv.-général des Indes néerlandaises. M. Atlas. Batavia 1886. (S. Nr. 2266.) **St.**

2390 **Wichmann, A.** Der Wawani auf Amboina und seine angeblichen Ausbrüche. (A. Tijdschr. k. Nederl. Aardrijksk. Gen.) Leiden 1898. 99. **Cz.**

2391 — Der Ausbruch des Vulkans Tolo auf Halmahera. (A. Z. d. D. Geol. Ges., Bd. 39.) Berlin 1897. **Cz.**

2392 — Der Ausbruch des Gunung Ringgit auf Java 1593. (A. Z. d. D. Geol. Ges., Bd. 42.) Berlin 1900. **Cz.**

e. Flora.

2393 **Buitenzorg, 's Lands Plantentuin.**
Bulletin, Nr. 1. 12—14. 17—20. Batavia 1898—1904. Bo.
— Mededeelingen, Nr. 20, 22, 27, 35, 37, 44, 50, 54, 64, 71. Batavia 1897—1904. Nh.
— Dasselbe, Nr. 56 u. ff. Batavia seit 1902. Bo.
— Verslag over het jaar 1902, 1903. Batavia 1903, 1904. Bo.

2394 **Der Botanische Garten „'s Lands Plantentuin" zu Buitenzorg auf Java.** Festschrift zur Feier seines 75jährigen Bestehens (1817—1892). Hrsg. v. M. Treub. Leipzig 1893. St.

2395 **Haarlem, Koloniaal Museum.** Oost-indische planten-en cultuurgewassen. Eerste Reeks 2. 3. Amsterdam 1895. 96. Bo.

2396 **Icones Bogorienses.** 2 vols. Leiden 1901—05. Bo.

2397 **Beccari, O.** Malesia. Raccolta di osservacione botaniche intorno alle piante dell'Arcipelago Indo-Malese e Papuano etc. Vol. 1—3. Genova 1877—1890. St.

2398 **Blume, C. L.** Bijdragen tot de Flora van Nederlandsch Indië. Batavia 1825/26. St.

2399 — Flora Javae nec non insularum adjacentium. Bruxelles 1828. St.

2400 — Enumeratio plantarum Javae et insularum adjacentium. Haag 1830. St.

2401 **Cleve, P. T.** Examination of Diatoms, found on the surface of the Sea of Java. (Bih. K. Svensk Vet. Akad. Handl., Bd. 1, Nr. 11.) Stockholm 1873. Bo.

2402 **Detmer, W.** Botanische und landwirtschaftliche Studien auf Java. Jena 1907. Cz.

2403 **Haberlandt, G.** Eine botanische Tropenreise. Indo-malayische Vegetationsbilder und Reiseskizzen. Leipzig 1893. (S. Nr. 446.) Cz. St.

2404 **Karsten, G.** Die Mangrove-Vegetation im malayischen Archipel. Cassel 1891. St.

2405 **King, G.** The Species of Ficus of the Indo-Malayan and Chinese countries. 2 vols. Calcutta u. London 1887—88. (S. Nr. 449.) Bo.

2406 **Koorders, S. H., en Th. Valeton.** Bijdrage Nr. 8—10 tot de kennis der boomsoorten op Java. (Mededeel. 's Lands Plantentuin Nr. 59. 61. 68.) Batavia 1902 bis 1904. **Bo.**

2407 **Miquel, F. A. W.** Flora van Nederlandsch-Indië. Amsterdam, Utrecht u. Leipzig 1855. **St.**

2408 **Raciborski, M.** Die Pteridophyten der Flora von Buitenzorg. Leiden 1898. **Bo.**

2409 — Parasitische Algen und Pilze Javas. (Herausg. v. Botan. Inst. zu Buitenzorg.) T. 1—3. Batavia 1900. **Bo.**

2410 **Reinwardt, C. G. C.** Über den Charakter der Vegetation des Indischen Archipels. (Vortrag, Vers. dtsch. Natf. u. Aerzte.) Berlin 1828. **St.**

2411 **Rumphius, G. E.** Herbarium Amboinense. Amsterdam 1741—50. **St.**

2412 **Schimper, A. F. W.** Indo-Malayische Strandflora. Jena 1891. (S. Nr. 452.) **Bo. St.**

2413 **Vriese, G. H. de.** Plantae Indiae Batavae Orientalis, quas in itinere per insulas Archipelagi Indici Javam, Amboinam, Celebem, Ternatam, aliasque annis 1815—1821 collegit. Lugd.-Bat. 1856. **Bo.**

2414 **Warburg, O.** Monsunia. Beiträge zur Kenntniß der Vegetation des süd- und ostasiatischen Monsungebietes I. Leipzig 1900. (S. Nr. 453.) **St.**

2415 **Weber - van Bosse, A.** Études sur les Algues de l'Archipel Malaisien. 2. Phytophysa Treubii. (A. Ann. Jard. Bot. de Buitenzorg, Vol. 8.) Leiden 1890. **Bo.**

2416 **Zollinger, H.** Systematisches Verzeichniß der im Indischen Archipel in den Jahren 1842—1848 gesammelten, sowie der aus Japan empfangenen Pflanzen. Heft 2. Zürich 1854. **Bo.**

f. Fauna.

2417 **Attems, C.** Javanische Myriopoden, gesammelt von Direktor Dr. K. Kraepelin im Jahre 1903. (A. Jahrb. Wiss. Anst. 24, Beih.) Hamburg 1907. **Nh.**

2418 **Blasius, W., und A. Nehrkorn.** Beitr. zur Kenntniß der Vogelfauna von Borneo. Braunschweig 1881. **St.**

2419 — Neuer Beitrag zur Kenntniß der Vogelfauna von Borneo. Braunschweig 1882. **St.**

2420 **Bleeker, P.** Atlas ichthyologique des Indes Orientales Néerlandaises, publié sous les auspices du Gouvernement colonial néerlandais. (Mit 420 Tafeln.) T. 1—9. Amsterdam 1862—1877. **Nh. St.**

2421 — Berigt omtrent eenige Reptilien van Sumatra, Borneo, Batjan en Boeroe. — Over de Reptilien-Fauna van Ceram. Desgl. van Sumatra. — Soorten van Reptilien van het eiland Banka. (A. Natuurk. Tijdschr. Ned. Ind.) Batavia 1857—1860. **Nh.**

2422 — Bijdrage tot de Kennis der ichthyologische Fauna van:
Amboina, de Banda-eilanden, Banka, Batjan, de Batoe-eilanden, Biliton, Boeroe, Borneo, Celebes, Ceram, Flores, Grand-Key, Halmahera, Haroekoe, Java, Obi, Rotti, de Sangi-eilanden, Sapareoa, den Soenda-Moluksche Archipel, Solor, Sumbawa, Ternate.
46 Arbeiten in 2 Sammelbänden. Amsterdam, Batavia etc. 1849—1876. **Nh.**

2423 — Description (Revison) des espèces indo-archipélagiques (insulindiennes) des genres:
Caesio, Diapterus, Epinephelus, Exocetus, Gymnothorax, Hemirhamphus, Holocentrum, Lathrinus, Mastacembelus, Megalops, Moronopsis, Muraena, Myripristis, Notopterus, Odontanthias, Opisthognathus, Orthagoriscus, Oxyurichthys, Plectrorhynchus, Pseudorhombus, Scolopsis, Therapon, Toxotes, Triacanthes, Uranoscopus.
25 Arbeiten in e. Sammelband. Amsterdam, Batavia etc. 1852—1878. **Nh.**

2424 — Revision (Description) des (de quelques) espèces indo-archipélagiques (insulindiennes) des familles (sousfamilles, groupes) des:
Anthianini, Balistidae, Blennioidei, Clupeoidei, Eleotriformes, Gobioidei, Nandoidei, Plagiostomi, Pomacentroidei, Priacanthini, Scombrina, Sicydiini.
12 Arbeiten in e. Sammelband. Amsterdam, Batavia etc. 1850—1877. **Nh.**

2425 **Böttger, O.** Herpetologische Mitteilungen 1—3. (2: Liste von Reptilien u. Amphibien von Salanga und von Atschin in Nord-Sumatra.) (A. Ber. Offenb. Ver. für Naturkunde.) Frankfurt 1883. **Nh.**

2426 — Herpetolog. Notizen. Nr. 1: Listen von Reptilien und Batrachiern aus Niederländ. Indien und von der Insel Salanga. (A. Ber. Senck. Ges.) Frankfurt 1897. **Nh.**

2427 **Boileau, H.** Lucanides. Contribution à l'étude de la faune entomologique de Sumatra. Ixelles-Bruxelles 1901. **Nh.**

2428 **Bormans, A. de.** Six Forficulaires nouveaux de Sumatra. (Not. Leyden Mus., Vol. 6.) Leyden 1884. **Nh.**

2429 **Boulenger, G. A.** Report on a collection of Reptiles and Batrachians from the Timor Laut Islands formed by Mr. H. O. Forbes. (A. Proc. Zool. Soc.) London 1883. **Nh. Pt.**

2430 — List of Reptiles and Batrachians from the island of Nias. (A. Ann. and Mag. of Nat. Hist.) London 1885. **Nh.**

2431 — New Calamaria from Borneo. (A. Ann. and Mag. of Nat. Hist.) London 1887. **Nh.**

2432 — On new Reptiles and Batrachians from North Borneo. (A. Ann. and Mag. of Nat. Hist.) London 1887. **Nh.**

2433 **Breddin, G.** Hemiptera insulae Lombok in Museo Hamburgensi asservata. (A. Jahrb. Wiss. Anst. 16, Beih.) Hamburg 1899. **Nh.**

2434 — Rhynchota heteroptera von Java. (A. Jahrb. Wiss. Anst. 22, Beih.) Hamburg 1905. **Nh.**

2435 — Versuch einer Rhynchoten-Fauna der malayischen Insel Banguey. (A. Jahrb. Wiss. Anst. 22, Beih.) Hamburg 1905. **Nh.**

2436 **Brock, J.** Die Ophiuridenfauna des Indischen Archipels. (A. Ztschr. f. wiss. Zool. 47.) Leipzig 1888. **Nh.**

2437 **Brüggemann, F.** Weitere Mittheilungen über die Ornithologie von Central-Borneo. (A. Abh. nat. Ver. Bremen, Bd. 5.) Bremen 1878. **Pt.**

2438 — Über eine Vögelsammlung aus Süd-Ost-Borneo. (A. Abh. nat. Ver. Bremen, Bd. 5.) Bremen 1878. **Nh. Pt.**

2439 **Dubrony, A. D.** Enumération des Orthoptères rapportés par MM. J. Doria, O. Beccari, L. M. d'Alberts des régions indiennes et austromalaise. (A. Ann. Mus. Civico, Vol. 14.) Genova 1879. **Nh.**

2440 **Edeling, A. C. J.** Recherches sur la faune erpétologique de Borneo. (A. Natuurk. Tijdschr. Nederl. Indië, D. 26.) Batavia 1864. **Nh.**

2441 **Edeling, A. C. J.** Recherches sur la faune erpétologique de Sumatra. (A. Natuurk. Tijdschr. Nederl. Indië, D. 31.) Batavia 1870. **Nh.**

2442 **Fauvel, A.** Staphylinides de Java. (A. Jahrb. Wiss. Anst. 22, Beih.) Hamburg 1905. **Nh.**

2443 **Felder, C.** Lepidopterorum Amboinensium a Dre. L. Doleschall annis 1856—58 collectorum species novae diagnosibus collustratae. (A. Ber. K. K. Ak. Wiss. Bd. 43.) Wien 1861. **Nh. Pt.**

2444 **Forel, A.** Ameisen aus Java, gesammelt von Professor Kraepelin. (A. Jahrb. Wiss. Anst. 22, Beih.) Hamburg 1905. **Nh.**

2445 **Fruhstorfer, H.** Neue Java-Rhopaloceren 1—3; Ein neuer Papilio aus Java. — Ein neuer Tagfalter aus Nias. (A. Entomol. Nachr. Jg. 19.) Berlin 1893. **Nh.**

2446 **Günther, A.** Reptiles and Amphibians of Borneo. (Proceed. Zool. Soc. of London.) London 1872. **Nh.**

2447 **Hagedorn, M.** Ein neuer Scolytoplatypus aus Java. (Insekten-Börse, Bd. 21.) Leipzig 1904. **Nh.**

— Ein neuer Scolytoplatypus des Hamburger Museums und Bemerkungen über diese von C. Schaufuss aufgestellte Gattung. (A. Stettiner Entomolog. Ztg.) Stettin 1904. **Nh.**

2448 **Hopffer, C.** Beiträge zur Lepidopteren-Fauna von Celebes. (A. Stettiner Ent. Ztg.) Stettin 1874. **Pt.**

2449 **Jacoby, M.** Descriptions of new genera and species of Phytophagous Coleoptera from the Indo-Malayan and Austro-Malayan subregions; contained in the Genoa Civic Museum. I. Part. Genua 1884. **Pt.**

2450 **Jentink.** On various species of mus, collected by S. C. J. W. van Muschenbroek Esq. in Celebes. (A. Notes from the Leyden Museum.) Leyden 1878. **Nh.**

2451 **Klapálek, T.** Plecopteren und Ephemeriden aus Java. (A. Jahrb. Wiss. Anst. 22, Beih.) Hamburg 1905. **Nh.**

2452 **Koenicke, F.** Hydrachniden aus Java, gesammelt von Professor Kraepelin im Jahre 1903. (A. Jahrb. Wiss. Anst. 23, Beih.) Hamburg 1906. **Nh.**

2453 **Kolbe, H. J.** Ueber einige neue von Herrn J. Fruhstorfer auf Java entdeckte Coleopteren. (A. Stettiner Entomolog. Ztg.) Stettin 1894. **Nh.**

2454 **Kraepelin, K.** Eine Süßwasserbryozoe (Plumatella) aus Java. (A. Jahrb. Wiss. Anst. 23, Beih.) Hamburg 1906. **Nh.**

2455 **Kükenthal, W.** Ergebnisse einer zoologischen Forschungsreise in den Molukken und Borneo im Auftrage der Senckenbergischen Naturforschenden Gesellschaft. I. Reisebericht. (S. Nr. 2367.) II. Wissenschaftliche Reiseergebnisse. Bd. 1—3. (Abh. Senck. Ges., Bd. 23—25.) Frankfurt 1897—1903. **Nh. St.**

2456 **Loman, J. C. C.** Opilioniden aus Java. (A. Jahrb. Wiss. Anst. 22, Beih.) Hamburg 1905. **Nh.**

2457 **Ludwig, H.** Die von Dr. Brock im Indischen Archipel gesammelten Holothurien. (A. Zool. Jahrb., Syst. Abt., Bd. 3.) Jena 1888. **Nh.**

2458 **Martens, E. v.** Über Süßwassermollusken des malayischen Archipels im Allgemeinen und einen neuen Unio aus Borneo insbesondere. (A. Sitzb. Ges. Natf. Freunde.) Berlin 1891. **Nh.**

2459 **Mayr, G.** Formicidae Borneenses collectae a J. Doria et O. Beccari in territorio Sarawak annis 1865—67. Genua 1872. **Pt.**

2460 **Meyer, A. B.** Säugethiere von Celebes und dem Philippinen-Archipel, 1. 2. Dresden 1896—99. (S. Nr. 469.) **Nh.**

2461 **Mocquard, F.** Sur une collection de Reptiles et de Batraciens des îles Bornéo et Palawan. (A. Compte Rendu Congrès Internat. de Zool.) Paris 1889. **Nh.**

2462 **Motley, J.** and **L. L. Dillon.** Contributions to the natural history of Labuan and the adjacent coasts of Borneo. I. London 1855. **Nh.**

2463 **Mousson, A.** Die Land- und Süßwasser-Mollusken von Java. Zürich 1849. **Nh. St.**

2464 **Müller, G. W.** Ostracoden aus Java, gesammelt von Prof. K. Kraepelin. (A. Jahrb. Wiss. Anst. 23, Beih.) Hamburg 1906. **Nh.**

2465 **Pagenstecher, A.** Beiträge zur Lepidopterenfauna von Amboina. (A. Jahrb. d. Nass. Ver. f. Naturk. Jg. 37.) Wiesbaden 1884. **Nh.**

2466 — Heterocera der Insel Nias. Beiträge zur Lepidopteren-Fauna des Malayischen Archipels (2). (A. Jahrb. d. Nass. Ver. f. Naturk. Jg. 38.) Wiesbaden 1885. **Nh.**

2467 **Pagenstecher, A.** Verzeichniss der Schmetterlinge von Amboina. Beiträge zur Lepidopteren-Fauna des Malayischen Archipels (5). (A. Jahrb. d. Nass. Ver. f. Naturk.) Wiesbaden 1888. **Nh.**

2468 — Über die Lepidopteren-Fauna von Sumba und Sambawa. Beiträge zur Lepidopteren-Fauna des Malayischen Archipels (11). (A. Jahrb. d. Nass. Ver. f. Naturk. Jg. 49.) Wiesbaden 1896. **Nh.**

2469 **Ritter-Zahóny, R. von.** Land-Planarien aus Java und Ceylon. (A. Jahrb. Wiss. Anst. 22, Beih.) Hamburg 1905. **Nh.**

2470 **Rumphius, G. E.** D'Amboinsche Rariteitkamer, behelzende eene beschryvinge van allerhande zoo weeke als harde Schaal-visschen te weten raare Krabben, Kreeften en diergelyke Zeedieren alsmede allerhande Hoorntjes en Schulpen die men in d'Amboinsche Zee vindt. Amsterdam 1705. **Pt. St.**

— Dasselbe, Amsterdam 1741. **St.**

— Dasselbe, Deutsch von P. L. S. Müller, mit Zusätzen von J. H. Chemnitz. Wien 1766. **Nh. St.**

2471 **Sarasin, P. und F.** Die Land-Mollusken von Celebes. (Mat. z. Naturgesch. von Cel., Bd. II.) Wiesbaden 1899. **Nh. St.**

2472 **Schlegel, Müller** en **de Haan.** Verhandelingen van de natuurlijke geschiedenis der Nederlandsche overzeesche bezittingen. I. Zoologie. Leiden 1839—1844. **Nh.**

2473 **Schmidt, E.** Beitrag zur Kenntnis der Flatiden von Sumatra. (A. Stettiner Entomol. Ztg.) Stettin 1904. **Nh.**

2474 **Selenka, E.** Die Rassen und der Zahnwechsel des Orang-Utang. (A. Sitz.-Ber. K. Akad.) Berlin 1896. **Nh.**

2475 **Semon, R.** Zoologische Forschungsreisen in Australien und dem Malayischen Archipel (soweit erschienen). (A. Denkschriften der Med.-Naturw. Ges. zu Jena.) Jena, seit 1894. **St.**

2476 **Simon, E.** Arachnides de Java. (A. Jahrb. Wiss. Anst. 22, Beih.) Hamburg 1905. **Nh.**

2477 **Smith, E. A.** Descriptions of new species of Land Shells from Borneo. (A. Linn. Soc. Journ., Zool. Vol. 24.) London 1893. **Nh.**

2478 **Smith, E. A.** On a collection of Land-Shells from Sarawak, British North Borneo, Palawan etc. (A. Proceed. Zool. Soc.) London 1895. **Nh.**

2479 **Snellen van Vollenhoven, S. C.** Essai d'une Faune entomologique de l'Archipel Indo-néerlandais. 1.—3. Monographie (Familles des Scutellerides, Pierides, Pentatomides). La Haye 1863—68. **Nh.**

2480 **Steindachner, F.** Python Breitensteini n. sp. aus Borneo. (A. Sitzb. K. K. Ak. Bd. 82.) Wien 1880. **Nh.**

2481 **Tullgren, A.** Einige Chelonetiden aus Java. (A. Jahrb. Wiss. Anst. 22, Beih.) Hamburg 1905. **Nh.**

2482 **Ulmer, G.** Trichopteren aus Java. (A. Jahrb. Wiss. Anst. 22, Beih.) Hamburg 1905. **Nh.**

2483 **Valentyn, F.** Verhandeling der Zee-Horenkens en Zee-Gewassen in en omtrent Amboina en de nabygelegene Eilanden. Amsterdam 1754. **St.**

— Abhandlung von Schnecken, Muscheln und Seegewächsen, welche um Amboina und die umliegenden Inseln gefunden werden. Ein Anhang z. G. E. Rumph's Amboinische Raritätenkammer. Aus dem Holl. übers. v. Ph. L. St. Müller. Wien 1773. **Nh. Pt. St.**

2484 **Weber, M.** Zoologische Ergebnisse einer Reise in Niederländisch-Indien. 4 Bde. Leiden 1890—97. **Nh.**

2485 — Der indoaustralische Archipel und die Geschichte seiner Thierwelt. Jena 1902. **St.**

2486 **Weltner, W.** Hydroiden von Amboina und Thursday Island. (A. Semon, Zoolog. Forschungsreisen in Australien u. d. Malayischen Archipel.) Jena 1900. **Nh.**

7. Produktion.

2487 **Amsterdam, Indische Mercuur.** Orgaan voor handel, landbouw, nijverheid en mijnwezen etc. (S. Nr. 2117).

2488 **Batavia, Departement van Landbouw.** Mededeelingen Bd. 1. Batavia 1905. **Bo.**

2489 **Bijdragen tot de kennis van de voornaamste voortbrengselen** van Nederlandsch Indië. Uitgegeven door de maatschappij „Tot nut van't algemeen". 1. De rijst. 2. De koffij. 3. Het katoen. 4. De sago. Amsterdam 1850—1866. **Cz.**

2490 **Catalogue de la section des colonies néerlandaises** à l'exposition internationale et d'exportation générale à Amsterdam 1883. Leyde 1883. **Cz.**

2491 **Haarlem, Koloniaal Museum.** Afbeeldingen betreffende koloniaale voortbrengselen ten dienste van het onderwijs 1—3. Haarlem 1895—96. **Bo.**

2492 **Kort overzigt der finanziële resultaten van het stelsel v. kultures** onder den gouverneur generaal J. van den Bosch. Uitgegeven d. de redactie v. den Oosterling. Kampen 1835. (S. Nr. 2164.) **Cz.**

2493 **Tabaksondernemingen** op de Oostkust van Sumatra. Amsterdam 1888. **Ge.**

2494 **Bie, H. C. H. de.** De Landbouw der inlandsche Bevolking op Java. (Mededeel. 's Lands Plantentuin, 58.) Batavia 1902. **Bo.**

2495 **Delden Laèrne, C. F. van.** Le Brésil et Java. — Rapport sur la culture du café en Amérique, Asie et Afrique. La Haye et Paris 1885. **Cz.**

2496 **Detmer, W.** Botanische und landwirtschaftliche Studien auf Java. Jena 1907. (S. Nr. 2402.) **Cz.**

2497 **Greshoff, M.** Nuttige indische planten. (Koloniaal Museum, Extra-Bulletin.) Amsterdam 1894. **Bo.**

2498 **Haarsma, G. E.** Der Tabaksbau in Deli. Amsterdam 1890. **Cz.**

2499 **Hazewinkel, J., en M. G. Wilbrink.** Onderzoekingen aan het Proefstation voor Indigo in de jaren 1903 en 1904. (Mededeel. 's Lands Plantentuin, 73.) Batavia 1904. **Bo.**

2500 **Hissink, D. J.** Verslag van de op Deli met betrekking tot de tabakscultuur genomen bemestingsproeven op proefvelden in het jaar 1901 en 1902. (Mededeel. 's Lands Plantentuin, 60. 62.) Batavia 1902—03. **Bo.**

2501 — Verslag omtrent de op Deli in 1902 genomen bemestingsproeven en omtrent grondanalyses van Deligronden. (Mededeel. 's Lands Plantentuin, 70.) Batavia 1904. **Bo.**

2502 — Een studie over Deli-Tabak naar aanleiding van de in 1900 en 1901 genomen bemestingsproeven op de onderneming Padang Boelan (Deli). (A. Mededeel. v. h. Departement van Landbouw. 1.) Batavia 1905. **Bo.**

2503 **Hunger, F. W. T.** Physiologische onderzoekingen over Deli-Tabak. Deel 1. Eerste Stuk: Colorimetrische Zetmeel-Bepalingen. (Mededeel. 's Lands Plantentuin, 66.) Batavia 1903. **Bo.**

2504 — De Mozaiek-Ziekte bij Deli-Tabak. Deel 1. Verslag van de op Deli met betrekking tot de Mozaiek-ziekte genomen proeven in de jaren 1901—1902. (Mededeel. 's Lands Plantentuin, 63.) Batavia 1903. **Bo.**

2505 — Statistiek over den regenval van de tabaks-ondernemingen ter Sumatra's Oostkust. (Mededeel. s' Lands Plantentuin, 69.) Batavia 1904. **Bo.**

2506 **Koningsberger, J. C.** Ziekten van Rijst, Tabak, Thee en andere cultuurgewassen, die door insecten worden veroorzaakt. (Mededeel. 's Lands Plantentuin, 64.) Batavia 1903. **Bo.**

2507 — Tripang en Tripangsvisscherij in Nederlandsch Indië. (Mededeel. 's Lands Plantentuin, 71.) Batavia 1904. **Bo. Nh.**

2508 **Kramers, J. G.** Verslag omtrent grondanalyses van Koffietuinen. (Mededeel. 's Lands Plantentuin, 57.) Batavia 1902. **Bo.**

2509 — Vierde verslag omtrent de proeftuinen en andere mededeelingen over Koffie. (Mededeel. 's Lands Plantentuin, 75.) Batavia 1904. **Bo.**

2510 **Krüger, W.** Das Zuckerrohr und seine Kultur, mit besonderer Berücksichtigung der Verhältnisse und Untersuchungen auf Java. Magdeburg u. Wien 1899. **Cz.**

2511 **Mohr, E. C. J.** Over het oogsten van Deli-Tabak op verschillende tijden van den dag. (Mededeel. 's Lands Plantentuin, 56.) Batavia 1902. **Bo.**

2512 **Nanninga, A. W.** Invloed van den bodem op de samenstelling van het theeblad en de qualiteit der thee. (Mededeel. s' Lands Plantentuin, 65. 72.) Deel 1. 2. Batavia 1903. 04. **Bo.**

2513 **Sturler, W. L. de.** Handboek voor den Landbouw in Nederlandsch-Oost-Indië. Overzicht van de kweeking en behandeling der voornaamste voortbrengelsen uit het plantenrijk in de keerkringslanden. Leiden 1863. **Cz.**

2514 **Vliet, L. van.** Proeve van beantwoording der vraag: Welken invloed moeten de laatste aard- en zeebevingen in de Molukken geacht worden gehad te hebben op de productie der specerijen? Amsterdam 1853. **Cz.**

2515 **Vriese, W. H. de.** De Kina-boom uit Zuid-Amerika overgebragt naar Java, onder de regeering van Koning Willem III. 's Gravenhage 1855. **Cz.**

2516 — Mémoire sur le camphrier de Sumatra et de Bornéo. Leide 1857. **Cz.**

2517 **Warburg, O.** Die Muskatnuss, ihre Geschichte, Botanik, Kultur, Handel und Verwerthung, sowie ihre Verfälschungen und Surrogate. Zugleich ein Beitrag zur Kulturgeschichte der Banda-Inseln. Leipzig 1897. **Bo. Cz.**

---

8. Handel. Währung. Verkehr.

(S. auch Nr. 503, 509.)

2518 **Batavia, Chambre de Commerce et d'Industrie.** Rapport du président de la chambre de commerce et d'industrie de Batavia sur les principaux objets traités par la chambre durant les 4 dernières années, à l'occasion de sa sortie de fonctions le 2. janvier 1874. Batavia 1874. **Cz.**

2519 — **Departement van Financiën.** Statistiek van den handel, de scheepvaart en de in- en uitvoerrechten op Java en Madura over het jaar 1871. Samengesteld bij het Dep. v. Fin. Batavia 1872. **Cz.**

2520 — — Statistiek van den handel, de scheepvaart en de in- en uitvoerrechten in Nederlandsch-Indië over het jaar 1878. Samengesteld bij het Dep. v. Fin. Batavia 1880. **Cz.**

2521 **Beknopte verzameling van de voornaamste bepalingen** op het stuk van handel, scheepvaart en nijverheid in Nederlandsch Oost-Indië, bevattende mede de toegelichte en bijgewerkte tarieven van inkomende en uitgaaende regten, mitsgaders de chinesche tarieven enz. Rotterdam 1854. **Cz.**

2522 **Handboek voor cultuur- en handels-ondernemingen** in Nederlandsch-Indië. 4. Jaargang. Amsterdam 1891. **Cz.**

2523 **Inkomende en uitgaande regten** op dranken, katoenen, koopmansgoederen, enz. benevens verscheidene reglementen, tarieven en besluiten van Nederlandsch Oost-Indië. Ten gerijve van reeders, handelaren en scheepsgezagvoerders. Amsterdam 1841. **Cz.**

2524 **Overzigt van den handel en de scheepvaart te Macasser** over de jaren 1846, 1847 en 1848. o. O., o. J. **Cz.**

2525 **Samarang, Handels-Vereeniging.** Overzigt des handels te Samarang, gedurende het jaar 1860. Samarang 1861. **Cz.**

2526 — **Kamer van Koophandel en Nijverheid.** Jaarverslag 1885, 1893—96, 1902. Samarang-Soerabaia 1886—1903. **Cz.**

2527 **Verslag van den handel, de scheepvaart en der inkomende en uitgaande regten** op Java en Madura, over de jaren 1843—51. 1855—64. 1869. Batavia 1844—51. 1857—65. 1871. **Cz.**

2528 **Zoll-Verordnungen** für das niederländische Indien, nebst allen Tarifen bezüglich auf Einfuhr, Ausfuhr, Entrepôts und Ueberschiffung, mit Preis-Courant. Hamburg 1841. **Cz.**

2529 **(Accarias de Sérionne, J.)** Die Handlung von Holland, oder Abriß von der holländischen Handlung in den vier Theilen der Welt. Nebst von Imhoff's Betrachtungen über den gegenwärtigen Zustand der Ostindischen Gesellschaft und dem holländischen Tarif von 1725. Frankfurt u. Leipzig 1770. (S. Nr. 488.) **Cz.**

2530 **Bockelmann, A. v.** Wirtschaftsgeographie von Niederländisch Ost-Indien. (Angewandte Geographie, II. Ser. H. 2.) Halle a. S. 1904. **Cz. Sw.**

2531 **Bruyn Kops, G. F. de.** Statistiek van den handel en de scheepvaart op Java en Madura sedert 1825. Uit officieele bronnen bijeen verzameld. Deel 1. Invoer. — Deel 2. Uitvoer. Batavia 1857. 58. **Cz.**

2532 **Davidson, G. F.** Trade and travel in the far East; or recollections of twenty-one years passed in Java, Singapore, Australia and China. London 1846. (S. Nr. 128.) **Cz.**

2533 **Mollerus, J. H. M.** Geschiedkundig overzigt van den handel in Nederlandsch Indië. Utrecht 1865. **St.**

2534 **Picard.** Aanteekeningen betrekkelyk den indischen handel. Naar het fransch. Amsterdam 1842. **Cz.**

2535 **Raynal, G. T. F.** Europens Handel mit beiden Indien. S. Nr. 502.

2536 **Sonndorfer, R.** Handel und Verkehr mit Niederländisch-Indien. Eine handelspolitische Studie mit Rücksicht auf den österreichischen Handel und die Triestiner Schiffahrt. Mit einem Anhange: Die Exportartikel Niederländisch-Indiens. Wien 1884. **Cz.**

2537 **V., P. v.** Iets over de aanbesteding en aanneming der koperen muntplaatje voor Neêrlands Oost-indische bezittingen. Amsterdam (1855). **Cz.**

2538 **Willinck, G. D.** Het Nederlandsch-Indische muntwezen. Proefschrift. Leiden 1889. **Cz.**

2539 **Sluiter, J.** Het heden en de toekomst der Indische spoorwegen. Soerabaya 1886. **Cz.**

---

9. Kultur.

a. Kultur im allgemeinen. Unterricht. Vermischtes.

2540 **Batavia, Bataviaasch Genootschap der Konsten en Wetenschappen.** Verhandelingen. Deel 1—6. Rotterdam en Amsterdam, später Batavia 1781—92. **Cz.** (D. 1—4). **St.**

2541 **Crawfurd, J.** Hist. of the Indian Archipelago etc. (S. Nr. 2159.)

2542 **Friedmann, S.** Niederländisch Ost- und Westindien etc. (S. Nr. 2169.)

2543 **Snouck Hurgronje, C.** Een en ander over het inlandsch Onderwijs in de Padangsche Bovenlanden. 's Gravenhage 1883. **St.**

b. Sprache.

2544 **Forrest, T.** Vocabulary of the magindano tongue. (S. Nr. 2168.)

2545 **Gerritz, C.** Een seker vocabulaer van veel Javaensche woorden. Rotterdam 1598. (S. Nr. 62.) **St.**

2546 **Haex, D.** Dictionarium malaico-latinum et latino-malaicum etc. Romae 1631. **Cz.**

2547 **Hardeland, A.** Dajakisch-Deutsches Wörterbuch. Amsterdam 1858. **Vk.**

2548 **Heurnius, J.** Vocabularium ofte woorden-boek in't duytsch en maleys. Eertijdts gecomponeert en uytgeg. door Gasp. Wiltens ende Seb. Danckaerts, ende nu vermeerdert etc. door Justum Heurnium. Amsterdam 1650. St.

2549 **Houtman van Gouda, F. de.** Spraeck- ende woordboeck in de maleysche ende madagaskarsche talen. t'Amstelredam 1603. St.

2550 **Kiliaan, H. N.** Nederlandsch-Madoereisch woordenboek. Batavia 1898. St.

2551 **Klinkert, H. C.** Nieuw Maleisch-Nederlandsch woordenboek met arabisch karakter. Leiden 1893. Vk.

2552 **Marsden, W.** A dictionary of the Malayan language in 2 parts (Malayan-English and English-Malayan). London 1812. St.

2553 **Matthes, B. F.** Makassaarsch-Hollandsch woordenboek. 2. Aufl. 's Gravenhage 1885. Vk.

2554 **Pijnappel, J.** Maleisch-Nederduitsch woordenboek, naar het werk van W. Marsden en andere bronnen bewerkt. Haarlem, Amsterdam 1863. Cz.

2555 **Tuuk, H. N. van der.** Bataksch-Nederduitsch woordenboek. In dienst en op kosten van het Nederlandsche bijbelgenootschap vervaardigd. Met eenige verklarende platen. Amsterdam 1861. Cz. St.

2556 **Warneck, J.** Tobabataksch- deutsches Wörterbuch. Batavia 1906. St.

2557 **(Wida, B. von).** Medulla linguae mallacensis apud Indos Orientales ... Das ist Ausszug maleyischen Wörterbuchs etc. aus Olivier Dapper. (Bei Balth. v. Wida, Die batavische Seefahrt, Nr. 2260.) o. O. 1715. St.

2558 **Wilde, A. de, u. T. Roorda.** Nederduitsch-Maleisch en Soendasch woordenboek benevens twee stukken tot oefening in het Soendasch verzameld door A. de Wilde, uitgegeven door T. Roorda. Amsterdam 1841. Cz.

2559 **Wilkinson, R. J.** A Malay-English Dictionary. 2 Bde. und Index. Singapore 1903. Vk.

2560 **Nieuwe Nederduitsche en Maleische woordenschat en spraakkunst.** Amsterdam 1802. St.

2561 **Dulaurier, E.** Mémoire, lettres et rapports relatifs aux cours de langues malaye et javanaise, faits à la bibliothèque royale pendant les années 1840—42. Paris 1843. **Cz.**

2562 **Hollander, J. J. de.** Handleiding tot de kennis der maleische taal. Breda 1845. **St.**

2563 **Humboldt, W. von.** Über die Kawi-Sprache auf der Insel Java nebst einer Einleitung über die Verschiedenheit des menschlichen Sprachbaues. 3 Bde. Berlin 1836—39. **St.**

2564 **Joest, W.** Zur Holontalo-Sprache. Diss. Berlin 1883. **St.**

2565 **Lorberus, J. C.** Grammatica Malaica. Vinariae 1688. **St.**

2566 **Marsden, W.** Grammar of the Malayan language. London 1812. **St.**

2567 — Rejang Alphabet. (S. Nr. 2203.)

2568 **Morris, M.** Die Mentawei-Sprache. Berlin 1900. **St.**

2569 **Seidel, A.** Praktische Grammatik der malayischen Sprache, nebst einem Lesebuch, sowie einem malayisch-deutschen und deutsch-malayischen Wörterbuch. (Die Kunst der Polyglottie, Bibliothek d. Sprachenkunde. T. 34.) Wien, Pest, Leipzig (1894). **St.**

2570 **Werndlij, G. H.** Maleische spraakkunst, uitg. door C. van Angelbeck. Batavia 1823. **St.**

2571 **Malay and English sentences.** Singapore 1843. **St.**

2572 **Madueresche vertaling** van Staatsblad Nr. 110. Batavia 1876. **Vk.**

c. Kunst.

2573 **Deneken, F.** Führer durch die Niederländisch-Indische Kunstausstellung im Kaiser Wilhelm-Museum. Krefeld 1906. **Mu.**

2574 **Pleyte, C. M.** Indonesian Art-Selected specimens of ancient and modern art and handwork from the Indian Archipelago. Leipzig 1901. **Vk.**

2575 **Joest, W.** Malayische Lieder und Tänze. (Von den Molukken.) Text und Noten. Leiden 1892. **Vk.**

2576 **Foy, W., u. O. Richter.** Zur Timor-Ornamentik. (Abh. u. Ber. d. Zool. u. Anthr. Ethnogr. Mus. zu Dresden. Festschrift.) Berlin 1899. **Vk.**

2577 **Hein, A. R.** Die bildenden Künste bei den Dajaks auf Borneo. Wien 1890. **Vk.**

2578 **Hein, W.** Zur Entwicklungsgeschichte des Ornamentes bei den Dajaks. (A. Ann. k. k. Naturhist. Hofmus. Bd. 10.) Wien 1895. **Vk.**

2579 **Friedrich, R.** Javaansche Oudheden. Batavia 1850. **St.**

2580 **Leemans, C.** Bôrô-Boedoer op het Eiland Java. (Text auch französisch.) Mit 373 Tafeln und 17 Plänen. Leiden 1873—74. **Ge.**

2581 **Müller, J.** Über Alterthümer des ostind. Archipels insbes. die Hindu-Alterthümer und Tempel-Ruinen auf Java, Madura u. Bali. Nach Mitth. Brumund's und van Hoevell's, bearb. v. Joh. Müller. Berlin 1859. **St.**
— Dasselbe, 2. Aufl. ib. 1865. **Vk.**

2582 **Pleyte, C. M.** Die Buddha-Legende in den Sculpturen des Tempels von Boro-Budur. Amsterdam 1902. **Ge. Vk.**

2583 **Tissandier, A.** Cambodge et Java. Ruines khmères et javanaises. Paris 1896. (S. Nr. 548.) **Cz.**

d. Religion. Magie.

2584 **Grabowsky, F.** Die Theogonie der Dajaken auf Borneo. Leiden 1892. **Vk.**

2585 **Skeat, W. W.** Malay Magic. London 1900. **Vk**

e. Mission.

(S. auch Abschnitt I, 9 d.)

2586 **Das Alte Testament, malayisch.** Serampore 1817. **St.**

2587 **Das Alte und Neue Testament, malayisch.** Harlem 1824. **St.**

2588 **Das neue Testament, malayisch.** Haarlem 1820. 1823, Singapore 1853. **St.**

2589 **Das Neue Testament, javanisch.** o. O., o. J. **St.**

2590 **The 4 gospels and the acts of the holy apostles** transl. into the Malayan tongue. Oxford 1677. **St.**

2591 **Der Katechismus, malayisch,** übersetzt von S. Danckaerts. 's Gravenhage 1623. St.

2592 **Gericke, J. F. C.** Leesboek voor de Javanen tezamengesteld uit stukken des ouden en nieuwen verbonds verzameld en vertaald door J. F. C. Gericke. Haarlem 1841. St.

2593 **Ferreira A. d'Almeida, J.** Epist. relatoria ou carta ao Snõr. Joaõ Correa de Mizquita. Batavia 1673. St.

2594 **Rhijn, L. J. van.** Reis door Nederlandsch Oost-Indië in het belang der evangelische zending. Rotterdam 1849. Cz.

2595 — Reis door den indischen Archipel in het belang der evangelische zending. Rotterdam 1851. Cz.

VIII. Straits Settlements, Malacca und benachbarte Inseln.

(S. auch Nr. 101, 110, 112, 128, 191, 200, 222, 275, 299, 443.)

2596 **Singapore, Royal Asiatic Society, Straits Branch.** Journal. Nr. 1—48. Singapore 1878—1907. (wird fortges.) **Ge. Nh.**

— Notes and Queries. Nr. 1—4. Singapore 1885—87. **Ge.**

— Miscellaneous papers relating to Indo-China and the Indian Archipelago. Reprinted for the Straits branch of the Royal Asiatic Society. Vol. 1. 2; II. Ser. vol. 1. 2. London 1886—87. **Cz.**

2597 — **The Journal of the Indian Archipelago and Eastern Asia** (ed. by J. R. Logan). Vol. I—VII. Singapore 1847—53. **Cz.**

— — New Series, vol. I, Nr. 1. 2; II, Nr. 3. Singapore 1856; 57. **Cz.**

2598 — **The Singapore Free Press and Mercantile Advertiser.** Vom 21. Jan. 1853 bis 3. Nov. 1854 (eine nahezu vollst. Serie). **Cz.**

2599 **The Singapore and Straits directory for 1886;** containing also directories of Sarawak, Labuan, British North-Borneo, Siam etc. Singapore 1886. **Cz.**

2600 **Bird, J. L.** Der goldene Chersones. Aus dem Engl. von A. Helms. Leipzig 1884. **Cz.**

2601 **Cameron, J.** Our tropical possessions in Malayan India; being a descriptive account of Singapore, Penang, province Wellesley and Malacca; their peoples, products, commerce and government. London 1865. **Cz.**

2602 **Earl, G. W.** The Eastern Seas, or voyages and adventures in the Indian Archipelago in 1832—1834, comprising a tour of the island of Java, visits tò Borneo, to Malay peninsula, Siam etc. Also an account of the present state of Singapore, with observations on the commercial resources of the Archipelago. London 1837. (S. Nr. 135.) **Cz.**

2603 **Innes, E.** The Chersonese with the gilding off. 2 vols. London 1885. **Cz.**

2604 **Jagor, F.** Singapore—Malacca—Java. Reise-Skizzen. Berlin 1866. **Cz. Ha. Pt. St.**

2605 **Kloss, C. B.** In the Andamans and Nicobars. The narrative of a cruise in the Schooner „Terrapin", with notices of the islands, their fauna, ethnology. London 1903. **Cz.**

2606 **Light.** A short account of The Prince of Wales's island, or Pulo Peenang in the East-Indies, with an engraving by E. Trapaud; also a chart. London 1788. **Cz.**

2607 **Maurer, F.** Die Nikobaren. Colonial-Geschichte und Beschreibung nebst motivirtem Vorschlage zur Colonisation dieser Inseln durch Preussen. Berlin 1867. **Cz.**

2608 **Nahhuis.** Brieven over Bencoolen, Padang, ... Sincapoera en Poelo Pinang. Breda 1827. (S. Nr. 210.) **Cz.**

2609 **Newbold, T. J.** Political and statistical account of the British settlements in the straits of Malacca, viz Penang, Malacca and Sincapore, with a history of the Malayan states on the peninsula of Malacca. 2 vols. London 1839. **Cz.**

2610 **Osborn, S.** Quedah, or: Stray leaves from a journal in Malayan waters. London 1857. **Cz.**

2611 **Rink, H.** Die nikobarischen Inseln. Eine geographische Skizze, mit spezieller Berücksichtigung der Geognosie. Kopenhagen 1847. **Cz.**

2612 **Schlegel, G.** Geographical Notes (Nicobar, Andaman Islands, Ceylon). Leyden 1898. **Ge.**

2613 **Thomson, J.** The straits of Malacca, Indo-China and China or ten years' travels and residence abroad. London 1875. (S. Nr. 271.) **Cz.**

2614 **Kaart over Nicobar Oerne.** o. O. 1846. **Cz.**

2615 **D'Souza, E. J.** Map of the Malay peninsula. 1:484000. 6 Bl. Singapore 1879. **Ge.**

2616 **(Eschels Kroon, A.)** Bericht an den Kronprinzen Friderich zu Dänemark wegen die dänische Insuln, die Nicobaren, oder jetzt genannt Friedrichs-Insuln, mit Anzeige der Nutzbarkeit und Nothwendigkeit, da Besitzung zu handhaben und ein Stapelplatz etc. aufzurichten. Kopenhagen (1785). **Cz.**

2617 **Portman, M. V.** A history of our relations with the Andamanese. Compiled from histories and travels, and from the records of the Government of India. 2 vols. Calcutta 1899. **Cz.**

2618 **Prahl, B. (D.)** De nicobariske Øers nærværende Tilstand, samt Nytten for den danske Handel at befolke samme. Kiøbenh. 1804. **Cz.**

2619 **Swettenham, F.** British Malaya. An account of the origin and progress of British influence in Malaya. London 1907. **Cz.**

2620 **Report of the Administration** of the Andaman and Nicobar Islands for 1889/90. Calcutta 1890. **Ge.**

2621 **Ireland, A.** The far eastern tropics. Studies in the administration of tropical dependencies. Hong Kong, ... the Federated Malay States, the Straits Settlements etc. Westminster 1905. (S. Nr. 413.) **Cz.**

2622 **Man, E. H.** On the aboriginal inhabitants of the Andaman Islands. London 1883. **Ge.**

2623 **Martin, R.** Die Inlandstämme der malayischen Halbinsel. Wissenschaftliche Ergebnisse einer Reise durch die Vereinigten malayischen Staaten. Jena 1905. **Cz.**

2624 **Stevens, H. V.** Materialien zur Kenntniß der wilden Stämme von Malakka. 1. 2. (A. Veröffentl. Kgl. Mus. f. Völkerkde, Bd. II.) Berlin 1891—1894. **St.**

2625 **Swettenham, Sir F. A.** The real Malay. Pen pictures. London u. New York 1900. **Oa.**

2626 **Elliot, C. M.** On the lunar atmospheric tide at Singapore. (A. Phil. Trans.) London 1852. **Sw.**

2627 **Fasciculi Malayenses.** Anthropological and zoological results of an expedition to Perak and the Siamese Malay States 1901—1902 undertaken by N. Annandale and H. C. Robinson. Zoology pt. I. II. Liverpool 1903. **Nh.**

2628 **Blanford, W. F.** Reptiles and Frogs from Singapore. (A. Proc. zool. Soc.) London 1881. **Nh.**

2629 **Boulenger, G. A.** On new Batrachians from Malacca. (A. Ann. and Mag. of Nat. Hist.) London 1887. **Nh.**

2630 **Brüggemann, F.** Über einige Steinkorallen von Singapore. (A. Abh. Brem. Naturw. Ver.) Bremen 1878. **Nh.**

2631 **Carter, H. J.** On a collection of Sponges from the Mergui Archipelago. (A. Journ. Linn. Soc. vol. 21.) London 1886. **Nh.**

2632 **Distant, W. L.** Rhopalocera Malayana. A description of the butterflies of the Malay Peninsula. 2 vols. London 1882—1886. **Nh.**

2633 **Duncker, G.** Die Fische der malayischen Halbinsel. (A. Jahrb. Wiss. Anst. 21, Beih.) Hamburg 1904. **Nh.**

2634 **Felder, C. und R.** Lepidoptera nova in peninsula Malayica collecta diagnosibus instructa. Wien 1860. **Pt.**

2635 **Folin, M. de.** Mollusques des îles Andaman I. Bordeaux 1879. **Nh.**

2636 **Frauenfeld, G. von.** Beiträge zur Fauna der Nicobaren. 1—3. (Verh. Zool. Bot. Ges.) Wien 1867—69. **Nh. St.**

2637 **Müller, A.** Die Ornis der Insel Salanga, sowie Beiträge zur Ornithologie der Halbinsel Malakka. (Diss. Erlangen.) Naumburg a/S. 1882. **Nh. St.**

2638 **Singapore. Agricultural Bulletin of the Straits and Federated Malay States.** Vol. 2—4. Singapore 1903—1905 (w. fortges.) **Bo.**

2639 **Tabular statements of the commerce and shipping** of Prince of Wales' island, Singapore and Malacca for the official years 1843/44—1848/49. Calcutta 1845—50. **Cz.**

IX. Siam.*)

2640 **Bangkok calendar** for the year 1860, 62—66, 68. Bangkok 1860—68. **Cz.**

2641 **Guide to Bangkok.** Bangkok 1890. **Ge.**

2642 **Bastian, A.** Die Völker des östlichen Asiens. Studien und Reisen. Bd. 3. Reisen in Siam im Jahre 1863. (S. Nr. 101.) **Cz. Ha. Pt.**

2643 **Bock, C.** Temples and Elephants. London 1884. **Ge.**

— Im Reiche des weissen Elephanten. Vierzehn Monate im Lande und am Hofe des Königs von Siam. Deutsch von F. M. Schröter. Leipzig 1885. **Cz.**

2644 **Bode, R.** Reise-Erinnerungen an und Erlebnisse in Siam 1904. Wien-Leipzig 1906. **Cz.**

2645 **Bourges, J. de.** Relation du voyage de l'évêque de Beryte par la Turquie, la Perse ... jusqu'au royaume de Siam et autres lieux. 2. éd. Paris 1668. (S. Nr. 115, 703.) **Cz.**

2646 **Bowring, J.** The kingdom and people of Siam; with a narrative of the mission to that country in 1855. 2 vols. London 1857. **Cz. Ge.**

2647 **Caddy, Mrs. F.** To Siam and Malaya in the Yacht „Sans peur". London 1889. (S. Nr. 118.) **Ge.**

2648 **Child, J. T.** The pearl of Asia. Five years in Siam. Chicago 1892. **Ha.**

2649 **Choisy, F. T. de.** Journal du voyage de Siam, en forme des lettres familières, fait en 1685, 86. Par L. D. C. (l'Abbé de Choisy). Suivant la copie imprimée à Paris, Amsterdam 1687. (Enthält ein „Mémoire des présens du roy de Siam au roy de France", welches in der 2. Ausgabe fehlt.) **Cz. St.**

— Dasselbe. Nouv. éd. Trévoux 1741. **Cz.**

---

*) Außer den Berichten über die Preußische Expedition nach Ostasien [Nr. 91, 142, 185, 262, 285, 350] sind noch die Nrn. 135, 175, 200, 223—226, 247, 248, 299, 309, 311, 327, 384, 415, 2017 u. 2599 zu vergleichen.

2650 **Colquhoun, A. R.** Amongst the Shans. With illustr. and an historical sketch of the Shans by H. R. Hallet preceded by an introduction on the cradle of the Shan race by T. de Lacouperie. London 1885. **Cz.**

2651 **Eisenstein, R. Freih. von und zu.** Reise nach Siam, Java etc. Wien 1904. (S. Nr. 138.) **Cz.**

2652 **Hesse-Wartegg, E. von.** Siam, das Reich des weissen Elefanten. Leipzig 1899. **Bü. Cz. Vk.**

2653 **Lefèvre, E.** Un voyage au Laos. Paris 1898. **Cz.**

2654 **Leonowens, A. H.** The English governess at the Siamese court, being recollections of six years in the royal palace at Bangkok. London 1870. **Cz.**

2655 **Loubère, (S.) de la.** Du Royaume du Siam par Mr. de la Loubère, envoyé extraordinaire du Roy auprès du Roy de Siam en 1687 et 1688. 2 tms. Amsterdam 1691. **St.**

— Beschreibung des Königreichs Siam. A. d. Franz. Nürnberg 1800. **Cz.**

2656 **M'Carthy.** Surveying and exploring in Siam. London 1900. **Ge.**

2657 **Mouhot, H.** Travels in the central parts of Indo-China (Siam), Cambodja and Laos during the years 1858—60. 2 vols. London 1864. **Cz.**

2658 **Pallegoix.** Description du royaume Thai ou Siam, comprenant la topographie, histoire naturelle, moeurs et coutumes, législation, commerce etc. 2 tms. Paris 1854. **Cz.**

2659 **Schouten, J.** Beschreibung des Königreichs Siam. Nürnberg 1663, 1672. (S. Nr. 297, 298.) **Cz. St.**

— Dasselbe, schwedisch u. d. T.: Sanfärdig Beskriffning om Konungarijket Siam, theß Regering, Macht, Religion, Seder, Handel och Wandel ock andre tänckärdige Saaker. (Nach der Nürnberger Ausgabe von 1663.) Wijsingzborg 1675.

Im Sammelband „Kort Beskriffning uppå trenne Reesor“ (Nr. 83).

2660 **Smyth, H. W.** Five years in Siam. 2 vols. London 1898. **Cz.**

2661 **Tachard, G.** Voyage de Siam des pères Jésuites envoyez par le Roy aux Indes et à la Chine. Avec leurs remarques de physique, géographie etc. Paris 1686. **St.**

— Dasselbe. Amsterdam 1689. **Cz.**

— Curiöse und Merkwürdige Reise nach Siam. Hamburg 1706. **St.**

2662 — Second voyage du père (G.) Tachard et des Jésuites envoyés par le roy au royaume de Siam. Contenant diverses remarques d'histoire, de physique, de géographie et d'astronomie. Suivant la copie de Paris. Amsterdam 1689. **Cz.**

— Zweite Reise nach Siam. Hamburg 1709. **St.**

2663 **Thompson, P. A.** Lotusland. Being an account of the country and the people of southern Siam. London 1906. **Cz.**

2664 **Varenius, B.** Descriptio regni Japoniae et Siam (nach Schouten). Item de Japoniorum religione et Siamensium. De diversis omnium gentium religionibus etc. Cantabrigiae 1673. (S. Nr. 329.) **Cz. St.**

2665 **Vincent, F.** The land of the White Elephant. London 1873. (S. Nr. 280.) **Cz. Ge.**

2666 **Karte von Siam.** 1 inch : 14 miles. London 1888. **Ge.**

2667 **Poulmaire, L.** Carte du royaume de Siam et des pays limitrophes, dressée d'après de nouveaux documents. Paris o. J. **Cz.**

2668 **Relation des révolutions** arrivées à Siam 1688. Amsterdam 1691. **St.**

2669 **Chaumont, de.** Relation de l'ambassade du Chevalier de Chaumont à la cour du roy de Siam. Paris 1686. **St.**

— Dasselbe, deutsch, mit Reysebeschreibung der Abgesandten von Siam in Frankreich, Frankfurt 1687 und fernere Reisebeschreibung derselben. Frankfurt 1687. **St.**

2670 **Crawfurd, J.** Journal of an embassy from the governor-general of India to the courts of Siam and Cochinchina, exhibiting a view of the actual state of those kingdoms. London 1828. (S. Nr. 126.) **Cz.**

2671 **Finlayson, G.** The mission to Siam and Hué, the capital of Cochin China, in the years 1821—22, from the journal of the late G. Finlayson with a memoir of the author by Sir T. Stamford Raffles. London 1826. (S. Nr. 61, 143.) **Cz.**

2672 **(Gervaise, N.)** Histoire naturelle et politique du royaume de Siam. Paris 1688. **St.**

2673 **d'Orléans.** Histoire de Mr. Constance, Premier Ministre du Roy de Siam et de la dernière revolution de cet état. Paris 1692. **St.**

2674 **(Turpin, F. R.)** Histoire civile et naturelle du royaume de Siam, et des révolutions qui ont bouleversé cet empire, jusqu'en 1770, sur des manuscrits qui lui ont été communiqués par l'évêque de Tabraca, vicaire apostolique de Siam, et autres missionaires de ce royaume. 2 tms. Paris 1771. **Cz.**

2675 **Bleeker, P.** Notice sur la faune ichthyologique de Siam. (A. Med. Kon. Akad.) Amsterdam 1864. **Nh.**

2676 **Fachmännische Berichte** über die österreichisch-ungarische Expedition nach Siam, China und Japan (1868—71). Im Auftrage des K. K. Handelsministeriums, redigiert u. herausgegeben von K. von Scherzer. Stuttgart 1872. (S. Nr. 483.) **Cz. Ha. Pt.**

2677 **Sturz, J. D.** Denkschrift über den von Deutschland einzuleitenden Verkehr mit dem neu eröffneten Weltmarkt in China und Japan, nebenbei mit Siam und Singapore. Berlin 1859. (S. Nr. 505.) **Cz.**

2678 **Bastian, A.** Sprachvergleichende Studien mit besonderer Berücksichtigung der indo-chinesischen (birmanisch-siamesischen) Sprachen. Leipzig 1870. (S. Nr. 521.) **St.**

2679 **Ewald, L.** Grammatik des Tai oder der siamesischen Sprache. Leipzig 1881. **St.**

2680 **Gützlaff, C,** Missionar der evangelischen Kirche. Dreijähriger Aufenthalt im Königreich Siam, nebst einer kurzen Beschreibung s. drei Reisen in den Seeprovinzen Chinas 1831—33. A. d. Englischen. Basel 1835. (S. Nr. 153, 584.) **St.**

X. Indo-China.

(Annam, Cambodja, Cochinchina und Tonkin.)

1. Zeitschriften.

2681 **Hanoi, École Française de l'Extrême Orient.** Bulletin I. II, 1. 2. Hanoi 1901—02. St.

2682 — **Gouvernement Général de l'Indo-Chine.** Bulletin économique; Nouv. Sér., 6me—10me année. Hanoi 1903—1907. (Wird fortgesetzt.) Cz.

2683 **Paris, Société Académique Indo-Chinoise de France.** Annales, Bulletin, Mémoires. (S. Nr. 53.)

---

2. Geographie und Reisen.

a. Reisen, Ortsbeschreibungen und Vermischtes.

(S. auch Nr. 76, 130, 229—235, 311, 327 u. 415.)

2684 **Gia-Dinh-Thung-Chi.** Histoire et description de la Basse-Cochinchine (pays de Gia-Dinh) traduites pour la première fois d'après le texte chinois original p. G. Aubaret. Publiées par ordre du Marq. de Chasseloup-Laubat, ministre de la marine et des colonies. Paris 1864. Cz.

2685 **Miscellaneous papers relating to Indo-China** and the Indian Archipelago. 4 vols. London 1886—87. (S. Nr. 2596.) Cz.

2686 **Mission Pavie. Indo-Chine 1879—1895.** (S. Nr. 2694. 2700, 2701, 2713, 2731, 2748 u. 2767.)

2687 **Voyage d'exploration en Indo-Chine,** effectué pendant les années 1866—68 par une commission française, présidée par Doudart de Lagrée et publié par les ordres du ministre de la marine sous la direction de F. Garnier avec le concours de Delaporte, Joubert et Thorel. 2 tms. Paris 1873. Cz.

2688 **Barrow, J.** A voyage to Cochinchina in the years 1792, 93. London 1806. Cz. Ge.

— Dasselbe, deutsch. (S. Nr. 61.)

— Dasselbe, französisch. (S. Nr. 100.)

2689 **Bastian, A.** Reise durch Kambodja nach Cochinchina. (S. Nr. 101.)

2690 **Bissachère, B. de la.** Gegenwärtiger Zustand von Tunkin, Cochinchina und der Königreiche Camboja, Laos und Lac-tho. Nach dem Franz. herausgeg. u. m. Anmerk. versehen von E. A. W. v. Zimmermann. Weimar 1813. (S. Nr. 61.) **Cz.**

2691 **Borrmann, F.** Im Lande der Schwarzflaggen. Reiseerlebnisse und Beobachtungen während eines achtmonatlichen Aufenthalts in Tonkin. Bremen 1905. **Cz.**

2692 **Brown, E.** Cochin-China and my experience of it. A seaman's narrative of his adventures and sufferings. London 1861. **Bü.**

2693 **Carné, L. de.** Travels in Indo-China and the Chinese empire. Transl. from the French. London 1872. (S. Nr. 121.) **Cz.**

2694 **Cupet.** Voyages au Laos et chez les sauvages du sud-est de l'Indo-Chine. (Miss. Pavie, I, 3.) Paris 1900. **St.**

2695 **Delaporte, L.** (S. Nr. 2768.)

2696 **Ehlers, O. E.** Im Sattel durch Indochina. 2 Bde. 3. Aufl. Berlin 1894. **Bü. Cz. Ha. Pt. Vk.**

— — 4.—6. Aufl. Berlin 1896, 1901, 1903. **Bü.**

2697 **Favre, G.** Colonies françaises. La Cochinchine en 1881. De Toulon à Saigon. Paris et Rochefort 1881. **Ge.**

2698 **Haussmann, A.** Voyage en Chine, Cochinchine, Inde et Malaisie. 3 tms. Paris 1847—48. (S. Nr. 158.) **Cz.**

2699 **Lanessan, J. L. de.** L'Indo-Chine française. Étude politique, économique et administrative sur la Cochinchine, le Cambodge, l'Annam et le Tonkin. Paris 1889. **Ge.**

2700 **Lefèvre-Pontalis, P.** Voyages dans le Haut-Laos et sur les frontières de Chine et de Birmanie. (Miss. Pavie I, 5.) Paris 1902. **St.**

2701 **Malglaive, de,** et **Rivière.** Voyages au centre de l'Annam et du Laos et dans les régions sauvages de l'est de l'Indo-Chine. (Miss. Pavie I, 4.) Paris 1902. **St.**

2702 **Mouhot, H.** Travels in the central parts of Indo-China, Cambodia and Laos during the years 1858—60. 2 vols. London 1864. (S. Nr. 208.) **Cz.**

2703 **d'Orléans, H. P.** Autour du Tonkin. Paris 1894. **Cz. St.**

2704 **Pavie, A.** Exposé des travaux de la mission. Introduction, première et deuxième périodes: 1879—1889. M. Atlas. (Miss. Pavie I, 1. 2.) Paris 1903—04. **St.**

2705 **Réclus, E.** Nouvelle géographie universelle, t. 8: l'Inde et l'Indo-Chine. Paris 1883. **Cz.**

2706 **Renouard de Sainte-Croix, Marquis C. L. F.** Voyage commercial et politique aux Indes orientales....., avec des notions sur la Cochinchine et le Tonquin pendant les années 1803—07. 3 tms. Paris 1810. (S. Nr. 241.) **Cz.**

2707 **Richard, J. (L'abbé Jérôme.)** Sittliche u. natürliche Geschichte von Tunkin. A. d. Franz. im Auszuge (v. H. A. O. Reichard). Leipzig 1779. **Cz.**

2708 **Veuillot, E.** La Cochinchine et le Tonquin. -- Le pays, l'histoire et les missions. Paris 1859. **Cz.**

2709 **Vincent, F.** The land of the white elephant. Sights and scenes in South-eastern Asia. A personal narrative of travels and adventures in farther India, embracing the countries of Burma, Siam, Cambodia and Cochinchina (1871—72). London 1873. (S. Nr. 280.) **Cz.**

2710 **White, J.** A voyage to Cochin China. London 1824. **Cz.**

b. Karten.

2711 **Basse Cochinchine.** Carte générale d'après les travaux exécutés par ordres des vice-amiraux Charner et Bonard par L. Manen et G. Héraud. 4 Bl. Paris 1863. **Cz.**

2712 **Basse Cochinchine et Cambodge.** Carte générale, résumant l'ensemble des travaux exécutés par ordres des vice-amiraux Charner et Bonard par L. Manen, F. Vidalin et G. Héraud. Paris 1866. **Cz.**

2713 **Indo-Chine.** Carte de la mission Pavie, dressée sous les auspices du ministre des affaires étrangères et du ministre des colonies sous la direction de M. Paire par Cupet, Friquegnon, de Malglaive, Seauve. 4 Bll. 1 : 1 000 000. Paris 1899. **Cz. Ge.**

2714 **Plan du port de Saïgon,** levé en 1863 par ordre du contre-amiral de la Grandière par F. Vidalin et G. Héraud. Paris 1866. Cz.

2715 **Royaume de Cambodge ou de Khmer.** Levé par ordre de l'amiral Bonard par L. Manen, Vidalin et G. Héraud. 3 Bl. Paris 1863. Cz.

2716 **Tonkin.** Carte provisoire, dressée à l'État-Major de la Division d'Occupation. 4 Bl. 1 : 500 000. Paris 1890. Ge.

2717 **Friquegnon.** Carte de Tonkin et Haut Laos. Paris 1902. Ge.

2718 **Schneider, F. H.** Indo-Chine française, Carte de Tonkin. 1 : 1 000 000. Hanoi-Haiphong 1891. Ge.

---

3. Geschichte.

2719 **La France dans les mers asiatiques.** Paris 1858. Cz.

2720 **The truth about the Mekong valley.** Bangkok 1891. Ge.

2721 **Vremde geschiedenissen in de koninckrijken van Cambodia en Louwen-Lant** en Oest-Indien, zedert den jaren 1635 tot den jare 1644 aldaer voorgevallen. Mitgaders de reyse der Nederlanders van Cambodia de Louse riever op, na Wincjam, het hof van de Louse Majesteyt. Haerlem 1669. Cz.

2722 **Bastian, A.** Die Geschichte der Indochinesen, aus einheimischen Quellen. (Völker d. östlichen Asiens, Bd. 1.) Leipzig 1866. (S. Nr. 101.) Cz. Ha. Pt.

2723 **Bazancourt, de.** Les expéditions de Chine et de Cochinchine d'après les documens officiels. Part 1. 2. Paris 1861—62. (S. Nr. 345.) Cz.

2724 **Crawfurd, J.** Journal of an embassy from the governor-general of India to the courts of Siam and Cochin China exhibiting a view of the actual state of those kingdoms. London 1828. (S. Nr. 126.) Cz.

2725 **Croizier, Marquis de.** Les explorateurs du Cambodge. Paris 1878. Ge.

2726 **Dupuis, J.** Les évènements du Tong-kin 1872/73. Journal de voyage et d'expédition de J. Dupuis, précédé d'une préface par Mr. le marquis de Croizier. Paris 1879. **Ge.**

2727 **Gosselin, C.** L'empire d'Annam. Préface de P. Baudin. Paris 1904. **Cz.**

2728 **Koffler, J.** Historica Cochinchinae descriptio, in epitomen redacta ab A. ab Eckart. Ed. C. T. de Murr. Nürnberg 1803. **Cz.**

2729 **Morga, A. de.** The Philippine islands, Moluccas, Siam, Cambodia, ... at the close of the 16th century. (S. Nr. 2017.)

2730 **Pallu, L.** Histoire de l'expédition de Cochinchine en 1861. Paris 1864. **Cz.**

2731 **Pavie, A.** Recherches sur l'histoire du Cambodge, du Laos et du Siam, contenant la transscription et la traduction des inscriptions par M. Schmidt. Avec 70 planches d'inscriptions. (Miss. Pavie II, 2.) Paris 1898. **St.**

2732 **Rambaud, A.** La France coloniale. Histoire, géographie, commerce. Avec la collaboration de L. Archinard, A. Bouinais etc. Paris 1886. **Cz.**

2733 **Scott, J. G. (Shway Yoe).** Frankreich und Tonkin. Eine Beschreibung des Feldzugs von 1884 und der Besetzung Hinterindiens nebst Schilderungen von Land und Leuten. Deutsch von W. Rudow. Ilfeld 1886. **Pt.**

4. Organisation. Verwaltung. Rechtsverhältnisse. Militär.

2734 **État de la Cochinchine Française** pendant l'année 1878. 79. Saigon 1879. 80. **Cz.**

2735 **Anton, G. K.** Die Entwicklung des französischen Kolonialreiches. Vortrag. Dresden 1897. **Cz.**

2736 **Chailley-Bert, J.** La colonisation de l'Indo-Chine. L'expérience anglaise. Paris (1892). **Cz.**

2737 — Dix années de politique coloniale. Paris 1902. **Cz.**

2738 **Delarbre, J.** Les colonies françaises, leur organisation, leur administration. Paris 1877. **Cz.**

2739 **d'Enjoy, P.** La colonisation de la Cochin-Chine. Manuel du colon. Paris 1898. **Cz.**

2740 **Fallot, G.** L'avenir colonial de la France. Paris 1902. **Cz.**

2741 **Ferry, J.** Le Tonkin et la mère-patrie. Témoignages et documents. Paris 1890. **Cz.**

2742 **Ireland, A.** The far eastern tropics. Studies in the administration of tropical dependencies. Hong Kong . . . . ., French Indo-China, etc. Westminster 1905. (S. Nr. 413.) **Cz.**

2743 **Lanessan, J. L. de.** La colonisation française en Indo-Chine. Paris 1895. **Cz.**

2744 **Norman, C. B.** Le Tonkin ou la France dans l'Extrême Orient (trad. de l'anglais). Paris 1884. **Cz.**

2745 **Petit, E.** Organisation des colonies françaises et des pays de protectorat. Préface de R. de Moüy. Tome 1. 2. Paris et Nancy 1894—95. **Cz.**

2746 **Hoang-viêt-luât-le. Code annamite.** Lois et réglements du royaume d'Annam, traduits du texte chinois original p. G. Aubaret. Publiés par ordre du marquis de Chasseloup-Laubat, ministre de la marine et des colonies. 2 tms. Paris 1865. **Cz.**

2747 **Duchemin.** Les troupes coloniales et la défense des colonies. Paris 1905. **Cz.**

---

5. Geologie. Flora. Fauna.

2748 **Pavie, A.** Recherches sur l'histoire naturelle de l'Indo-Chine orientale. (Miss. Pavie II, 3.) Paris 1904. **St.**

2749 **Petiton, A.** Géologie de l'Indo-Chine. Paris 1896. **St.**

2750 **Loureiro, J. de.** Flora Cochinchinensis. 2 tms. Lissabon 1790. **St.**

— Dasselbe, ed. altera cum notis C. L. Willdenow. 2 Bde. Berlin 1793. **St.**

2751 **Ostenfeld, C. H.** Marine Plankton Diatoms of Koh Chang. (A. Botan. Tidskr. vol. 25.) Kopenhagen 1903. **Bo.**

2752 **Schmidt, J.** Rhizophoraceae of Koh Chang. (A. Botan. Tidskr. vol. 24.) Kopenhagen 1902. **Bo.**

2753 **Mabille, J. et G. de Mesle.** Observations sur la faune malacologique de la Cochinchine et du Cambodje. Paris 1866. **St.**

6. Produktion. Handel. Währung.

2754 **Colonies françaises et pays de protectorat à l'exposition universelle de 1889.** Guide publié par la Société des études coloniales et maritimes. Paris (1889). **Cz.**

2755 **Enquête sur le régime commercial** des colonies françaises. Paris 1877. **Cz.**

2756 **Hoffner.** Rapport sur le champ d'essais de Ong-Jéin. (A. Bull. économ. de l'Indo-Chine.) Hanoi 1903. **Bo.**

2757 **Imbert, C.** Le Tonkin industriel et commercial. — Productions agricoles et minières; industries indigènes; renseignements aux colons; statistique. — Annuaire du Tonkin pour 1885; petit vocabulaire usuel. Paris 1885. **Cz.**

2758 **Vignon, L.** Les colonies françaises. Leur commerce, leur situation économique, leur utilité pour la métropole, leur avenir. Paris 1886. **Cz.**

2759 — L'exploitation de notre empire colonial. Paris 1900. **Cz.**

2760 **Lacroix, D.** Numismatique annamite. (A. Bull. de l'École franç.) Saigon 1900. (Vgl. auch Nr. 509.) **St.**

2761 **Zay, E.** Histoire monétaire des colonies françaises d'après les documents officiels. Paris 1892. **Cz.**

7. Kultur im Allgemeinen. Sprache. Literatur. Kunst. Religion. Mission.

2762 **Lemire, Ch.** Les arts et les cultes anciens et modernes de l'Indo-Chine. (A. Bull. trim. soc. franç. des ing. coloniaux.) Paris 1901. **St.**

2763 — Les moeurs des Indo-Chinois d'après leurs cultes, leurs lois, leur littérature, et leur théâtre. Paris 1902. **St.**

2764 **Cadière, L.** Phonétique annamite. (A. Bull. de l'École franç., Vol. 3.) Paris 1902. **St.**

2765 **Conrady, A.** Eine indochinesische Causativ-Denominativ-Bildung und ihr Zusammenhang mit den Tonaccenten. Leipzig 1896. **St.**

2766 **Truong-Vinh-Ky, P. J. B.** Cours pratique de la langue annamite. Saigon 1868. **St.**

2767 **Pavie, A.** Recherches sur la littérature du Cambodge, du Laos et du Siam. (Miss. Pavie II, 1.) Paris 1898. **St.**

2768 **Delaporte, L.** Voyage au Cambodge. L'architecture khmer. Paris 1880. **Cz. St.**

2769 **Legrand.** La nouvelle société indo-chinoise, fondée par M. le marquis de Croizier, et son ouvrage l'art khmer. (A. Revue Orientale et Américaine, T. 1.) Paris 1878. **Ge. St.**

2770 **Lunet de Lajonquière, E.** Atlas archéologique de l'Indo-Chine. Monuments du Champa et du Cambodje. Paris 1901. **St.**

2771 **Pouvourville, A. de.** L'art indo-chinois. Paris 1894. **Mu.**

2772 **Tissandier, A.** Cambodge et Java. Ruines khmères et javanaises 1893—1894. Paris 1896. (S. Nr. 548.) **Cz.**

2773 **Dumoutier, G.** Les symboles, les emblêmes et les accessoires du culte chez les Annamites. Paris 1891. **Vk.**

2774 **Noticias summarias das perseguições da missam de Cochinchina** principiada e continuada pelos padres da companhia de Jesu. Lisboa 1700. **Cz.**

2775 **Borrus, C.** Relatio de Cocincina. Ex italico latine reddita. Excudebat M. Rictius in novo mundo. (Viennae) 1633. **Cz.**

2776 **La Croze, M. V.** Histoire du Christianisme des Indes. La Haye 1724. (S. Nr. 587.) **St.**

2777 **Marini, G. F. de.** Historia e relatione del Tunkino e del Giappone, libri 5. Rom 1665. (S. Nr. 591.) **Cz.**

2778 **Rhodes, A. de.** Relation des progrez de la foy au royaume de la Cochinchine. Paris 1652. **St.**

2779 — Tunchinensis historiae libri duo. Lugduni 1652. **St.**

2780 **Ribadeneyra, M. de.** Historia de los reynos de la gran China, Tartaria, Cuchinchina, Malaca, Sian, Camboxa y Japon, y de lo succedido en ellos a los religiosos descalços etc. 2ter Abdruck. Barcelona 1613. (S. Nr. 384.) **Cz.**

2781 **Veuillot, E.** S. Nr. 2708.

2782 **Stöcklein, J.** Der neue Weltbott mit allerhand Nachrichten . . . aus beyden Indien etc. (S. Nr. 79.) **Cz.**

XI. Die ostasiatischen Gewässer.*)

1. Allgemeines. Tiefen. Gezeiten. Winde und Strömungen. Taifune. Magnetische Beobachtungen.

2783 **London, Hydrographic Office.** List of Oceanic depths and serial temperature observations received at the Admiralty during the years 1888—1901. 1903—1905. London 1889—1902. 1904—06. **Sw.**

2784 **Voyage of H. M. S. Challenger.** Report on Deep-Sea Deposits. London 1891. (S. Nr. 94.) **Nh. St. Sw.**

2785 **Washington U. S. Hydrographic Office.** Deep-Sea soundings in the North Pacific Ocean, obtained in the U. S. steamer Tuscarora, Commandor George E. Belknap. Washington 1874. **Sw.**

2786 **Bericht S. M. Corvette Arcona** über die im Nov. 1860 in der Bai von Jeddo angestellten Beobachtungen von Ebbe und Fluth etc. (Berlin) o. J. (S. Nr. 1642.) **Cz.**

2787 **Elliot, C. M.** On the lunar atmospheric tide at Singapore. (A. Phil. Trans.) London 1852. (S. Nr. 2626.) **Sw.**

2788 **Stok, J. P. van der.** Studien over Getijden in den Indischen Archipel 5—14. Batavia 1893—96. **Sw.**

2789 **Utrecht, Kon. Ned. Meteor. Instituut.** Chinesche Zee en het westelijk gedeelte van den Noorder Stillen Ocean. (Winden en Zeestromingen.) Utrecht 1863. **Sw.**
— Dasselbe, 2. ed. in 2 Bdn. Utrecht 1876—79. **Sw.**

2790 — De Winden op de Kust van Atjeh. Utrecht 1878. (S. Nr. 2375.) **Sw.**

2791 — Waarnemingen in den Indischen Ozean. Juni bis August. Amsterdam 1900. **Sw.**

2792 **Bergsma, P. A., en L. Backer-Overbeek.** Bijdrage tot de kennis der weersgesteldheid ter kuste van Atjeh. Batavia 1877. **Sw.**

---

*) Für Bibliographie und Zeitschriften S. Nr. 1, 7, 9, 15, 33.

2793 **Blink, N.** Wind und Meeresströmungen im Gebiet der kl. Sundainseln. (Diss. Straßburg.) Stuttgart 1887. (S. Nr. 2376.) **St.**

2794 **Boguslawski, G. von.** Meteorolog. u. Hydrographische Notizen über die Küsten von Japan. Berlin 1881. **Sw.**

2795 **Brown, J.** Winds and currents of the northern and southern hemispheres and law of storms. Glasgow 1905. **Sw.**

2796 **Doberck, W.** The law of storms in the Eastern Seas. 4. edit. (Hongkong Observatory.) Hongkong 1904. **Cz. Sw.**

2797 **Fritsche, H.** Beobachtungen auf einer Seereise von Peking über Ostindien nach St. Petersburg. (A. Rep. f. Met., t. 5.) St. Petersburg 1876. **Sw.**

2798 **Froc, A.** The atmosphere in the Far East during the six warm months, its normal state, its perturbations. Hints to navigators. Zikawei 1901. (S. Nr. 432.) **Sw.**

2799 **Piddington, H.** Storms of the China Sea from 1780 to 1841. Calcutta 1842. **Sw.**

2800 — The storms in the Andaman Sea and Bay of Bengal from 9—14 Nov. 1845. Calcutta 1845. **Sw.**

2801 **Schott, G.** Oberflächen-Temperaturen und Strömungen der ostasiatischen Gewässer. (A. d. Archiv d. D. Seewarte, 13.) Hamburg 1891. **Cz.**

2802 **Schrenck, L. von.** Strömungsverhältnisse im Ochotskischen und Japanischen Meere und in den zunächst angrenzenden Gewässern. Nach Temperatur-Beobachtungen auf Russischen Kriegsschiffen. (A. Mém. Ac. S. VII, t. 21.) St. Petersburg 1873. **Sw.**

2803 **Wüllerstorf-Urbair, B. von.** Zur Vertheilung der Winde auf der Oberfläche der Erde; die Monsune, insbesondere jene des chinesischen Meeres. Wien 1859. (S. Nr. 435.) **Cz.**

2804 **Zollinger, H.** Über die Gewitter im Indischen Archipel. (A. Vierteljahrsschr. Nat. Ges.) Zürich 1858. **Sw.**

2805 **Tokio, Naval Observatory.** Record of the cyclones in Japan and the adjacent sea, Aug. u. Sept. 1884. Tokio 1885. **Sw.**

2806 **Algué, P. J.** Baguios y tifones filipinos. Manila 1897. (S. Nr. 2049.) **Sw.**

2807 **Algué, P. J.** The cyclones of the far East. (Manila, Phil. Weather Bureau.) 2. ed. Manila 1904. Sw.

2808 — The Hongkong typhoon, Sept. 18. 1906. Manila 1906. (S. Nr. 1047.) Sw.

2809 **Bergholz, P.** Die Orkane des fernen Ostens. Bremen u. Shanghai 1900. Cz. Sw.

2810 **Boguslawski, G. von.** Über einige Taifune in den Meeren von China und Japan 1878 u. 79. (A. Ann. d. Hydr.) Berlin 1880. Sw.

2811 **Chevalier, S.** The „Bokhara" typhoon, Oct. 1892. (A. Shangh. Met. Soc.) Shanghai 1893. Sw.

2812 — Typhons de 1892 (Juillet, Août, Septembre). Shanghai 1894. Sw.

2813 **Dechevrens, R. F. M.** On the storms of the Chinese seas and on the storm of the 19th and 20th March 1880. Zi-ka-wei 1880. Sw.

2814 — Les typhons de 1882. Part I. (juillet et août). The typhoons of 1882. Part II. (September and October). Zi-ka-wei 1884. Sw.

2815 — The typhoons of the Chinese Seas in the year 1885. Essay on the atmospheric variations in the far East during January 1885. Zi-ka-wei 1885. Sw.

2816 **Doyle, P. J.** Tifones del archipiélago filipino 1895 y 1896. Manila 1899. (S. Nr. 2051.) Sw.

2817 **Froc, L.** The „De Witte" Typhoon. August 1—6. 1901. Zikawei 1901. Sw.

2818 **Knipping, E.** The September taifuns 1878 in the China and Japan seas. (A. O. A. G., Bd. 2.) Yokohama 1879. Sw.

2819 — The great taifun of August 1880. (A. O. A. G., Bd. 3.) Yokohama 1881. Sw.

2820 **Redfield, W. C.** On the courses of hurricanes; with notices on the tyfoons of the China Sea. (A. Am. Journ. Sc. and Arts 35.) New Haven 1839. Sw.

2821 **Bauer, L. A., u. G. W. Littlehales.** Proposed magnetic survey of the northern Pacific Ocean. Washington 1905. Sw.

2822 **Dunn, S.** A new atlas of variation of the magnetic needle for the atlantic, ethiopic, southern and indian oceans. London 1776. **Cz.**

2823 **Elliot, C. M.** Magnetic survey of the Eastern Archipelago. (A. Phil. Trans.) London 1851. **Sw.**

2824 **Rijckevorsel, van.** Verslag aan Z. Exc. den Ministre van Koloniën over eene Magnetische Opneming van den Indischen Archipel, 1874—1877 gedaan. Amsterdam 1879/80. **Sw.**

---

2. Segelanweisungen und Verzeichnisse derselben mit Anhang über die nordöstliche Durchfahrt.

2825 **Berlin, Reichs-Marine-Amt.** Katalog der auf den Kaiserlichen Werften vorrätigen Seekarten und nautischen Bücher. Berlin 1891. 1900. 1904. 1906. **Sw.**

2826 — Segelhandbuch für Ceylon und die Malakkastraße (einschließlich der Malediven, Lakediven, Andamanen und Nikobaren). Berlin 1907. **Cz. Sw.**

2827 **'s Gravenhage, Ministerie van Marine, Afd. Hydrographie.** Catalogus van Kaarten en Boekwerken. 's Gravenhage 1898. 1900. 1903. 1906. **Sw.**

2828 — Zeemannsgids v. d. Oost-Indische Archipel. 2 Bde. 's Gravenhage 1899—1900. **Sw.**

— Dasselbe, 2. Aufl. 3 Bde. ebd. 1901—05. **Sw.**

2829 — Beschreibung des Hafens von Batavia „Tandjong Priok“. Haag 1888. (S. Nr. 2124.) **Cz.**

2830 **Hamburg, Deutsche Seewarte.** Segelhandbuch für den Indischen Ocean. Hamburg 1892. **Sw.**

2831 — Segelhandbuch für den Stillen Ozean. Hamburg 1897. **Sw.**

2832 — Die wichtigsten Häfen Chinas. Ein Handbuch für Kapitäne und Rhedereien. Berlin 1901. (S. Nr. 681.) **Cz. Sw.**

2833 **London, Admiralty.** Catalogue of charts, plans, views and sailing directions. Publ. by order of the Lords Commissioners of the Admiralty. London 1862. **Cz.**

— Dasselbe. London 1875—1885. 1888. 1893. 1895—1905. **Sw.**

2834 **London, Admiralty.** A consecutive list of the Admiralty charts. London 1902. 1903. **Sw.**

2835 — **Hydrographic Office.** The China Sea directory. Vol. 1—4, ed. 1—4. London 1867—1904. **Sw.** (Vol. 2. 1879; Vol. 3. 1874, 1904. **Cz.**)

— Dasselbe. Vol. 1. 2, ed. 5. London 1906. **Sw.**

2836 — — Sailing directions for Japan, Korea and adjacent seas. 1. ed. London 1904. **Cz. Sw.**

2837 — — The Bay of Bengal pilot, includ. the SW-coast of Ceylon, N-coast of Sumatra, Nicobar and Andaman Islands. London 1887. 1892. **Sw.**

2838 — — The seaman's guide round Java. London 1850. 1853. **Sw.**

2839 — — Eastern Archipelago.
I. Eastern part. 2. ed. London 1904. **Sw.**
II. Western part. 1. ed. London 1893. **Cz. Sw**; 2. ed. London 1904. **Sw.**

2840 **Manila, U. S. Coast and Geodetic Survey, Suboffice.** Philippine Islands sailing directions. Sect. 1—7. Manila 1903—1906. **Sw.**

2841 **Paris, Service hydrographique de la Marine** (vor 1893: **Dépôt des cartes et plans de la Marine**). Catalogue chronologique des cartes, plans, vues de côtes, mémoires, instructions nautiques qui composent l'hydrographie française. Paris 1873. 1878. 1892. 1895. 1896. 1898—1900. **Sw.**

2842 — Mer de Chine. Instructions nautiques. pts. 1. 3—5. Paris 1865—67. **Sw.**

2843 — Instructions nautiques sur les îles et passages du grand archipel d'Asie. t. 1—5. Paris 1867—68. **Sw.**

2844 — Instructions nautiques sur les mers de Chine I. II. Paris 1894; 1900. **Sw.**

2845 — Instructions nautiques sur la mer et les îles du Japon. Paris 1895. **Sw.**

2846 — Instructions nautiques sur la Basse Cochinchine et le Cambodje (navigation intérieure). Paris 1897. **Sw.**

2847 — Le grand archipel d'Asie. Paris 1901. **Sw.**

2848 — Océan indien. Instructions générales. Vents, courants et routes principales de navigation. Paris 1887. **Sw.**

2849 **St. Petersburg, Hydrographische Hauptverwaltung des Marine-Ministeriums.** Katalog der Atlanten, Pläne, Vermessungen etc. St. Petersburg 1898, 1905. **Sw.**

2850 — Anleitung zur Befahrung der Tatar- oder Sachalinstrasse, wie des Amur-Limans. Petersburg 1866. **Sw.**

2851 — Kurzer historischer Abriß der Hydrographie der Russischen Meere. Teil 2: Stiller Ozean. Petersburg 1899. **Sw.**

2852 — Material zum Segelhandbuch des Stillen Oceans (Amur-Mündung, Sachalin-Kanal, Ochotzkisches Meer). Petersburg 1899. **Sw.**

2853 — Segelanweisung für den N-W-Teil des Stillen Oceans (mit Nachtrag). Petersburg 1901. **Sw.**

2854 — Segelhandbuch für den nordwestlichen Teil des Stillen Oceans. Bd. 2. Petersburg 1904. **Sw.**

2855 — Segelhandbuch für die Fahrt von Kronstadt nach Wladiwostok. Bd. 1—5; 6, T. 1; 7. St. Petersburg 1899—1905. **Sw.**

2856 — Verbesserung und Ergänzung zur Küstenbeschreibung der Kuantung-Halbinsel 1899. Petersburg 1902. **Sw.**

2857 **Tokio, Hydrographic Office.** Directory to the harbour of Wakamatsu. Wakamatsu 1905. **Sw.**

2858 **Utrecht. Kon. Ned. Meteorol. Instituut.** Maandelige Zeilaanwijzingen van Java naar het Kanal. Utrecht 1859. 1870. **Sw.**

— Maandelige Zeilaanwijzingen van het Kanal naar Java. Utrecht 1860. 1877. **Sw.**

2859 — Reisen van Australië naar Java. Utrecht 1862. 1872. **Sw.**

2860 — Route voor stoomschepen tusschen Aden en Nederlandsch Ostindië. Utrecht 1871. 1885. **Sw.**

2861 **Washington, U. S. Hydrographic Office.** Catalogue of charts, plans, sailing directions and other publications. Washington 1898. 1899. 1901. **Sw.**

2862 — List and Catalogue of the publications 1816—1902. Washington 1902. **Sw.**

2863 — Catalogue of charts, sailing directions and tide-tables in the Philippine islands. Manila 1906. **Sw.**

2864 — The navigation of the Pacific Ocean, China Seas etc. Washington 1875. **Sw.**

2865 **d'Après de Mannevillette, J. B. N. D.** Le Neptune oriental ou routier général des côtes des Indes orientales et de la Chine. Paris 1745. **Cz.**

2866 **Becher, A. B.** Navigation of the Indian Ocean, China and Australian seas; with an account of the winds, weather and currents found therein throughout the year. 3. ed. London 1869. **Sw.**

— Dasselbe, deutsch von L. Göde. Hamburg 1864. **St.**

2867 — Navigation des Stillen Oceans. Mit e. Beschreibung der Winde, Wetter und Strömungen. Übers. von C. Raddatz. Hamburg 1867. **St.**

2868 **Cheyne, A.** Sailing directions from N. S. Wales to China and Japan. 2. ed. London 1862. **Sw.**

2869 **Dorn, A., Ritter von.** Die Seehäfen des Weltverkehrs. Wien 1892. (S. Nr. 720. 2162.) **Bü.**

2870 **Elmore, H. M.** The british mariner's directory and guide to the trade and navigation of the indian and China seas. London 1802. **Cz.**

2871 **Findlay, A. G.** A directory for the navigation of the Indian Archipelago of China and Japan. London 1870. **Cz. Sw.**

— Dasselbe. 2. u. 3. ed. London 1878 u. 1889. **Sw.**

2872 — A directory for the navigation of the North Pacific Ocean from Panama to Behring strait and Japan. 2. ed. London 1870. **Cz. Sw.** 3. ed. London 1886. **Sw.**

2873 **Horsburgh, J.** India directory, or directions for sailing to and from the East Indies, China etc. 3. ed. 2 vols. n. Atlas. London 1826. **Cz.**

— Dasselbe, I. 7. ed. London 1855; II. 8. ed. London 1864. **Sw.**

2874 **Imray, J.** The Bay of Bengal pilot. A nautical directory for the Bay of Bengal, Ceylon, Andaman and Nicobar Islands and the North coast of Sumatra. London 1879. **Sw.**

2875 **Linschot, J. Hugues de.** Le grand routier du mer. Contenant une instruction des routes et cours qu'il convient tenir en la navigation des Indes Orientales etc. Le tout fidèlement recueilli des mémoires et observations des pilotes espagnols et portugais. Et nouvellement trad. de Flameng en François. Amsterdam 1638. **Cz.**

2876 **Maury, M. F.** Explanations and sailing directions to accompany the wind and current charts. 3. ed. Washington 1851. (S. Nr. 2910.) **Sw.**

— Dasselbe. 4. ed. Washington 1852. **Cz.**

— Dasselbe. 5.—8. ed. Washington 1853—59. **Cz. Sw.**

2877 **(Maury, W. L., u. S. Bent.)** Sailing directions and nautical remarks on the coast of China and the Japan islands. (A. Narr. Perry Exped. Vol. 2.) Washington 1856. **Cz.**

2878 **Maydell, E.** Physiko-geographische Beschreibung des Chinesischen- und Gelben Meeres. Petersburg 1904. **Sw.**

2879 **P(aganino), J. J.** Roteiro do Neptuno oriental para a navegacão da China e passagion dos estreitos da Sonda, Banca e Malaca, dirigido pelo roteiro e cartas de d'Après e Dalrymple. Lisboa 1783. **Cz.**

2880 **Pimentel, M.** Arte de navegar. Roteyro das viagens e costas maritimas de Guiné, Angola, Brasil, Indias e ilhas occidentaes e orientaes. Lissabon 1746. **Cz.**

2881 **Rosser, W. H.** The navigation of the three Oceans, the Atlantic, Indian and Pacific, including the China Sea. London 1868. **Sw.**

2882 — Short notes of the winds, weather and currents, together with general sailing directions and remarks on making passages: to accompany charts of the China Sea, Indian Archipelago and Western Pacific. London 1866 u. 1874. **Sw.**

2883 — and **J. F. Imray.** Indian Ocean Directory. The seaman's guide to the navigation of the Indian Ocean and China Sea. London 1874. **Sw.**

2884 **Samochwalow, S. P.** Anleitung zur Befahrung der Tatar- oder Sachalin-Strasse sowie des Amur Limans, auf Veranlassung des hydrographischen Departements zusammengestellt von S. P. Samochwalow; aus dem Russischen übersetzt u. herausgeg. von H. J. Pallisen. St. Petersburg 1866. (S. Nr. 2850.) **Cz.**

— Dasselbe. 2. Aufl. Hamburg 1871. **Sw.**

2885 **Taylor, A. D.** The India directory.
part I. London 1874. **Sw.**
part II. (From Singapore through the China sea etc.) London 1891. **Cz. Sw.**

Anhang: Nordöstliche Durchfahrt.

2886 **Discours d'une navigation** pour passer avec la cognoissance des longitudes par le septentrion d'Occident en Orient, et aller au Jappon, à la Chine et aux Molucques d'une seule course etc. o. O. o. J. **Cz.**

2887 **Adelung, J. C.** Geschichte der Schiffahrten und Versuche, welche zur Entdeckung des nordöstlichen Weges nach Japan und China von verschiedenen Nationen unternommen wurden. Halle 1768. (S. Nr. 341.) **Cz. St.**

2888 **(Arthus, G.)** Eine kurtze Beschreibung der neuwen Schiffart gegen Nordt Osten über die amerische Inseln in Chinam und Japponiam durch G. Arthus von Dantzick. Frankfurt a/M. 1613. (S. Nr. 69.) **Cz. St.**

2889 **Bauche** y **C. de Zevallos.** Dissertaciones sobre la navegacion á las Indas orientales por el norte de la Europa. Isla de Leon 1798. **Cz.**

2890 **Nordenskiöld, A. E. von.** Die Umsegelung Asiens und Europas auf der „Vega". Mit einem historischen Rückblick auf frühere Reisen längs der Nordküste der Alten Welt. Autor. deutsche Ausgabe. 2 Bde. Leipzig 1882. (S. Nr. 211.) **Bü. Cz. Ha. Pt. Sw.**

2891 **Veer, G. de.** Vraye description de trois voyages de mer au nord vers les royaumes de China et Catay etc. Amsterdam 1598. (S. Nr. 842.) **St.**

2892 **Wood, J.** Relation (and Journal) of a voyage for the discovery of a passage by the North-East to Japan and China performed in H. M. S. the Speedwel and Prosperous Pink. A. D. 1676. In: account of several voyages etc. London 1694. (S. Nr. 59.) **Cz.**

---

3. Seekarten. Küstenansichten.

2893 **Berlin, k. Marineministerium.** Küstenansichten von Japan bis Capstadt und St. Helena, in 5 Blättern. Zusammengestellt aus Aufnahmen der Officiere S. M. S. Arcona während der ostasiatischen Expedition 1860 u. 1861. Berlin 1864. **Cz.**

2894 **Karte der Bai von Jeddo.** (Berlin) o. J. (S. Nr. 1497.) **Cz.**

2895 **Special-Karte der Bucht von Jocuhama.** (Berlin) o. J. (S. Nr. 1501.) **Cz.**

2896 **Berlin, Reichs-Marine-Amt.** Kiautschou-Bucht in 1 : 50 000. Berlin 1901. **Cz.**

2897 — Ansteuerung zur Kiautschou-Bucht in 1 : 1000 000. Berlin 1902. **Cz.**

2898 — Chinesische Küste: Gelbes Meer, Tsingtau bis Shanghai 1 : 1000 000. Berlin 1903. **Cz.**

2899 **Hamburg, Deutsche Seewarte.** Karte der Sundastraße. Herausgegeben von der Deutschen Seewarte. Hamburg 1884. (S. Nr. 2266.) **Sw.**

2900 — Küstenansichten aus den Ostasiatischen Gewässern nach Zeichnungen Deutscher Schiffsführer, nebst Bemerkungen über Reisen, Häfen und Witterungsverh. daselbst. (A. d. Arch. d. D. Seew.) Hamburg 1886. **Sw.**

2901 — Indischer Ocean. Ein Atlas v. 35 Karten, die physikalischen Verhältnisse u. d. Verkehrsstrassen darstellend. Hamburg 1891. **Sw.**

2902 — Atlas der Stromversetzungen an den wichtigsten Dampferwegen im Indischen Ozean und in den Ostasiatischen Gewässern. Hamburg 1905. **Cz. Sw.**

2903 **Eine alte holländische Seekarte,** umfassend die Ostküste von Sumatra, die Inseln Banca, Java, Bali, Madura, sowie einen Theil von Borneo. Handzeichnung auf Pergament. o. O. o. J. **Cz.**

2904 **London, Admiralty.** Die ganze Sammlung der im Jahre 1862 käuflichen Seekarten, zusammen 2477 Bl. (davon entfallen auf den Indischen Ocean bis zur Sundastraße 160, auf den Ind. Archipel und die chines.-japan. Gewässer 267 Bl.) **Cz.**

2905 **London, Hydrographic Office.** Chart of the world showing tracks followed by full powered steam vessels. London 1889. **Sw.**

— Chart of the world showing tracks followed by vessels with sail and auxiliary steam power. London 1888. **Sw.**

2906 — Approaches to Port Arthur. London 1899. **Oa.**

2907 **Paris. Dép. des cartes et plans de la Marine.** Plan du port de Saïgon. Paris 1866. (S. Nr. 2714.) **Cz.**

2908 **Dalrymple, A.** A collection of charts, plans of ports etc. in the Indian navigation. 6 Bde. Text, 20 Bde. Karten. (Class 12—18 enthalten 292 Karten aus Ostasien.) London 1781—1794. **Cz.**

2909 **Friederichsen, L.** Karte des westlichen Teils der Südsee. Hamburg 1885. **Sw.**

2910 **Maury, M. F.** Wind and current charts. (Atlas von ca. 80 Karten.) Washington 1849—1860. (S. Nr. 2876.) **Cz. Sw.**

2911 **Mörsel, F. H.** Approaches to Chemulpo Harbour. Shanghai 1899. (S. Nr. 639.) **Sw.**

2912 **Schück, A.** Skizzenkarte der China-See. Hamburg 1876. **Ge.**

2913 **Wyld, J.** Chart of the Canton river, with the entrances and islands. Compiled from original surveys and sketches. (London) 1840. (S. Nr. 866.) **Cz.**

4. Leuchtfeuer und Seezeichen.

2914 **Berlin, Reichs-Marine-Amt.** Verzeichniss der Leuchtfeuer aller Meere, jährlich 3 Theile. Berlin 1873—79. **Sw.**

— Dasselbe, jährlich 8 Hefte. Berlin 1890—1906. **Sw.**

2915 **China. Imperial Maritime Customs.** List of the Chinese lighthouses, lightvessels, buoys and beacons. (Miscellaneous series Nr. 6.) Shanghai seit 1882. (Wird fortgesetzt.) **Cz.**

2916 **'s Gravenhage, Ministerie van Marine, Afdeeling Hydrographie.** Lichtenlijst van het Koninkrijk der Nederlanden en de Kolonien. 's Gravenhage 1904. 1905. **Sw.**

2917 **St. Petersburg, Hydrographische Hauptverwaltung des Marine-Ministeriums.** Beschreibung der Leuchtfeuer an den Küsten des Stillen Oceans. Petersburg 1904. 1906. **Sw.**

2918 — Beschreibung der Seezeichen an der Russischen Küste des Japanischen Meeres. Petersburg 1902. 1904. 1906. **Sw.**

2919 **Tokio, Lighthouse Department.** List of the Japanese lighthouses, lightships, buoys and beacons compiled by R. H. Brunton. Yokohama 1876. **Sw.**

2920 **Washington, U. S. Hydrographic Office.** List of lights of South and East coasts of Africa and the East Indies, including the East India Islands, China, Japan, Australia, Tasmania and New Zealand, corrected to Jan. 1874. Washington 1874. **Sw.**

— Dasselbe, Washington 1904. 1905. 1906. **Sw.**

Nachträge und Berichtigungen.

5 **Catalogue** of scientific papers, auch: **Sw.**

140 **Ekeberg, C. G.** Ostindische Reise. **Cz.**

355a **Cordier, H.** Description d'un Atlas Sino-Coréen manuscrit du British Museum. Paris 1896. **Cz.**

652a **Gottsche, C.** Geologische Skizze von Korea. (A. Sitzber. Kgl. Preuß. Akad. Wiss.) Berlin 1886. **St.**

1181a **Poey, A.** Couleur des étoiles et des globes filants observés en Chine pendant vingt quatre siècles. Paris 1859. **Sw.**

1392a **Wenckstern, F. von.** Bibliography of the Japanese Empire. Vol. II comprising the literature from 1894 to the middle of 1906 with additions and corrections to the first volume and a list of the swedish literature on Japan by Miss V. Palmgren. Tokyo, Osaka and Kyoto 1907. **Cz. Mu. Vk.**

1609a **Tokio, Finance Department.** A short account of the tobacco monopoly in Japan, with an appendix containing the laws and regulations. Tokio 1906. **Cz.**

1664a **Petersen, J.** Beiträge zur Petrographie von Sulphur Island, Peel Island, Hachijo und Miyakeshima. (A. Jahrb. Wiss. Anst., 8.) Hamburg 1891. **St.**

Anonymen-Register.

A.

Seite

Aanteekeningen betreffende Lombok 182
Abbildungen japanischer Waldbäume 146
Abgeschlossenheit der Chinesen 100
Account of several voyages and discoveries to the south and north ... 7
Accounts relating to imports and exports 47
Acta causae rituum sinensium 114
Album of Philippine Types 172
Allgem. Historie der Reisen zu Wasser und zu Lande 7
Ambassade de la Compagnie Hollandaise 139
American Anthropologist, The 6
Anecdotes chinoises, japonaises, siamoises etc. 42
Anglo-Chinese Calendar 64
Annalen der Hydrographie und maritimen Meteorologie 2
Annales des voyages, de la géographie et de l'histoire 6
Antwoorde van de Duytsche Relatie 195
Apologia pro decreto Alexandri VII 115
Apologie des Dominicains 116
Archiv der Deutschen Seewarte, Aus dem 4
— für Anthropologie 3
— für Ethnographie, Internationales 4
Asien, Organ der Deutsch-Asiatischen Gesellschaft 2
Atlas der nederlandsche bezittingen in Oost-Indië 194
— von China 81
Atschin, die holländischen Expeditionen gegen 195
Ausland, Das 6
Ausstellung ostasiatischer Kunst aus hamburgischem Privatbesitz 51

B.

Balanza general del comercio de las islas Filipinas 178
Bangkok calendar 227
Basse Cochinchine et Cambodge. Cartes générales 233
Batavia, Chambre de Commerce et d'Industrie 216
—, Department van Financiën 216
—, Departement van Landbouw 213
—, de hoofstad van Nederlandsch Oost-Indië 182
—, Magnetical and Meteorological Observatory 204
Bataviaasch Genootschap der Konsten en Wetenschappen 218

Seite
Beiträge zur Kenntniß des Russischen Reiches 30
Beknopte verzameling van de voornaamste bepalingen 216
Belangen van Nederland en Nederlands Indië 199
Beretninger om Chinesiske Handelsforhold 100
Bericht S. M. Corvette Arcona 144. 240
Berichte der nach Ostasien entsandten Kommission 46
Berlin, Gesellschaft f. Erdkunde 1. 2
—, K. Handelsamt 2
—, Kunstgewerbemuseum 161
—, K. Marineministerium 248
—, Museum f. Völkerkunde 3
—, Reichsamt des Inneren 2
—, Reichs-Marine-Amt 1. 50. 121. 243. 249. 250
—, Seminar f. orientalische Sprachen 3
Beschreibung der v. Rothschildschen Sammlung Chinesischer Porzellane 99
Beschreibungen aller Religionen in der Welt 53
Beskriffning uppå trenne Reesor, Een kort 11
Bibliotheca geographica 1
— orientalis 1. 64
Bibliothek der neuesten und wichtigsten Reisebeschreibungen 7. 8
Bijdrage tot de kennis van den voormaligen en tegenwoordigen staat .. 195
Bijdragen tot de kennis van de voornaamste voortbrengselen 213
— tot de Taal-, Land- en Volkenkunde van Nederlandsch-Indië 182
Boston, Museum of fine arts 161
Bouwstoffen voor de geschiedenis der Nederlanders in den Maleischen Archipel 195
Buddhas Leben und Wirken 53
Buddhist, Der 54
Buddhistische Welt, Die 54
Bürgerliche Gesetzbuch für Japan, Das 141
Buitenzorg, Institut Botanique 204
—, 's Lands Plantentuin 206
Bureau of Agriculture of the Philippine Islands 177
— of Forestry of the Philippine Islands 177

C.

Calcutta, Asiatic Society of Bengal 3
Campagne dans les mers de l'Inde et de la Chine 12
Canonizationis seu Declarationis Martyrii 166
Carta chorográfica das Possessõens Portugaezas 119
Cartas que os padres escreverao dos Reynos de Japão 166
Carte de la Mongolie orientale 81
Catalogue d'estampes japonaises 162
— de la collection des gardes de sabre japonaises 151
— de la section des colonies néerlandaises 214
— de peintures et d'estampes japonaises 162
— des estampes japonaises anciennes 162
— of blue and white Nankin Porcelain 99

Seite

Catalogue of publications by Protestant Missionaries ... 116
— of scientific papers ... 1. 251
— of signatures of japanese makers ... 151
— of the library of the N.-Chinabranch ... 1
— of the library of the Royal Geogr. Soc. ... 1
Catalogus der afdeeling „Nederlandsche Koloniën“ ... 182
Censura libelli ... 116
China, A digest of the despatches on ... 83
— and France ... 65
—, historisch, romantisch und malerisch ... 65
—, Imperial Maritime Customs ... 101. 102. 250
—, The people of ... 66
— und die Chinesen ... 65
China's Kriege seit 1840 ... 84
Chine moderne, La ... 65
Chineese en Vremden Nasie ... 93
Chinese and English Vocabulary ... 108
— Immigration ... 94
— miscellany, The ... 66
— remonstrance to the Parliament and people of Victoria ... 94
— Repository, The ... 64
Chinesische Lieder ... 111
— Malereien auf Papier und Seide ... 113
Chinesischer Flagge, Unter ... 85
Chiushingura, a Japanese romance ... 158
Chronicle and Directory for China, Japan etc. ... 30. 64
Colección de documentos inéditos ... 35. 171. 172
Collection Barboutau ... 162
— Bing ... 51
— Bowes ... 162
— Brenot ... 51
— Burty ... 51
— G 52. 124
— Garié ... 52
— Gillot ... 52. 162
— des Goncourt ... 52
— Hayashi ... 52. 162
— Schévitch ... 52
— Suminokura ... 52
Colonies françaises à l'exposition de 1889 ... 237
Comisión central de estadística de Filipinas ... 169
Conquête de la Chine, La ... 83
Corea. Annual trade reports ... 63
Correspondence relating to China ... 83
Cosmographische und warhafftige Beschreibung ... 126
Costume of China, The ... 93
Crisis in the opium traffic ... 83

D.

Seite
Dagh-Register gehouden int Casteel Batavia ... 195
Decima. Meteorologische Waarnemingen ... 144
Deli in Wort und Bild ... 182
Denkwürdige Beschreibung des Königreichs China ... 65
Denkwürdigkeiten von Sina ... 83
De ritibus Sinensium ... 117
Description of a view of Hongkong ... 120
— of the Royal Chinese junk „Keying ... 105
Deutsche Japan-Post ... 125
— Kolonial-Gesetzgebung, Die ... 122
— Konsular-Verträge ... 40
— Pionierarbeit in China ... 90
— Tiefsee-Expedition 1898/99 ... 12
Deutsches Handelsarchiv ... 2
Deutschland in China 1900/1901 ... 83
— in Ostasien ... 121
Discours d'une navigation pour aller au Japon etc. ... 248
Documens sur le commerce extérieur ... 47
Documenta controversiarum Missionariorum ... 116
Documents relating to opium ... 100
Dresden, Kgl. Kupferstichkabinet ... 161
—, Kunstsalon Ernst Arnold ... 161
Drey newe Relationes, Auß Japon etc. ... 166

E.

Elberfeld, Städtisches Museum ... 161
Encyclopaedie van Nederlandsch-Indië ... 182
Enquête sur le régime commercial des colonies françaises ... 237
Epistolae Japonicae de multorum gentilium ... conversione ... 167
Estados de la población de Filipinas ... 173
Estampes japonaises anciennes ... 162
Estatutos y reglamento del banco español-filipino ... 178
État de la Cochinchine Française ... 235
— présent des Indes hollandoises ... 196
Extracto historial a instancia de la ciudad de Manila ... 178

F.

Fachmännische Berichte über die österreichisch-ungarische Expedition 47. 230
‚Fan Kwae' at Canton, The ... 83
Far East, The ... 125
Fasciculi Malayenses ... 225
Ferne Osten, Der ... 65
Festschrift der Deutsch-Japanischen Gesellschaft ... 126
Florenz, Società Asiatica Italiana ... 4
Fortsetzung der Zeytungen auss den japonischen Königreichen ... 55. 167
Foy, la bonne des anciens Jésuites ... 116

Seite

France dans les mers asiatiques, La ... 234
Frankfurt a. M., Kunstgewerbemuseum ... 161
Freundschafts-, Handels- und Schifffahrts-Vertrag mit China ... 92
Führer durch die Ohlmer'sche Sammlung chinesischer Porzellane ... 99

G.

Gardes de sabre japonaises, Quelques ... 151
Gedachten over den Chinahandel ... 100
General view of commerce and industry in Japan ... 153
Genji Monogatari ... 159
Geographical names in the Philippine islands ... 169
Geographisches Jahrbuch ... 4
Geschichte der katholischen Missionen in China ... 116
Gia-Dinh-Thung-Chi ... 231
Globetrott ... 37
Globus. Illustrierte Zeitschrift ... 3
Gospel of St. Luke transl. into Chinese, The ... 115
Gospels transl. into Malayan, The 4 ... 221
's Gravenhage, Ministerie van Marine, Afd. Hydrographie ... 182. 243. 250
Grundplan und Beschreibung der Stadt Peking ... 81
Guia de forasteros en las islas Filipinas ... 169
Guide for Tourists to Peking ... 66
— to Bangkok ... 227
— to the Chinese and Japanese illustrated books ... 52

H.

Haarlem, Koloniaal Museum ... 206. 214
Hakluyt Society, Works issued by the ... 8. 9
Hamburg, Deutsche Seewarte ... 4. 66. 194. 243. 249
—, Geographische Gesellschaft ... 4
—, Museum für Kunst und Gewerbe ... 4
Handboek voor cultuur- en handels-ondernemingen ... 216
Handbook of information for travellers to India, China, Japan ... 31
Handbuch der Geographie und Statistik ... 31
Handelingen der Regeering en der Staten-Generaal ... 196
Handelsberichte der ostasiatischen Expedition ... 47
Handels- und Schiffahrts-Verträge Deutschlands, Die ... 40
Handelsverträge des Deutschen Reiches, Die ... 40
Han Kiou Choaan or the pleasing history ... 111
Hanoi, École Française de l'Extrême Orient ... 231
— Gouvernement Général de l'Indo-Chine ... 231
Heike Monogatari. Récits de l'histoire du Japon ... 134
Histoire de ce qui s'est passé au royaume du Japan ... 167
— de l'art du Japon ... 162
— et fabrication de la porcelaine chinoise ... 99
— générale de la Chine ... 82
Histoire moderne des Chinois etc. ... 35

Seite
Historia philosophiae Sinensis ... 106
Historie der Reisen zu Wasser und zu Lande, Allgemeine ... 7
Historischer Bericht, was sich in China zugetragen hat ... 116
History of banking, A. ... 49
Hoang-viêt-luât-le. Code annamite ... 236
Hongkong, Almanac and Directory ... 120
—, Chamber of Commerce ... 102
—, The China Mail ... 64
—, The Hongkong Weekly Press and China Overland ... 64
—, Observatory ... 120
—, Royal Asiatic Society, China branch ... 64
—, Seamen's Hospital ... 120
Hong-Kong to London ... 31
Hyaku Nin Is'shiu or Stanzas by a century of poets ... 159

I.

Icones Bogorienses ... 206
Illustrations of Armorial China ... 84
Illustrirtes Jahrbuch der Weltreisen und geogr. Forschungen ... 5
Imperial Songs ... 159
Indisch Archief ... 181
Indische Mercuur ... 181. 213
Indo-Chine. Carte de la mission Pavie ... 233
Inkomende en uitgaande regten op dranken etc. ... 216
Instrucción reglamentaria de la aduana de Manila ... 178
Instructiones ad munera Apostolica ... 116
International Exhibition 1876 (Japanese Section) ... 149

J.

Japan Correspondence (Shoko Joho), The ... 153
— Directory ... 126
—. Eine Schilderung etc. ... 126
— in the beginning of the 20th century ... 126
—, Unser Vaterland ... 126
Japanese Books and Albums of Prints in Colour ... 158
— criminal code, The ... 141
— olden time tales for little people ... 159
Japanisch-Chinesischer Krieg 1895 ... 35
Japanisch-Holländisches Lexikon ... 157
Japanische Farbenholzschnitte ... 162
— Märchen ... 159
— Verträge ... 140
Japanischer Formenschatz ... 160
Japanisches Handelsgesetzbuch ... 141. 153
Japansche Traktaten ... 140
Japon à l'Exposition Universelle de 1878, Le ... 126
Japoniae insulae descriptio, Brevis ... 166

Seite

Journael van de Reyse der Hollandtsche Schepen 8
Journal Asiatique 6
— of the Indian Archipelago etc., The 223

K.

Kaart van Nederlandsch Ostindië, Allgemeene 194
— over Nicobar Öerne 224
Karte der Bai von Jeddo 133. 248
— der zur Provinz Canton gehörigen Kreise 81
— des chinesischen Reichs 81
— des Kriegsschauplatzes in China 81
— des russischen Schutzgebietes 133
— vom japanschen Reiche 133
— von Kiautschou 121
— von Korea 62
— von Ost-China 81
— von Siam 229
Katalog der Alt-China-Sammlung des Herrn Wilgaard 113
— der Bücher und Handschriften in chinesischer etc. Sprache 110
— der Commerzbibliothek in Hamburg 1
— der Hauptbibliothek der Kaiserl. Marineakademie und Schule 1
— der Japan- u. China-Sammlung der Herren de la Parra und Schismarew 52
— der Japansammlung des Herrn Weidenbusch 152
— der Orientalisch-Keramischen Ausstellung 47
— der Spörry'schen Bambus-Sammlung 151
Katechismus, malayisch, Der 222
Kiautschou-Gebiet und seine Bevölkerung, Das 120
Kin-Ku-Ki-Kuan 111
Kokkwa (eine Zeitschrift) 160
Kōrin-ha Gwashū 165
Kort overzigt der finanziële resultaten van het stelsel v. kultures 214
Kort Verhael van d'Avontuerlicke Voyagien 11
Kyoto, Imperial University 156
—, Stray notes on 126

L.

Law for the Hypothec-Bank of Japan, The 155
Lehrbücher des Seminars für orientalische Sprachen 51
Leipzig, Deutsche Morgenländische Gesellschaft 5
Letters written by the Englisch residents in Japan 1611—1623 139
Lettre d'un docteur de l'Ordre de St. Dominique 116
— d'une personne de piété 116
Lettres édifiantes et curieuses 55
Lexilogus of English, Malay and Chinese 51
Leyden, Rijks Ethnograph. Museum 161
Literaturblatt für orientalische Bibliographie 1
Literaturen des Ostens, Die 51

Seite
London, Admiralty ... 243. 249
—, Anthropological Institute of Gr. Britain and Ireland ... 5
—, Asiatic Journal and Monthly Register ... 5
—, Hakluyt Society ... 8. 9
—, Hydrographic Office ... 240. 244. 249
—, Japan Society ... 5
—, The London and China Telegraph ... 5
—, Parliamentary papers ... 5
—, Royal Asiatic Society of Gr. Britain and Ireland ... 5
—, Royal Geographical Society ... 1. 5
Lyon, Chambre de Commerce ... 100

M.

Macasser, Overzigt van den handel ... 217
Maduresche vertaling ... 220
Malay and English sentences ... 220
Manila, Boletin oficial de Filipinas ... 169
—, Camera de Comercio Filipina ... 178
—, Observatorio meteorológico del Ateneo Municipal ... 173. 174
—, The Philippine Journal of Science ... 169
—, The Philippine Weather Bureau (Manila Central Observatory) ... 174
—, U. S. Coast and Geodetic Survey, Suboffice ... 244
Map of the Sun-On-District ... 81
Marine während der Wirren in China 1900/01, Die Kaiserliche ... 84
Mémoires concernant l'histoire . . . des Chinois ... 84. 93
— concernant l'histoire naturelle de l'empire Chinois ... 96
Memoria sobre o estabelecimento de Macau ... 119
Memorials of the Empire of Japan ... 8. 135
Memorie istoriche della controversia de' culti chinesi ... 116
Miscellaneous papers relating to Indo-China ... 231
Misión de la Compañia de Jesus en las Islas Filipinas ... 179
Mission Pavie. Indo-Chine 1879—1895 ... 231
Mizusawa, International latitude observatory ... 144
Moniteur des Indes-orientales et occidentales, Le ... 183
Monumenti sinici lectio, versio et translatio ... 111
Morale de Confucius, La ... 114
Morgenländische Anthologie ... 50

N.

Naamboekje van de Heeren der Hoge Indische Regeeringe ... 196
Naamlyst van de Gouverneurs etc. van Nederlands India ... 196
Naaukeurige versameling der zee- en land-reysen ... 8. 183
Narrative of the Chinese embassy to the khan ... 84
Natuurkundig Tijdschrift voor Nederl.-Indië ... 203
Nederduitsche en Maleische woordenschat ... 219
Nederlandsch India, in haaren tegenwoordigen Toestand ... 183
Nemuro, Meteorological Station ... 144

Seite

Newwe warhaffte außführliche Beschreibung der Japonischen Legation 135. 167
New Haven, Journal of the American Oriental Society ... 5
Nipon o dai itsi ran ... 133
Nippon Bijutsu ... 161
— (Japan.) 1876 ... 133
Noticias summarias das perseguições da missam de Cochinchina ... 238
Nouveaux mémoires des missions ... 55
Nueva real cédula de la Compañia de Filipinas ... 178

O.

Observationes circa expositionem rituum sinensium ... 117
— in Responsionem ad quinque Memoralia ... 117
Observations météorologiques de Péking ... 95
Official Customs Tariff ... 153
— papers respecting the suspension of trade at Canton ... 84
Opium crisis ... 84
— trade ... 84
Oriens Christianus (Halbjahrsschrift) ... 6
Orientalische Bibliographie ... 1
Orientalistische Litteraturzeitung ... 3
Ostasiatische Lloyd, Der ... 65
Ostasien, Monatsschrift ... 3

P.

Papers relating to China ... 84
Papier au Japon, Le ... 150
Paris, l'Art Nouveau ... 161
—, École Nationale des Beaux Arts ... 161
—, Exposition Rétrospective ... 161
—, Galéries Durand-Ruel ... 161
—, Service hydrographique de la Marine ... 244. 249
—, Societé Académique Indo-Chinoise de France ... 6. 231
Peninsular & Oriental Steam Navigation Company's Guidebook ... 31
Petermann's Mittheilungen ... 4
Philippine Commission ... 177
— Islands, monthly summary of commerce ... 178
Po-no-sin-pjan (Chinesisches Lehrbuch) ... 107
Preußische Expedition nach Ostasien, Die ... 12

R.

Recentissima de amplissimo regno Chinae ... 117
Recueil des actes et protocoles concernant le litige ... 135
— de voyages et de mémoires ... 8
Reflexiones in causa sinensi ... 117
Réflexions générales sur les cérémonies chinoises ... 117
Reglamento para el comercio libre de España a Indias ... 48
Reise der österreichischen Fregatte Novara ... 12

Seite

Reise durch die Insel Java ... 183
Reize van Maarten Gerritsz Vries in 1643 ... 126
Relação annal das cosas nas partes da India Oriental ... 56
Relation des révolutions arrivées à Siam ... 229
Religion des Jésuites, La ... 117
Réponse aux nouveaux écrits contre les Jésuites ... 117
Report and proceedings on a voyage to China ... 66
— from the committee on the trade with China ... 101
— of the administration of the Andaman and Nicobar islands ... 225
— of the Commissioner of the Imperial Mint ... 155
Research in China 1903—1904 ... 96
Résumé statistique de l'Empire du Japon ... 126
Returns of the foreign trade of Japan ... 154
Revue d'Anthropologie ... 6
— d'Ethnographie ... 6
— des deux mondes ... 6
Rough notes of journeys made in the years 1868—73 ... 12
Royaume de Cambodge ou de Khmer ... 234
Rules of the Osaka Commercial Museum ... 154
Rupture with China, The ... 84

S.

Sacred books of the East, The ... 114
Samarang, Handels-Vereeniging ... 217
—, Indisch Aardrijkskundig Genootschap ... 182
—, Kamer van Koophandel en Nijverheid ... 217
Sammlung Beit ... 151. 163
— Oeder ... 163
— Zuckerkandl. ... 151
Sapporo, Meteorol. Station ... 144
Sarawak Museum ... 182
Scheidewege, Am ... 84
Schutzgebiet nebst seinen Ergänzungsgesetzen, Das ... 122
Sechs Reisen um die Erde ... 11
Seekarte von Sumatra etc., Eine alte holländische ... 249
Sentiment d'un Jurisconsulte sur les cérémonies chinoises ... 117
Shanghai, Chamber of commerce ... 102
—, Meteorological Society ... 95
—, Royal Asiatic Society, North-China Branch ... 65
Shimbi Taikwan, Selected relics of Japanese art ... 161
Siboga-Expeditie ... 203
Singapore, Agricultural Bulletin of the Straits and Federated Malay States 226
—, Royal Asiatic Society, Straits Branch ... 223
—, The Singapore Free Press and Mercantile Advertiser ... 223
— and Straits directory ... 223
Special-Karte der Bucht von Jocuhama ... 248
Sse-schu, Schu-king, Schi-king in mandschurischer Übersetzung ... 111

Seite

Stand und Aufgabe der deutschen Industrie in Ostasien 48
St. Petersburg, Hydrograph. Hauptverwaltung d. Marine-Ministeriums 245. 250
Store Nordiske Telegraf-Selskab 1869—1894 50

T.

Tabaksondernemingen op de Oostkust van Sumatra 214
Tabular statements of the commerce and shipping 226
Taihoku, Meteorological Observatory 144
Taschenbibliothek der wichtigsten Reisen durch China................ 66
Tax laws of Japan 141
Testament, Das Alte, malayisch 221
—, Das Alte und Neue, malayisch................................ 221
—, Das Neue, javanisch 221
—, Das Neue, malayisch... 221
—, Das Neue, in Mandschu-Sprache 115
—, The New, transl. into Chinese 115
Tijdschrift voor Neêrland's Indië 181
Tokio, Bericht über das Schulwesen 156
—, Bureau de la Statistique Générale 142
—, Bureau of Customs 153. 154
—, Chamber of Commerce... 153
—, Deutsche Gesellschaft für Natur- und Völkerkunde Ostasiens 125
—, Earthquake Investigation Committee........................... 145
—, Finance Department 141. 142. 251
—, Hofmarschallamt S. K. H. des Prinzen Jamashina 144
—, Hydrographic Office 245
—, Ikao Onsen 162
—, Imperial Japanese Meteorological Observatory........... 144. 145
—, Imperial University 125. 149. 156
—, Lighthouse Department.. 250
—, Meteorolog. Society of Japan................................. 145
—, Naval Observatory 145. 241
—, Ohashi Public Library.. 156
—, Seismological Society of Japan 145
— Stock Exchange.. 154
—, Zoological Society 147
Tokyo = Tokio.
Tonkin. Carte provisoire 234
Topography of China 66
T'oung pao. Archives pour servir etc............................ 4
Traktaat zwischen den Niederlanden und Japan 140
Travels of several learned missionaries, The 11
Treaties and conventions between Japan and other powers 140
Tropenpflanzer, Der... 3
Truth about the Mekong valley, The.............................. 234
Tschu-kiang, Canton- oder Perlstrom, Der........................ 66
Tsingtau, Handelskammer................................... 102. 122

Seite

U.

Useful plants of Japan 149
Utrecht, Kon. Ned. Meteorol. Instituut 204. 240. 245

V.

Vegetation der Erde, Die 44
Vera et sincera historia actorum circa Sinenses ritus 116
Vermessung des Deutschen Kiautschou-Gebietes, Die 121
Verslag van den handel etc. op Java en Madura 217
— van het beheer der Nederlandsche Bezittingen 196
Versteigerung der japanischen Gemäldesammlung 162
Verzameling van verscheide echte stukken van Batavia herwaards gezonden 196
Verzeichnis der kaiserl. deutschen Consulate 41
Voice for China to my countrymen, A. 117
Voyage autour du monde par les mers de l'Inde et de la Chine 11
— d'exploration en Indo-Chine 231
— of H. M. S. Challenger 12. 240
— of Sir H. Middleton to Bantam 8. 183
Vremde geschiedenissen in Cambodia en Louwen-Lant 234

W.

Waerachtich verhael van de tidinghen ut de Oost-Indien 195
Wahrhaftige Beschreibungen dreier Königreiche 30
Wahrhaftige Beschreibungen zweier mächtigen Königreiche 30
Wa-Nen-Kei oder Geschichtstabellen von Japan 134
Washington, U. S. Consular Reports 6
—, U. S. Hydrographic Office 240. 245. 246. 250
—, War Department 171. 174
Wegweiser auf der grossen sibirischen Eisenbahn 50
Wunderbarliche Geschicht der grausamen Marter 167

Y.

Yokohama, Asiatic Society of Japan 125
—, Chamber of Commerce 154
—, Social Club 142
—, Summary of the City 127
Yünnan, The province of 66
Yuyo shokubutsu zusetsu mokuroku oyobi sakuin 149

Z.

Zeitschrift der Deutschen Morgenländischen Gesellschaft 5
— für allgem. Erdkunde 2
— für die Kunde des Morgenlandes 4. 7
— für Ethnologie 2
Zentralblatt für Anthropologie 3
Zi-ka-wei, Observatoire magnétique et météorologique 65. 95
Zoll-Verordnungen für das niederländische Indien 217

Autoren-Register.

A.

Seite

Abdalla Beidavaeus 82
Abel 66. 90
Accarias de Sérionne 48. 217
Adams, A. 13. 45
Adams, F. O. 134
Adelung 35. 248
Ahern 177
Albertinus 135
Alcock 127. 162
Algué 96. 174. 241. 242
d'Almeida 201
d'Almonte y Muriel 171
Alter 179
Amati 135
Amrein 35
Amyot 108
Anderson, A. 67
Anderson, J. 67. 183
Anderson, W. 52. 162
Andersson 13
Andrasy 13
Andreae 45
Andree 58
Anton 235
d'Anville 67. 81
Appert 135. 155
d'Après de Mannevillette 246
Arago 13
Archenhold 133
Arendt 51. 67. 93. 109. 111
de Argensola 196
Ariga 35. 142
Arnous 63
Arrowsmith 34
Arthus 9. 35. 248
Asakawa 135
Asher 9
Askenasy 44
Assemannus 2
Assendelft de Coningh 127
Asvagosha 114

Seite

Atkinson 58
Attems 207
Aubaret 231. 236
Audsley 152. 162

B.

Baasch 48
Baba 140
Bacharach 53
Backer-Overbeek 240
Bacon 142
Bakhuis 188
Bakin 159
Balfour 67
Ball 98
Baltzer 165
v. Barfus 196
Baring 135
Barrow 7. 13. 67. 231
de Bas 194
Baschin 1
Bastian 13. 51. 54. 183. 227. 230. 232. 234
Batchelor 143
Bates 147
Bather 156
Bauche 248
Baudens 61
Bauer 242
v. Baumgarten 135
v. Bavier 150
Bax 13
Baxter 152
Bayer 67. 107. 109
de Bazancourt 35. 234
Beal 53. 67. 114
de Beauvoir 13
Beccari, G. 102
Beccari, O. 184. 206
Becher 246
Beechey 45
Beeckman 184

	Seite
Been	151
Behme	120
Behn	173
v. d. Behr	13. 184
Behrmann	135
Belcher	13. 14
van Bemmelen	188
v. Benko	14. 169
Bennet	35
Bennett	14
Bent	247
Beresford	90
Berg	12
Bergaño	179
Bergeron	9
Bergh	175
Berghaus	11. 34. 171. 195
Bergholz	242
Berg-Sagnitz	14
Bergsma	240
Bernard	85
Berncastle	14
de Bezaure	67
Bickmore	43. 184
de Bie	214
de Biervillas	14. 184
Bigot	143
Bigham	67
Biker	40
Bille	14
v. Binder-Krieglstein	85
Bing	160
Bingham	85
Bird	127. 223
Bischoff-Widderstein	67
Bismarck	85
de la Bissachère	7. 232
Black	135
Blackwelder	96
Blakiston	68
Blanco	174. 175
Blanford	226
Blasius, R.	141
Blasius, W.	147. 207
Bleeker	97. 147. 208. 230
Blink	204. 241
Blume	206

	Seite
Blumentritt	169. 172. 173. 179
Bock	184. 227
v. Bockelmann	217
Bode	227
Böckmann	127
Böhme	9
Böttger	97. 175. 208
v. Boguslawski	241. 242
Boheman	45
v. Bohlen	54
Boileau	209
du Bois	197
Bokemeyer	196
Bolau	59
Bolle	150
Bollingius	184
Bonvalot	122
Borchardt	141. 143
de Bormans	209
Borrmann	202
Borrus	238
van den Bosch	184
Boudreau	177
de Boudyck-Bastiaanse	184
Boulenger	62. 120. 147. 209. 226
de Bourges	14. 68. 227
Bousquet	135
Bouvetus	85
Bowers	105
Bowes	151. 152. 163
Bowring	93. 170. 227
van Braam-Houckgeest	68
Bradshaw	14
Bramsen	134
Brand	68
Brandenburger	50
v. Brandt	35. 36. 68. 85. 92. 93. 106. 135. 150
Brass	45
Brassey	14
Brau de St.-Pol Lias	184
Brauer, F.	175
Brauer, J. H.	31
Brauns	159
Bravo	170
Breddin	209
Breitenstein	185

Seite

Bremer 97
v. Brenner 185
Brennwald 154
Breton 127
Bretschneider 68. 96
Bridgman 111
Brinckmann 53. 151. 152. 160. 163
Brinkley 31. 82. 105. 127. 136. 157
Brock 209
Brockhaus 151
Bronsart v. Schellendorff 136
Brooke, Ch. 185
Brooke, J. 197
Brooks 85
Broughton 7
Brown, E. 232
Brown, J. 241
Brüggemann 209. 226
Brunat 150
de Brunem 85
Brunner v. Wattenwyl 45
Brunton 133. 250
de Bruyn Kops 217
de Bry 9. 10
Brylkin 30
Buchanan 56
Büsching 31
Buissonnet 68
Bulfinger 106
Bullock 85
Burbidge 203
Burkhardt 56
Burnett 76
Burton 47
Burty 152
v. Buschmann 43
Bushell 47. 113. 153
Busley 48
Bussemaker 199
Butler 97
Buys 185
Buzeta 170

C.

Caddy 14. 227
Cadière 238

Seite

Cailleux 95
Callahan 36
Callery 85
Calzado 179
Cameron 223
Campbell 15
Camus 10
Candler 122
Caravaglio 167
Cardim 167
Careri, G. u. F. 15. 170
Carles 62
de Carné 15. 232
Caron 127. 130
Carpzov 106
Carter 226
Carthaus 185
Cassel 159
Cavendish 61
C. E. S. 127
Chailley-Bert 185. 201. 235
Chalmers 85
Chamberlain 127. 157. 159
Chambers 93
Chapman 48
Chapuis 175
de Charlevoix 127. 136
de Chaudoir 50
de Chaumont 229
Chavannes 4
Chevalier, H. 62. 63. 93
Chevalier, M. 90
Chevalier, S. 105. 242
Cheyne 246
van der Chijs 197. 201
Child 227
Chirol 36
de Choisy 227
Christlieb 48
Chun 45
Clark 68
Cleve 206
Clotten 31
Clugnet 46. 48
Cocks 9. 136
Colladus Didacus 157
Collingwood 44

Seite

Collins 15
Colquhoun 15. 36. 50. 86. 228
de Comyn 170
Conder 149
Confucius 106. 111
Conrady 238
de Constantin 10. 183
Cooke 69
Cooke-Taylor 36
Cooper 69. 105
Cordes 105
Cordier 4. 36. 90. 251
Cornwallis 127
Coryton 102
de Cossigny 15
Coucheron-Aamot 36. 69. 127
Couplet 82
Courant 69
Courret 185
Court 197
Crasset 167
Crawford and Balcarres 10
Crawfurd 7. 15. 76. 185. 218. 229. 234
de Croizier 234
Crosse 97
Cupet 232
Curzon 36
Cutler 163
Cysatus 126. 167

D.

Dabry 92
Dahlke 54
Dahlmann 54
Dallet 63
Dalrymple 249
Dalton 167
Damaschke 121
Dampier 15
Daniell 48
Dapper 31. 69
David 69. 97
Davidson, G. F. 15. 217
Davidson, J. W. 128
Davis 69. 86
Davison 150

Seite

Deasy 122
Debeaux 97
Dechevrens 242
Dedekam 99
Dehn 36
van Deinse 199
De La Mazelière 134
Delaporte 232. 238
Delarbre 235
van Delden Laèrne 214
Delessert 15
Demidoff 69
Deneken 163. 220
Denham 72
Dennys 33. 69
v. Derfelden van Hinderstein 194
Detmer 206. 214
van Deventer 198
Dickins 158. 159. 165
Dickson 128. 136
Diemer 204
Dillon 211
Dinse 1
Distant 226
Doberck 241
v. Doblhoff 16
Döderlein 128. 149
Döhner 16
Doenitz 159
Doflein 16. 45
Domingo de los Santos 179
Domis 185
Donovan 97
Doolittle 92
van Doren 185
Dorn 69. 185. 246
Dortous de Mairan 69
Dose 86
Douglas 36. 92. 111
Doyle 174. 242
v. Drasche 174
Dresser, Ch. 166
Dresser, M. 69
Dressler 114
Drude 44
D'Souza 224
Dubrony 209

Seite
Duchemin 236
Du Halde 55. 69. 70
Dulaurier 220
Dumolard 142
Dumoutier 238
Duncan 63
Duncker 226
Dunker 147
Dunn 243
Dupuis 235
Duret 16
Duymaer van Twist 185
Dvorak 114

E.

Earl 16. 223
Ebbecke 105
v. Eckart 235
Edeling 209. 210
Edkins 104
Eggers, A. 50
Eggers, H. F. 92
Ehlers 16. 232
Ehmann 160
v. u. z. Eisenstein 16. 228
Eitel 54. 107. 120
Ekeberg 16. 251
Elkan 151
Elliot 225. 240. 243
Ellis 90
Elmhirst 129
Elmore 246
van Elten 186. 197
Endlicher 50. 51. 109
Engelmann 2
Engler 44
d'Enjoy 236
Enselme 70
Epp 186
Erichsen 48
Erman 16
Eschels-Kroon 186. 225
Eschholtz 45
z. Eulenburg 16
Ewald 230
d'Ewes 70
Exner 70. 92. 103. 154

Seite

F.

v. Falkenegg 36
Falkenhorst 10
Fallot 236
de Faria y Sousa 117
Faulds 128
Fauvel 210
Favre 232
Felder, C. 45. 175. 210. 226
Felder, R. 45. 175. 226
Fenollosa 164. 165
Ferguson, A. u. J. 46
Ferreira A. d'Almeida 222
Ferry 236
Fesca 149
Fielde 93
Filchner 122
Findlay 246
Finlayson 7. 17. 230
Finsch 42. 201
Fischer 128. 163
Fishbourne 86
Fisher 70
Fitger 139
Fitzinger 59
Flad 114
Flemming 70
Florenz 51. 158. 159. 166
Focke 112
Föhre 43
Fokkens 182
de Folin 226
de Fonblanque 17
Forbes, A. 86
Forbes, F. E. 70
Forbes, H. O. 186. 203
Forel 210
Foreman 170
Forke 93
Forrest 186. 218
Fortune 17. 70. 98
Foster 9
Fourmont 109
Foy 221
Fraipont 163
Fraissinet 128

Seite
Franchet 146
Franciscus 31. 32
Franck 163
Francke 124
Franke 70. 92
Franks 47. 153
Franz Ferdinand v. Österreich-Este 17
Franzius 121
Fraser 70
v. Frauenfeld 45. 97. 170. 226
Friedel, C. 42
Friedel, E. 36
Friederichsen, L. 4. 250
Friederichsen, M. 70
Friederici 86
Friedmann 186. 204. 218
Friedrich 221
v. Fries, L. 103
v. Fries, S. 82. 103
Friquegnon 234
Fritsche 32. 42. 43. 71. 96. 241
Froc 43. 241. 242
Frois 167
Frout de Fontpertuis 32
Fruhstorfer 210
Fry 103
Fukuda 136
Fukumi 157
Funke 59
Futterer 17

G.

v. d. Gabelentz, G. 107. 109. 114
v. d. Gabelentz, H. C. 108. 109. 111
Gädke 136
Gaertner 149. 150. 166
Gaignat de Laulnais 103
Gaïhan, siehe Gützlaff.
Gareis 141
Garnot 136
Gaubil 107
Geinitz 205
Genschow 71. 93. 122
Genthe 61
Gericke 222
Gerritz 8. 218
Seite
Gerstäcker 10. 17. 186
Gerstfeldt 59
Gertsch 136
Gervaise 197. 230
Gherardini 71
Gibson 186
Giehrl 71
Giesenhagen 186
Giglioli 17
Giles 71. 108. 112
Gill 71
Gilmore 61
Gilmour 71
Girard 90
de la Gironière 170
v. Glehn 30
de Glemona 108
de Gobien 55. 118
v. Görtz 17
Goldmann 71
Golownin 128
de Goncourt 165
Gonse 163
Gonzaga 118
Gonzalez de Mendoça 8. 71
Gordon 76
Gosselin 235
Goto 155
Gottsche 61. 63. 143. 251
Gottwaldt 95
Gould 46
Gowland 151
de Graaf 17. 187
Grabowsky 221
Graeser 59
Graesse 47
Graham, A. 86
Graham, J. M. 118
Gramatzky 159
Grandidier 99
Grapius 118
Graul 53
Gray 94
Grazer 95
Greshoff 214
Grey 97
Griffis 61. 128

Seite

Grisebach 111. 112
Grohmann 94
de Groot 114
Grosier 72
Grube, E. 59. 175
Grube, E. (geb. Diez) 17
Grube, W. 51. 94. 106. 112
Gruenwedel 54. 124
Grum-Grschimailo, G. u. M. 72
Grunzel 103
Günther, A. 97. 210
Günther, H. 86
Günther, S. 37
Guérin-Méneville 98
Gützlaff 17. 56. 71. 72. 82. 86. 90. 230
de Guignes 18. 37. 72. 86. 108
Guimet 128. 166
Guinnes 72
Gully 72
v. Gumpach 86. 103
Guyon 37. 197

H.

de Haan 148. 212
Haarsma 214
Haas 168
Haberlandt, G. 44. 206
Haberlandt, M. 51. 72. 143. 156
Habersham 18
Hackmann 18. 72
Haddon 201
Haeckel 187
Haex 218
Hagedorn 210
Hagen, B. 187. 203
Hagen, K. 99
Hager 104. 112. 114
Hakluyt 10
Hall 7. 18
Hallerstein 107
Hallet 228
Halloran 128
Hamilton 61
Hamy 173
Hann 42
v. Hanneken 187

Seite

Hanway 103
Happel 115
Hara 152
Harada 146
Hardeland 218
Hardy, E. 54
Hardy, R. S. 54
de Haren 168
Hartmann, A. 181
Hartmann, S. 163
Harzer 156
van Hasselt 201
Hassenstein 121. 133
Hatton, F. 187
Hatton, J. 187
Hattori 154
Haupt 112
Haussmann 18. 103. 232
Hawes, A. 132
Hawes, C. H. 18
Hawks 18
Hayata 146
Haytho Armenus 37
Hayus 56. 168
Hazewinkel 214
Hearn 143
Heco 136
Hedde 98. 103
v. Hedemann 59
v. Hedin 122
Heger 47
Heiderich 32
Heigl 86. 106
van Heijcop ten Ham 199
Heims 18
Hein, A. R. 221
Hein, W. 221
Heine 18. 19. 128. 129
Heinze, K. 187
Heinze, W. 86
Helfferich 136
Heller 46
v. Hellwald 32. 122. 200
v. Helmersen 30
Hempel 92. 94
Hengstenberg 19
Hennessey 123

Seite
Hepburn ... 157
Henrici ... 48. 178
de Hérisson ... 72
Hernsheim ... 129
Herrich ... 34
Hertslet ... 40
Hess ... 109
Hesse ... 187
v. Hesse-Wartegg ... 19. 61. 72. 228
Heurnius ... 219
Heyman ... 197
Heyne ... 197
Heydt ... 32
Hidalgo ... 175
Hildebrandt ... 19
Hildreth ... 129
Himly ... 32. 81
Hirai ... 129
Hirschberg ... 19
Hirth .. 37. 53. 72. 90. 94. 99. 100. 109. 113. 121
Hissink ... 214
Hitomi ... 129
v. Hochstetter ... 19. 32
Hoechster ... 41
van Hoëvell ... 187
Hoffmann ... 34. 99. 157
Hoffner ... 237
de Hogendorp, C. S. W. ... 187
v. Hogendorp, D. ... 187
Hokusai ... 165
de Hollander ... 187. 220
Holme ... 152
Holmes, E. M. ... 146
Holmes, S. ... 7. 73
Hooykaas ... 181
Hopffer ... 210
Horbach ... 118
Hori ... 148
Horsburgh ... 246
Hosie ... 73
Hoskiaer ... 105
de Houtman van Gouda ... 219
Hovgaard ... 19
Huc ... 73
v. Hübner ... 19
Hüttner ... 73

Seite
Huish ... 163
Hulbert ... 61
Hulsius ... 10
Humbert ... 129
v. Humboldt, A. ... 44
v. Humboldt, W. ... 109. 220
Hunger ... 215
Hutton ... 19

I.

I. C. S. ... 178
Ides ... 73
Ikeda ... 141
Imbault-Huart ... 129
Imbert ... 237
v. Imhoff ... 48. 197. 217
Imray ... 246. 247
Inagaki ... 136
Innes ... 224
Inouyé ... 156
Intorcetta ... 106
Ireland ... 41. 200. 225. 236
Itchikawa ... 156
Iwanowski ... 94

J.

Jack ... 44
Jacobs ... 187. 201. 204
Jacobsen ... 188
Jacoby, G. ... 152
Jacoby, M. ... 210
Jagor ... 19. 170. 224
Jakuchû ... 165
James ... 73
de Jancigny ... 19
Jane ... 142
Jannasch ... 90
v. Janson ... 136. 142
Jaquet ... 112
du Jarric ... 37. 197
Jasper ... 188
v. Jedina ... 20
Jentink ... 210
Jephson ... 129
J. H. H. ... 11. 65

	Seite
Jimbo	146
Jizerman	188
Joest	20. 220
de Jonge	198
Jooris	200
Jukes	20. 188
Julien	109
Junghuhn	20. 188. 194. 203. 205
Jurien de la Gravière	73

K.

	Seite
Kaempfer	129. 134. 146
Käuffer	37
Kainz	99
v. Kaisenberg	129
Kambe	136
van Kampen	91
Kan	181
Kanazawa	62
Karsten	44. 206
Katscher	94. 129
Kaulen	109
Keppel	188. 198
de Kéroulée	73
Keyserling	20
Kidd	74
Kien-long	112
Kiepert	34
Kiessling	43. 205
Kiga	155
Kiliaan	219
Killough	20
King, C.	33
King, G.	44. 206
Kinoshita, H.	135. 155
Kinosita, Y.	154
Kircher	74
Kishinouye	150
Kitasato	159
Kjellman	146
Klado	136
Klapálek	210
de Klaproth	32. 111. 133
Kleist	143
Klemm	74
Klerk de Reus	198
Kleyn	200
Klinkert	219
v. Klöden	32
Kloss	224
Knappe	91
Kniep	105
Knipping	129. 145. 242
Knox	20
Kobelt	147
Koch	136. 143
Kodama	155
Koenicke	210
v. Königsmarck	129
Koeppen	54
Koerfer	96
Koeze	173
Koffler	235
Kohn	58
Kolbe	63. 210
Kollbeck	96
Kolmodin	115
Koner	170
Koningsberger	215
Koorders	188. 207
Korff	20
Koto	62. 146
Kraepelin	211
Krahmer	37. 58. 139
Kramers	215
Kraus	166
Krebs	137
Kreitner	20
Kreyher	20
Krick	123
Krieger	120
Kröger	54
Kronecker	205
Krüger	215
v. Krusenstern	20
v. Kudriaffsky	129
Kühnert	109
Kükenthal	188. 203. 211
Külb	56
Kunhardt, E.	20
Kunhardt, O.	21
Kupffer	95

	Seite
Kurth	165
Kurz	112
Kussendrager	188
Kutschera	119
Kuwana	148

L.

	Seite
de Lacouperie	228
Lacroix	237
La Croze	56. 180. 238
La Farge	130
Lahure	188
Lanckoronski	165
Landon	123
Landor	123
de Lanessan	232
Langdon	74. 113
Lange, L.	74
Lange, R.	51. 157. 158. 159. 160
v. Langegg	130. 143. 160
Langen	188
Langhans	34
Langlès	110
v. Langsdorff	21
Lansdell	74. 123
Laotse (Lau-tsze)	106. 115
Lassen	37
Launay	81
Lauterer	130
Lauts	198
Laval siehe Pyrard.	
Lavollée	21. 87
Lawrence	137
Lay	74
Layrle	137
Lechler	74
Le Comte	74
Leemans	221
Le Faure	92
Lefèvre	228
Lefèvre-Pontalis	232
Le Gentil	21. 74
Legge	114
Legrand	238
Léguat	9
Lehault	37
Lehnert	21
Leibnitz	87. 118
Lemire	237
Lemke	21
Lens	200
Lenz	21
Leonowens	228
Le Tellier	56
Leuschner	94. 118
Liebscher	149
Lieven	137
Light	224
Lindau	130
Lindenberg	21
Lindsay	87
van Linschoten	9. 188. 246
Lischke	148
van der Lith	182. 188
Little	75
Littlehales	242
Llanos	175
Lobscheid	110
Löffler	98. 137
Lönholm	140. 141
Loman	211
Loomis	112
Lorberus	220
Loreiro	21
Loti	130
de la Loubère	228
de Loureiro	236
Low	188
Lowell	61
Lucae	148
Lucas	130
Lucino	118
Ludeking	203
Ludwig	211
Lüer	152
Lühdorf	130
Lütkemann	106
Lullies	75
Lunet de Lajonquière	238
Lutké (= Lütke)	21
Lynn	76
Lyon	177

M.

Seite

Maass, A. 201
Maass, O. 189
Mabille 237
Macartney 65. 67. 79
M'Carthy 228
McClatchie 160
McClelland 97
McFarlane 134
Macgregor, J. 41
McGregor, R. 175. 176
Mackay 130
McLeod 21. 137
MacMicking 170
McPherson 87
Maffei y Puigdulles 177
Maffeius 56. 168. 180
Mahan 38
Mahlmann 96
de Mailla 82
Malcolm 21
de Malglaive 232
Mallat 170
Malte-Brun 6
Man 225
de Man 170
de Mandavilla 22
Marche 171
v. d. Marck 205
v. Marenzeller 148
Margary 75
Marini 38
de Marini 56. 57. 168. 238
Maron 22
Marsden 189. 219. 220
Marshall 176
de Martens, G. F. 41
v. Martens, E. 46. 63. 211
v. Martens, G. 44
Martin, J. 179
Martin, K. 189. 205
Martin, R. 225
Martin, R. M. 32. 33. 75
Martini 81. 82. 87
Marryat 189
Martynow 137
de Mas 91
Massink 198
Matheson 103
Matthes, B. F. 219
Matthes, H. J. 200
Matsudaira 140
Matsukata 155
Matsumura 146
Maumené 150
Maurer 224
Maury, M. F. 247. 250
Maury, W. L. 247
Maydell 247
Mayer 96
Mayers 33. 41. 75. 112
Mayet 142. 143
Mayr, G. 211
Mayr, H. 150
Meadows 75. 87
Meares 103
Mecklenburg 66
Meinicke 75
Meinsma 198
Meister, A. 189
Meister, G. 44
Mel 118
Ménétrier 60
de Mentrida 179
Mentzelius 83. 108
Mercklein 30
de Meritens 104
de Mesle 237
Metchnikoff 130
Meurer 137
Meyen 22. 96
Meyer, A. B. 46. 100. 173. 176. 189. 202. 211
Meyer, H. 22
Meylan 154
Michelena y Rojas 22
Michie 75
Middleton 8. 183
Migeon 163
Milburn 48
de Milloué 53
Minturn 22
Miquel 147. 207

Seite

Mitford 137. 160
Miyoshi 150
Mocquard 176. 211
Modigliani 189
Möbius, K. 150
Möbius, M. 146
v. Möllendorff, O. F. 64. 176
v. Möllendorff, P. G. 64. 110
Mörsel 62. 250
de Moges 22
v. Mohl 141
Mohnike 143. 189
Mohr 215
Mollerus 217
Money 200
Monkhouse 100
Montano 171
Montanus 139
de Montblanc 130
Montero y Vidal 171
Montfort 75
Montgomery 57
de Moraes 130
Moreno y Jerez 179
de Morga 8. 172. 235
Morris, J. 154
Morris, M. 220
Morrison 104
Morse 42. 61. 143. 166
v. Mosheim 118
Mossman 130
Motley 211
Mouhot 22. 228. 233
Mousson 211
Mudie 75
Müller, A. 226
Müller, A. (Greifenhagius) 76. 82. 107. 108. 111
v. Müller, A. 38. 87
Müller, F. W. K. 22. 151. 166. 202
Müller, G. W. 211
Müller, J. 189. 221
Müller, S. 189. 198
Müller-Beeck 49. 144
Münsterberg 47. 87. 154. 164
v. Mumm 76
Mundy 198

Seite

Munzinger 130. 156
Murai 42. 150
Murray, A. 87
Murray, H. 76

N.

Nachod 134. 140
Nagai 150
Nahhuis 22. 189. 224
Nanninga 215
Navarra 76
Navarrete 76. 106
Nehring 148
Nehrkorn 207
Netto 130. 144
Neubaur 104
Neuhof, s. Nieuhof
Neumann, C. F. 38. 87. 106. 112. 115
Neumann, R. E. 54
Newbold 224
Nicholls 76
Nieuhof 76. 91
Nieuwenhuis 189. 190
Nieuwenkamp 190
Nijland 190
Ninagawa 153
Nippold 130
Nirutaka 137
Noack 158
Nobel 91
de Noceda 179
Nörregaard 137
Noël 33
Nopitsch 49
v. Nordenskiöld 22. 23. 248
Norman, C. B. 236
Norman, H. 131

O.

Obrutschew 76
v. Oesterreicher 23
v. Oettingen 137
Ogurusu 157
Okakura 42. 164
Okasaki 158

Seite

Olcott 99
Oldenberg 55
Olearius 23
Oliphant 23. 131
Olivier 7. 190
Onuki 148
Oppert 23. 61. 62
d'Orléans, H. P. 233
d'Orléans, P. J. 8. 88. 230
Orloff 88
Ortmann 148
Osbeck 23
Osborn 131. 224
Osten-Sacken 176
Ostenfeld 236
Ota-Nitobe 142
Otto 202
Ouchterlony 88
Ouéda 153
Oustalet 97
van Overmeer Fisscher 131

P.

Pacher 49
Paganino 247
Pagenstecher 211. 212
Pagès 125. 168
de Palafox y Mendoça 88
Paléologue 113
Pallas 38
Pallegoix 228
Pallu 235
Palmer 49
Palmgren 251
Pantaleon 118
de Pantoya 118
Papinot 131. 137. 157
Paris 53
Parker 23
Pasius 168
Passek 137
Pauthier 76. 91. 110. 115
Pavie 231. 233. 235. 236. 238
Pecqueur 204
Pennink 200
Perelaer 202
Perzynski 164. 165

Seite

Petermann 195
Petersen 251
Perthes 88
Petit 236
Petiton 236
Pfeiffer 23. 190
Pfizmaier 94. 106. 113. 157. 160. 166
Pflanz 26
Pfoundes 131
Pfyffer de Neüeck 190
Picard 217
Piddington 241
Pigneyra 168
Pijnappel 219
Pilsbry 148
Pimentel 247
de Pina 190
Pinto 24
Piquet 150
Pistor 24
Plagemann 76
Planten 190
Plate 24
Plath 31. 76. 83. 88. 93. 94. 107. 115
Plaut 51. 158
Playfair 77
Plehn 137
Pleyte 190. 202. 220. 221
Poey 251
Pogio 62
Politovsky 138
Poljakow 58
Polo, Marco 24. 25
Pompe van Meerdervoort 131
Portman 225
v. Poschinger 41
Posewitz 190. 205
Poulmaire 229
Poussielgue 77
de Pouvourville 238
Prahl 225
Preyer 25. 190
Prinsep 77
Prior 10
Pritius 118
v. Prschewalsky 77
Psalmanaazaar 131

Seite

de la Puente 38. 172
Pumpelly 25. 44
Purchas 10
Pyrard 9. 190

R.

Raciborski 207
Radde 58. 59. 60
Raffles, S. 198
Raffles, T. S. 198
Rajal y Larré 171
Rambaud 235
Ransome 138
Rathgen 131. 138. 142
Ratzeburg 131
Ratzel 42. 95
v. Rauch 88
Ravenstein 58
Rawling 123
Raynal 38. 49. 172. 217
Réclus 33. 233
Recouly 138
Redfield 96. 242
Reed 134. 156
van Rees 199
Régamey 149
Reh 148
Reichard 77
Reichenbach 99
Reiffert 77
Reijnst 200
Rein 132. 145
Reinaud 25
Reinmannus 113
Reinwardt 191. 207
Rémusat 25. 110
Rémy 145
Renard 103
Renaudot 25
Rennie 38. 77
Renouard de Sainte-Croix 25. 178. 233
Reventlow 138
van Rhijn 222
de Rhodes 25. 239
Rhys-Davids 55
de Ribadeneyra 38. 180. 239
Richard 233

Seite

Richter 202. 221
v. Richthofen, F. 44. 77. 121
v. Richthofen, W. 39
Riedel 202
van Rijckevorsel 243
Rijnhart 123
Rikord 132
Rink 224
Rinne, E. 191
Rinne, F. 172. 191
Ripa 77
Ritchie 39
Ritter, C. 33
Ritter, H. 168
v. Ritter-Zahóny 212
Rivière 232
Rocher 78
Rockhill 9. 78. 124
Rodriguez 158
Röttger 25
de Rogemont 88
Rogge 88
Rondot 49. 103
Roorda 200. 219
Roorda van Eijsinga 191
Rose 25
v. Rosenberg 191
de Rosny 63. 156. 158. 160
Ross 62
Rosser 247
v. Rosthorn 104
Rotermund 115
Rotman 11. 25
Roussin 138
de Roy 191
Rudorff 141
Ruge 39
Ruhstrat 78. 94
Rumphius 207. 212
Rundall 8. 135
Rupprecht, Prinz von Bayern 25
Ruschenberger 26

S.

Saalfeld 199
Sacré 41
Salmon 33

Seite

v. Salzmann 78. 123
Samochwalow 59. 247
v. Samson-Himmelstjerna 39
de San Agustin 179
Sanlucar 179
San Roman 39. 172
Sarasin, P. u. F. 191. 204. 205. 212
Sarel 105
Sargent 96
Saris 9. 132
du Sartel 100
Sasaki 148
Satow 9. 132
Savatier 141
Sawyer 173
Schadee 202
Schadenberg 173
Schall 119
Schankweiler 191
Schanz 26
Schenk 44
v. Scherzer 47. 49. 230
Scheube 144
Scheuer 200
Schimper 44. 207
.v Schlagintweit-Sakünlünski 123
Schlegel, G. 4. 91. 108. 192. 224
Schlegel, N. 148. 212
Schlieper 88
Schmarda 26
Schmeltz . . . 42. 62. 161. 164. 173. 202
Schmid 26
Schmidt, E. 212
Schmidt, F. 30
Schmidt, J. 237
Schmidt, J. J. 83. 110
Schmidt, M. 235
Schneider, F. H. 234
Schneider, O. 50
Schober 26
Schön 78. 88
v. Schoenfeldt 148
Schott, E. 109
Schott, G. 241
Schott, W. 98
Schouten 228
Schreiber 57. 202

Seite

v. Schrenck 46. 58. 59. 241
Schröder, J. H. 26. 192
Schröder, O. 26
Schroeter 78
Schück 250
Schuemacher 104
Schultes 146
Schultze 53. 55
Schulze 192
Schumacher, H. 91
Schumacher, J. H. 88
Schunsui, siehe Tamenaga.
Schur 164
v. Schwartz 138
Schweitzer 26. 192
Schwerdt 96
Scidmore 78. 132
Scott 78. 235
Seelhorst 192
Seidel 109. 110. 220
v. Seidlitz 164
Selberg 192. 199
Selenka, E. 26. 192. 212
Selenka, L. 26. 192
Semedo 78. 83. 88
Semon 204. 212
Semper, C. 171. 176
Semper, G. 176
Senkowski 39
Serrurier 42. 158. 202
Shaw 78
Sherman 177
Shimoyama 147
Sichel 152
Sieben 138
v. Siebold, A. 140
v. Siebold, P. F. 132. 147. 148. 155. 158
Sieroszewski 62
Sievers 34
Simon 212
Simpson 26
Singer 41
Skeat 221
Skogman 26. 27
Slade 88
Sladen 63
Sluiter 218

Seite

Smith, A. H. 94
Smith, E. A. 176. 177. 212. 213
Smith, G. 78. 132
Smyth 78. 228
Snelleman 182
Snellen van Vollenhoven 213
Snouck Hurgronje 202. 218
Sohr-Berghaus 195
Soltau 39. 172
Sonndorfer 218
Sonnerat 27
Sotelus 168
Souchu de Rennefort 39
Souciet 108
Spaan 182
Spaits 138
Spalding 27. 132
Spengler 192
Spielmann 39. 89
Spiess 27
Spizelius 113
Spörry 141. 150
Spry 27
Ssemenow 138
Stahlschmidt 34
Staunton 79. 84
Stavorinus 192
Stead 140
Steck 192
Steen 79
Steenackers 160
Steger 132
Stein 123
Steindachner 149. 213
Stejneger 149
Steiner 89
Steinmetz 133
Stevens, H. V. 225
Stevens, J. E. 171
Stevens, Th. 27
St. Hilaire 55
Stieler 81
Stimpson 46
St. John, H. 191. 199
St. John, S. 199
Stöcklein 10. 57. 180. 239
Stöhr 192

Seite

Stöpel 155
van der Stok 240
Stoll 199
Strange 164
Stratz 164
Strauss = Struys 27
de Stuers 199
de Sturler 215
Sturz, J. D. 49. 230
Sturz, J. J. 95
Subhadra 55
Swettenham 225
Swinhoe 89. 98
v. Sydacoff 140
Széchenyi 27

T.

Tachard 229
Taft 178
Tajima 164. 165
Takaki 155
Takasaka 142
Takekoshi 138
Tamai 28
Tamenaga (Schunsui) 160
Tancré 60
Tanera 28. 89. 138
Tarring 41
Taylor, A. D. 247
Taylor, B. 28
Taylor, C. 79
Tayui 155
Tei-San 164
Temminck 148. 192
v. Tettau 138
Thelwall 104
Thevenot 11
Thin 89
Thomas 200
Thompson, J. 104
Thompson, P. A. 229
Thomson 28. 224
Thornton 83
Thunberg 28. 133. 147
Tiele 11
Tiessen 79
Tille 91

Seite

Tilley 28
Timkowsky 79
Tissandier 53. 221. 238
Titsingh 133. 139. 144
Tizard 145
Tombe 193
Tonkes 202
Torée 79
Tornow 179
Toselowski 28
de Totanes 179
Train 28
Transsylvanus 193
Trevithick 155
Trigautius 79. 119. 168
Tronson 28
v. Trotha 139
Truong-Vinh-Ky 238
Tschang 115
Tscheng-Ki-Tong 79. 113
Tscheu-Tsi 107
Tsudsioka 42. 150
Tuer 164
Tullgren 213
Turner 123
Turpin 230
Turrettini 134
Tursellinus 57
van der Tuuk 219

U.

Uchtomskij 28
Uéda (= Ouéda) 160
Uhle 202
Uhlenbeck 200
Ulmer 213
Umlauff 62
Underwood 63
Unverzagt 91
Upham 55
Urmston 120
Ussèle 150

V.

Valentia 28
Valentyn 213
Valeton 207

Seite

de la Vallée-Poussin 55
Vambéry 39
Varenius 34. 133. 229
Vay de Vaya 28
de Veer 79. 248
Verbeek 205
Verbiest 108
Vermeer 193
Verne 39
Veth 193. 199. 203
Veuillot 233. 239
Vial 94
Viani 119
Vignon 237
de Villaret 133
Villetard de Laguérie 62
Villiers 139
Vincent 29. 229. 233
Virgin 45
Vissering 105
van Vliet, L. 215
van Vliet, W. F. 204
Vockerode 80
Vogt 100
Vojeu de Brunem 89
Voskamp 89. 119
v. V., P. 218
Vries, M. G. 126
de Vries 29
de Vriese, G. H. 207
de Vriese, W. H. 216

W.

v. Wackerbarth 89
Wada 146
Waddell 123
Waeber 82
Wagener 144
Wagner, H. 132
Wagner, J. Chr. 80
Walbaum 193
Walden 177
Wallace, A. R. 193
Wallace, W. 76
Walter 29
Walton 89
Warburg 45. 207. 216

	Seite
Warneck, G.	119
Warneck, J.	219
Warren, H. C.	55
Warren, S.	89. 104
v. Wartensleben	29
Wathen	29
Weale	91
Webb	110
Weber, H.	40
Weber, M.	203. 213
Weber-van Bosse	193. 207
Wegener	89. 124
Weltner	213
v. Wenckstern	125. 251
Wereschtschagin	89
Werndlij	220
Werner, A.	141
Werner, R.	29
Wernich	43
Wertheim	190
Weston	133
Weulersse	80
Weyda	99
de W., H.	193
White	233
Whittingham	29
Wichmann	194. 205
Wichura	29
v. Wida	194. 219
Widenfeld	168
van Wijk	35
v. Wilamowitz-Moellendorff	40
Wilbrink	214
Wilda	29
de Wilde	194. 219
Wilhelmy	80
Wilkinson	219
Willer	194
Williams	80. 83. 104
Williamson	80
Willinck	218
Willis	96. 172
Wilson	96

	Seite
Winckel	201
de Windt	59
Wingfield	29
Winkler	144
v. Winterhalder	89
Wirth	40. 89. 139
Witsen	80
Woeikof	29. 43
Woermann	113
Wolf, C.	107
Wolf, E.	80
Wood, J.	248
Wood, W. M.	29
Woodard	7. 183
Woofe	199
Worcester	171. 176
v. Wüllerstorf-Urbair	12. 43. 241
Wuttke	55
Wyld	82. 250

Y.

Yorck v. Wartenburg	40
Young	91
Yule	8
Yvan	85. 194

Z.

Zabel, E.	30
Zabel, R.	62. 80. 91
Zay	237
Zenker	2
v. Zepelin	59
de Zevallos	248
Zichy	30
Zimmermann, C.	89
Zimmermann, E.	63
Zöller	30
Zollinger	147. 207. 241
Zottoli	113
Zuccarini	147
Zuckerkandl	42
de Zúñiga	171
Zurla	40

Druck von Lütcke & Wulff, Hamburg.

FSC
www.fsc.org
MIX
Papier | Fördert
gute Waldnutzung
FSC® C083411

Kolibri 360 GmbH
Ferdinand-Jühlke-Straße 7
99095 Erfurt, Deutschland
produktsicherheit@kolibri360.de